拼搏成就梦想

中国新时代有志者

主编: 李少昌 李 奇

谨以此书奉献给正奋斗
在创业路上的朋友!

黑龙江人民出版社

图书在版编目(CIP)数据

拼搏成就梦想:中国新时代有志者/李少昌,李奇
主编.-- 哈尔滨:黑龙江人民出版社,2018.5
ISBN 978-7-207-11348-1

Ⅰ.①拼… Ⅱ.①李…②李… Ⅲ.①成功心理－青
年读物 Ⅳ.①B848.4－49

中国版本图书馆 CIP 数据核字(2018)第 107580 号

责任编辑:姜海霞
文字编辑:李　娇
封面设计:林　宇　马　劭　褚田伟
版式设计:张　悦

拼搏成就梦想——中国新时代有志者

李少昌　李　奇　主编

出版发行	黑龙江人民出版社	
地　　址	哈尔滨市南岗区宣庆小区 1 号楼	
邮　　编	150008	
网　　址	www.longpress.com	
电子邮箱	hljrmcbs@yeah.net	
印　　刷	永清县晔盛亚胶印有限公司	
开　　本	787 毫米×1092 毫米　1/16	
印　　张	19.25	
字　　数	300 000	
版　　次	2018 年 6 月第 1 版　2021 年 6 月第 2 次印刷	
书　　号	ISBN 978-7-207-11348-1	
定　　价	68.00 元	

目 录

励 志 · 共 勉

開篇話語

励 志 · 成 功

有志大咖

励 志 · 故 事

目

录

2

有志85後

励 志·人 生

有志老年

励 志 · 共 勉

古之立大事者，不唯有超世之才，亦必有坚忍不拔之志。

拼搏成就梦想　奋斗铸就成功

励志，就是拥有梦想！励志，也是心灵正能量！励志，并不是让弱者取代另一个人成为强者，而是让一个弱者能与强者比肩，拥有实力相当的生命力和创造力。励志，即是唤醒一个人的内在创造力。唯有从内心深处生发的力量，用心灵体验总结出的精华，才是一个人真正获得尊严和自信的途径。

励志，更是一门学问，这门学问，不管多厉害的人，都读不懂它、学不精他，进而形成一个独立学科"励志学"。励志学，不仅仅是要激活一个人的财富欲望，更要激活一个人的生命能量，唤醒一个民族的创造热情。失去创造力，是一个人乃至一个民族的最大悲哀。而励志，便可让一个人重新焕发出这种力量。

古往今来，十分重视励志教育，注重人生志向的确立与坚持，并把立志看作是人生事业成功与否的重要因素。立志是成人成事的基础和前提，是精神的统帅、行动的目标、力量的源泉。正因为如此，古圣贤们十分重视立志。孔子曰："志于道，据于德，依于仁，游于艺。"认为一个人首先应该有志于道，再根据德，依靠仁，然后巡游于六艺之中。荀子在《劝学》中指出："无冥冥之志者，无昭昭之明；无昏昏之事者，无赫赫之功。"孟子进一步强调人贵立志："志不立，则无成。"王守仁在《立志》篇中指出："志不立，如无舵之舟，无衔之马，飘荡奔逸，终亦可所底乎。"古人不仅注重立志，而且提倡树立远大的志向和美好的理想，"志存高远"。孔子把"老者安之，朋友信之，少者怀之"作为自己的人生追求，为了实现人生理想，而不惜"杀身以成仁"。"志不强者智不达"，只有立下远大的志向和坚强的意志，才能激发人的学习动机，才能成就自己人生的宏伟梦想。

《周易·乾卦象传》曰："天行健，君子以自强不息。"说明人们为了实现人生梦想而自强不息、顽强拼搏的精神。孔子十分注重坚志笃志，"三军可夺帅

励 志 · 共 勉

也,匹夫不可夺志也"。荀子在《劝学》中说:"锲而舍之,朽木不折;锲而不舍,金石可镂。"无论求学还是立业,只有锲而不舍、矢志不渝,才能积善德、成大业。古代圣贤们不仅强调要有坚强的意志,坚志笃志,而且提倡在艰苦的生活环境中磨炼意志。《孟子·告天下》曰:"故天将降大任于斯人也,必先苦其心智,劳其筋骨,饿其体肤,空乏其身,行拂乱其所为,所以动心忍性,增益其所不能。"只有经过艰苦的磨炼,才能锤炼意志,强固心志,实现人生目标。

梦想,每个人都会有,可是为了梦想去努力、去奋斗、去拼搏从而实现梦想的人却并不多。有些人只会常立志,而不会立长志,而努力成就梦想的人才是真正的有志者。清代著名文学家蒲松龄,幼年有轶才,少年得意,十九岁科考得县、府、道第一。自此,专心攻读,希望能博取功名,一酬壮志。后终老未得意于科场,屡试不第,七十一岁方成岁贡生。长期穷愁潦倒,以教书为业。一生著作很多,尤其短篇小说集《聊斋志异》的艺术成就达到古代文言小说创作高峰,为后世所称道。另有《聊斋诗集》《聊斋文集》等。蒲松龄聪明颖慧,才智过人,青年时期热衷举业,却"年年文战垂翅归,岁岁科场遭铩羽"。为了激励自己不断发愤读书和创作,他在其压纸用的铜尺上刻上了此联。

其实,梦想虽说只是一个信念,一个对未来美好生活的憧憬,但是想要实现它却要付出辛勤的汗水,需要脚踏实地地去干去拼搏。如果只懂得幻想,不懂得去奋斗,那么再美好、再伟大的梦想也会烟消云散、化为乌有。所以,无论前方的路有多难,一定要有个梦想,学会坚持,学会奋斗。也许有人会羡慕他人为什么那么容易就取得了成功,但你或许还不知道,每一个头顶耀眼光环的成功者,无一不饱经磨难,咬紧牙关与开过他们玩笑、捉弄过他们的命运之神斗争到底的勇士!就是凭借这种拼搏奋斗、永不服输的精神,最终他们成了我们心中敬仰的"神"。

秦末农民起义领袖陈胜,出身贫穷,年轻时在农村当雇工,替人耕田种地。当时他就立志将来要干一番轰轰烈烈的大事。在一起当雇工的伙伴都笑话他,认为替人耕田种地的下等人,还想干一番大事业,真是癞蛤蟆想吃天鹅肉——异想天开。陈胜看到自己的宏大抱负,不能被一些眼光短浅的人所理解,感叹道:"燕雀安知鸿鹄之志哉!"意思是说,小小的燕雀,是不可能知道天鹅的大志的。后来陈胜终于成了农民起义军的领袖,由他首先发难,将秦王朝推翻了。

青年时期的鲁迅,曾到日本仙台医学专科学校学医,希望以医救国。学

开篇话语

4

校放幻灯片时也穿插放映一些时事幻灯片。有一次放映有关日俄战争的纪录片,画面上出现很多中国人围观一个被说成是俄国间谍的中国人,这个人将被砍头示众,周围人在看热闹。画面上,围观者体格强壮但精神麻木。鲁迅深受刺激,十分痛苦,他深深感到,学医在当前并不是一件要紧的事,思想愚昧精神麻木的人们即使体格再健壮,也只能被示众或做看客。最紧要的,是要改变他们的精神,而善于改变精神的是文艺。于是,他毅然弃医学文,终于成为我国现代伟大的文学家、思想家,文化运动的先驱和旗手。

人生要自己去拼搏、去奋斗,在风雨中百折不挠勇往前进,在人生的每个驿站上留下一段段不悔的回忆。流泪不是失落,徘徊不是迷惑,成功属于那些战胜失败、坚持不懈、执着追求梦想而又异常自信的人。有志者事竟成!人生在世,每个人都应该拥有一个梦想,拥有一个目标,拥有一个前进的方向。人生就是一个拥有梦想、追求梦想、实现梦想的过程。一个人要成就自己的事业,不经过失败,不经过挫折,不花费较大的功夫是不可能成功的。艰难困苦甚至失败打击,固然会留下难以忍受的痛楚;但也正是在这种痛楚下,才孕育出了一个个奇迹和传说,才拼搏出了一个个人生的精彩与辉煌。

漫漫的人生路途上,流转的生命长河中,梦想就是一颗闪亮的星,是每一个人所渴望拥有的。追求梦想的道路是遥远的,追求的过程也是艰辛的。从蹒跚学步到老态龙钟,生命堆积于点点滴滴的日子中,流逝于渺渺茫茫的情境中,绽放于真真切切的过程中。我们总是处在行进的状态,不曾停歇。追求梦想本身就是追求细节,追求生命的质量,追求一种完满和无憾。大多数青年人面对创业心生困顿,面对未来感到迷茫,在梦想与现实的落差面前痛苦徘徊,徒劳喟叹。殊不知梦想不是一蹴而就,不是一步登天,不是一夜暴富,更不是一举成名;梦想是无法一次完成的长久过程,是长途跋涉之后的彼岸,是风雨之后的彩虹,更是厚积而发的美丽。

在这短暂的人生中,如果没有一个能使自己为之奋斗的梦想,那人生将变得暗淡无光,即使平安无事也不会拥有真正的幸福、快乐,成功更是与我们遥遥相望。要立志从自身做起,从点滴小事做起,勤勤恳恳,用自己的智慧成就梦想,用自己的拼搏成就梦想,用自己的奋斗成就梦想。

拼搏,应是每一个真正成功的人所具有的精神。面对迎面而来的每一个困难,我们要退缩吗?不,我们需要的是拼搏。拼搏,就是在困难面前不低头、摔倒了爬起来继续向前走,拼搏就是在压力之下不逃脱。拼搏不是一时心血来潮,不是空喊号子,拼搏是长期的,需要用坚韧的毅力来维持,培养拼搏精神需要让坚定的信心来导航。

在多数人眼里,创业的游戏规则只是少数人成功、多数人失败。其实,成功并没有"配额",完全应该有更多的人成功,只要您抓住了创业的自身规律,创业其实很容易成功,迅速成为百万富翁也不难。例如书中那些励志成功的大咖:马云曾经从两次创业失败两次高考落榜,到亚洲首富;宗庆后从四十二岁蹬三轮走街串巷卖冰棍,到中国饮品大王;董明珠从一个艰难的打工仔,到空调行业营销女皇;雷军从穷学生到小米创始人。他们今天之所以励志成功,并成为创业大咖,主要是来自于他们特别立志,更来源于他们对梦想的执着和永不放弃。还有那些商界大佬,李嘉诚 14 岁打工,18 岁升为总经理,22 岁正式自己创业,60 岁时成为世界华人首富;王永庆 16 岁靠 200元创业开米店,到台湾首富;曾经的亚洲烟草大王褚时健曾经在最辉煌时跌倒,但在跌倒后又一次创造神话;郑裕彤 14 岁从杂役工,到香港"珠宝大王";山德士,被拒绝了 1009 次的肯德基创始人。还有新时代的励志成功人,柳传志从四十岁摆地摊,到联想巨无霸;李彦宏从 19 岁北大读书,到 31 岁创建中国最大百度网;马化腾从 27 岁四根电线"站长",到中国 QQ 之父;丁磊从一个打工仔,到网易创始人;俞敏洪从两次高考落榜,到新东方总裁;刘强东从 24 岁卖碟到京东商城创始人;任正非,一个 44 岁老男人,用 27 年使华为成为世界第一。在外人眼中,他们都是叱咤风云、腰缠万贯的大老板,但熟识他们的人都知道,他们更是"正能量的传播使者",白手起家的励志典范,更是我们当今青年人成就梦想的励志榜样。

目前,中国正迅猛发展,已经迎来了大众创业、万众创新的大潮,许多青年朋友却觉得心中无数,前景渺茫,对于创业缺乏信心。正因为如此,为了帮助青年朋友们,特别是帮助那些正在人生路上徘徊,以及正奋斗在创业路上的青年朋友们少走弯路,我们愿意就励志和成功这个话题和大家共同探讨,由此产生编辑出版此书的想法。

本书收录的人物,具有各个层次的典型性、可学性,既有主编与读者的励志共勉语,又有新时代励志大咖的成功秘诀和智慧启迪;既有新时代不同年龄人的励志故事和创业感悟,也有新时代暮年人的励志传奇和人生经历。我们希望通过书中人物的励志精神、拼搏经历、奋斗故事、创业感悟、智慧启迪,引导更多的人拼搏进取,立志成才,实现梦想。这就是我们的初衷。

励 志 · 共 勉

　　读者朋友们！一个人要挑战自己，实现梦想，靠的不是投机取巧，靠的不是要小聪明，靠的不是天上掉馅饼，而靠的是信心，靠的是坚持，更靠的是永不放弃。人有了梦想，就会产生立志的力量。人与人之间，弱者与强者之间，成功与失败之间最大的差异就在于立志力量的差异。人一旦有了立志的力量，就能战胜自身的各种弱点。努力和效果之间，永远有这样一段距离。成功和失败的唯一区别是，你能不能坚持挺过这段无法估计的距离。别让生命消耗于无谓的等待和无尽的坦怨中，努力探求适合自己的道路，当心中有梦想时，只要你立志，只要你努力，只要你奋斗，只要你拼搏，成就梦想就在眼前。读者朋友们！让我们一起共勉，互相支持，让我们跑得更快、跑得更好吧！哪怕路上有风雨，哪怕途中有坎坷，只要不放弃奔跑，不放弃对自我的修行，我们终究会创造属于自己的生命奇迹！

开篇话语

励 志·成 功

天下无难事，唯坚忍二字，
为成功之要诀。

马云：

只要不放弃，就会有机会成功

他，1964 年出生于杭州一户普通人家。从小功课就欠佳，连小学、中学都是三四流的。12 岁时，买了台袖珍收音机，从此每天听英文广播，对英语开始感兴趣，骑自行车带着老外满杭州跑，为他们当英语翻译。他小时候喜欢打架，因为打架记过太多，曾被迫转学，考了两年才考上一所极其普通的高中。

1982 年，他 18 岁，第一次参加高考。但成绩出来以后，他的数学成绩很差。他没有放弃，开始复读。第三次高考之后，总分数比本科线还是差了几分，正当他准备以专科生的身份进杭州师范大学的时候，杭州师范大学英语系由于刚升到本科，以至于投考的学生竟然不够招生数。于是，校领导决定让几个英语成绩好的专科生直升本科。当时英语成绩很牛的马云，幸运地以本科生的身份走进了大学。

他，为了生计，去应聘酒店服务生，因为长得"歪瓜裂枣"，被婉言拒绝。无奈只好去当搬运工，蹬板车。直到有一天，在火车站捡到一本路遥的《人生》，才改变了这个傻孩子。大学毕业后，一次讨债经历，让他疯狂迷恋上互联网。创业初期，他背着包四处游说，经常被人骂作疯子、骗子。

他，如今已经是阿里巴巴集团董事局主席，带领团队创造上万亿市值，个人身价上千亿。2016 年 4 月，美国彭博新闻社亿万富翁指数显示，阿里巴巴集团董事局主席马云，已经成为亚洲新首富。

他的成功让不少人羡慕，同时，也成为不少励志创业人士心中的"神"，他的创业经历似乎成了"神话"。他之所以让当今的无数草根创业者崇拜，一个很大的原因，就是他也曾跟我们一样，是一个普通得不能再普通的人。他高考屡战屡败、屡败屡战。试想,如果他在第二次高考失败后,听从了父母的劝告,去学习一门手艺,安安稳稳过他当临时工的生活,那么,还会有今天的马云,还会有今天的阿里巴吗?

从小学开始,各门功课中最让他感到头疼的,非数学莫属。那可不是一般的头疼,简直糟糕得一塌糊涂。初中毕业那年,颇有自知之明的他,想考个二流高中。结果,连考两次都名落孙山,最大的原因就是数学太差。

1982年,明知如此,他却非常自信地在报考志愿表上,填了让自己无比自豪的四个大字:北京大学。几个月后,在父母的期望、老师的怀疑下,他第一次走进了考场。尽管他的英语在同龄人中显得出奇的好,但他的数学却实在太差,全面败北。这之后,他当过秘书、搬运工,后来踩着三轮车帮人家送书。一次,他给一家文化单位送书时,捡到一本名为《人生》的小说。那是著名作家路遥的代表作。小说的主人公农村知识青年高加林曲折的生活道路,给他带来了许多感悟,更带来了人生的改变。高加林是一个很有才华的青年,他对理想有着执着的追求,但在他追求理想的过程中,往往每向前靠近一步,就会有一种阻力横在眼前,使他得不到真正施展才华的机会,甚至又不得不面对重新跌落到原点的局面。

从故事中,他得到了深刻的领悟,人生的道路虽然很漫长,但关键处往往只有几步。在人生的道路上,没有一个人的道路是笔直的、没有岔道的。既然生活道路是如此曲折、复杂,人们就应该坦然地去面对。

于是,他下定决心,要参加第二次高考。那年夏天,他报了高考复读班,天天骑着自行车,两点一线,在家里和补习班间游走。没想到第二次高考依然失利。这一次,总分离录取线差100多分,而且这一次的成绩,使得原本对他上大学还抱有一丝希望的父母,都觉得他不用再考了。

那时候,电视剧《排球女将》风靡全国,可谓家喻户晓。在那青涩但纯洁的时代,小鹿纯子的笑容激励了整整一代人,当然也包括当时的马云。不仅仅是因为她甜美的笑容,更多的是她永不言败的精神。这种精神对他日后的影响十分深远,"永不放弃"也成了他的一种精神象征,影响了每一个阿里人。小鹿纯子的拼搏精神给了他巨大的激励,他不顾家人的极力反对,毅然开始了第三次高考的复习准备。由于无法说服家人,他只得白天上班,晚上念夜校。到了周日,为了激励自己好好学习,特地早起赶一个小时的路到浙江大学图书馆读书。

有志大咖

考数学的那天早上,他一直在背基本的数学公式,考试时,他就用公式一个一个地套。从考场出来,和同学对完答案,马云知道,自己肯定及格了。结果,那次数学考试,他考了89分。历经千辛万苦,终于考上了大学。今天对他而言,人生路上的三次高考,早已成为他生命旅程中最宝贵的精神财富。

成功感悟:一个人要成功,首先想好自己到底想要干什么,能够干什么,然后才能摆脱各种诱惑,一时的失败千万不要气馁,应该照着自己的理想一路走下去。成功是由很多因素造成的,你努力并不一定会成功,但是如果你不努力,就一定会失败。

马云这位创业大咖已经是家喻户晓的名人,但是他在创业初期的艰苦经历,是常人无法忍受的,那么他的创业经历又是怎样的呢?

1984年,第三次高考的马云,在前两次失败之后,做过秘书、搬运工,给杂志社蹬三轮,白天上班,晚上读夜校,最后勉强考入杭州师范学院英语系,毕业后进入杭州电子科技大学当英语老师。虽然经历坎坷,但当时他练就的英语能力于机缘巧合之中,为他的创业提供了帮助。大学教师不用坐班,不甘寂寞的他利用工作之余,找了不少兼职:在西湖边成立杭州第一个英语角,为外国游客当导游,创建"海博翻译社",为了维持翻译社的生存,他曾经背着麻袋去义乌批发袜子来卖,还上门推销商品,受尽白眼。整整三年,翻译社就靠着马云推销这些杂货来维持生存。海博翻译社给他最大的启示就是:永不放弃。没有钱,只要你永不放弃,你就可以取得成功。

1995年,他受浙江省交通厅委托到美国催讨一笔债务,结果钱没要来一分,却在西雅图发现了一个"宝库"。他参观了西雅图一个朋友的网络公司,亲眼见识了互联网的神奇,他马上意识到互联网在未来的巨大发展前景,决定回国做互联网。刚刚学会互联网的他,竟然想为自己的翻译社做网上广告。上午10点发到网上,结果12点就收到来自美国、日本、德国的信息,并说这是他们第一次看到的中国网页。他立刻意识到互联网是一座金矿。开始设想回国开办一个公司,专门做互联网,而且,他又萌发了一个奇想——把国内企业资料收集起来放到网上,向全世界发布。他立即决定与西雅图的朋友合作,一个全球首创的b2b电子商务模式,就这样开始有了创意,并取名叫中国黄页。这也是中国第一家互联网商业信息发布网站。

创业开始,他仍然没有什么钱,所有的家当也只有6000元。于是又变卖了海博翻译社的办公家具,跟亲戚朋友四处借钱,这才凑够了80 000元,再加上两个朋友的投资,一共才 10 万元。对于一家网络公司来说,区区 10 万元,实在是太寒酸了。由于开支大,业务又少,最凄惨的时候,公司银行账户上只有 200 元现金。但是马云以他不屈不挠的精神,克服了种种困难,把营业额从 0 做到了几百万元。

业务刚开展时,国内还没有互联网。他就不断对人讲互联网的神奇,逢人就讲互联网,被人当成"大骗子"。众人不相信,他就去打印网页来证明……他虽是总经理,但还不如说是个推销员,阿里巴巴团队曾在北京干过政府项目。在北京的 14 个月,他从没带团队一起去游玩,有一天,他们决定去长城。晚上,在一个不知名的小饭店,天下着大雪,众人大碗喝酒,大块吃肉,唱着《真心英雄》,抱头痛哭!

阿里巴巴无疑是中国互联网史上的一个奇迹,这个奇迹是由马云和他的团队创造的。但是阿里巴巴创业开始,钱并不多,50 万元是他们 18 个人东拼西凑凑起来的。50 万元,是他们全部的家底。然而,他却喊出了这样的宣言:"我们要建成世界上最大的电子商务公司,要进入全球网站排名前十位!"

1999 年,中国的互联网已经进入了白热化状态,国外风险投资商疯狂给中国网络公司投钱,网络公司也是疯狂地烧钱。50 万,只不过是像新浪、搜狐、网易这样大型的门户网站一笔小小的广告费而已。阿里巴巴创业开始是相当艰难的,每个人工资只有 500 元,公司的开支一分钱恨不得掰成两半来用。

八年过去了,2007 年 11 月 6 日,阿里巴巴在香港联交所上市,市值 200 亿美金,成为中国市值最大的互联网公司。马云和他的创业团队,由此缔造了中国互联网史上最大的奇迹。

又十年过去了,2015 年 6 月 30 日,马云当选全球互联网治理联盟理事会联合主席,2015 年 10 月 19 日英国前首相卡梅伦邀请马云加入其商业顾问小组。

2016 年 2 月 25 日,《2016 胡润全球富豪榜》发布的中国富豪中,马云家族以 1400 亿元位居第二。

2016 年 4 月,美国彭博新闻社亿万富翁指数显示,马云已经成为亚洲新首富。

成功秘诀:成名之后,他曾经在回答记者"迄今对你影响最大的人是谁?"

有 志 大 咖

时回答道:"我觉得影响我的人挺多的,在不同阶段有不同的人影响我:路遥的《人生》影响过我,金庸的《笑傲江湖》影响过我,《阿甘正传》里面简单的阿甘影响过我,《排球女将》中的小鹿纯子影响过我,还有我的父母、我的老师、我的朋友,他们都影响过我。但是,我认为在这个世界上,没有一个人能完全影响你,重要的是你能从每一个影响过你的人身上找到各种机会,然后不断学习,从而反过来影响别人。"你不对自己残忍,命运就会对你残忍!生活越不如意,越要奋起拼搏。越拼搏越如意。花时间、精力、金钱学习智慧是第一要事,比什么都重要,学到了,一切皆好,学不到,好不了。

要永远相信,只要永不放弃,机会还是有的。最后,我们还是坚信一点,这世界上只要有梦想,只要不断努力,只要不断学习,不管你长得如何,不管是这样,还是那样,男人的长相往往和他的才华成反比。今天很残酷,明天更残酷,后天很美好,但绝大部分是死在明天晚上,所以每个人不要放弃今天。

智慧启迪:他之所以让当今的无数草根创业者崇拜,一个很大的原因,就是马云也曾跟我们一样,是一个普通的不能再普通的人。没有显赫的家庭背景,没有高大帅气的形象,没有优秀的学习成绩。他的成功是靠不屈服于困境的精神,是有一定要改变生存现状的决心。所以他高考、创业屡战屡败、屡败屡战。试想,如果马云在第二次高考失败后,听从了父母的劝告,没有参加第三次高考,而是去学习一门手艺,安安稳稳过他当临时工的生活,那么,还会有今天的马云,还会有今天的阿里巴巴吗?应该不会有的。

有志大咖

刘永好

执着成就梦想，感恩容易成功

他，1951 年出生于四川省新津县农村，小时候家里非常贫穷，以至于他在 20 岁之前没穿过一双像样的鞋子，没有一件新衣服。为了过年的时候能够吃上一点肉，他和三个哥哥一起被逼上了创业之路。

他，是中国改革开放后第一批发家致富的典型代表，也是中国最活跃、最受关注的企业家之一。他也经受了创业途中的千般磨难和万般辛酸，靠 1000 元起家，养鹌鹑，做成了世界第一；改行做饲料，又成为中国饲料大王。

他，2001 年登上"福布斯中国富豪榜"中国内地首富宝座；2007 年和 2008 年蝉联"胡润金融富豪榜"首富。他创办的新希望集团是中国十大民营企业之一，涉足农业、乳制品、房地产、制药、金融、保险、外贸等多个行业。他用自己的光彩点亮了人们的财富梦想，把"新希望"播种在中国的新农村。他的成功，对于中国经济的发展产生了巨大的影响力，称得上中国创业者中最成功的典范。

童年应该是人生中最美好、最无忧无虑的时期，但他恰恰相反。从记事开始，生活展现给他的就是贫穷和苦难。父亲出生于贫寒家庭，从小因陪地主家的少爷读书，结果竟以第一名的成绩考上了重庆高等工业学校。抗战时义无反顾地冒着生命危险参加地下党，抗战初期是名声享誉重庆的救亡宣传队——"暴风歌咏队"的指挥，后因身份暴露转移到了成都。之后他因与组织失去联系而参加了民盟。解放后在新津县农业局工作，后任局长。"文化大革命"期间，父亲被打成叛徒、特务、走资派、牛鬼蛇神，遭到造反派的批判，并被遣送上山放牛。那时，他只有十二三岁，他几乎每天都要上山给父亲送饭。每天中午到吃饭的时候，父亲就会不停地向山下张望，只要一看到刘永

好,他就特别高兴。刘永好每天光着脚,提着一个铝饭盒,走30里地,给父亲送饭,父亲吃一小半,自己吃一大半。那是他最幸福的时光,既能见到父亲又能吃饱饭。父亲不幸过早被病魔夺去生命,没能亲见他的创业历程,这是他深感遗憾的事情。

父亲一生有很大的抱负,他总是跟孩子们讲要不畏困难,敢于去闯,还要有社会责任感。如果不是父亲当年敢闯才会赢的教诲,也许就不会有他后来砸锅卖铁也要创业的举动。他的母亲早年曾在黄埔军校护士训练班学习过,后来在新津县平岗小学任教。当母亲从小学教员的岗位上病退后,一家老少七口全靠父亲那点微薄的抚恤金维持生活,极为拮据。

他们共有兄弟四人,他排行老四,由于他们的父辈有一个特别美好的祝愿,所以为四个孩子分别起名叫永言、永行、永美(小时候由于家庭生活困难,被过继到新津县顺江乡古家村陈耀云家,改名为陈育新)、永好。名字合起来就是言行美好,这几个带有时代烙印的名字,在兄弟几个出生前,父母就已经定下来了,父母希望他们会说话,会做事,心灵美。

他排行第四,作为家里最小的男孩,从小并没有得到一点溺爱和娇宠,更没有享受到丝毫"特权"。他从懂事那天起就帮助母亲做事补贴家用,是一个老实、肯吃苦的孩子。当他十三四岁的时候,每天早晨必须在5点钟就起床,既不是读书,也不是背单词,而是捡煤渣,以补贴家用。街边的一些小饭馆,每天早晨5点起就开始生炉膛卖早餐,熊熊的炉膛燃烧起来,自然就会有许多煤渣掉下来,谁先去谁就捡得多,去晚了就捡不到了。因此,他每天早晨5点必定会准时等候在炉膛前。最让他高兴的是刮大风、下大雨的天气。那样的话,他会兴奋得一晚上睡不着觉,因为大风会把树枝吹落,可以捡不少柴火。若是在涨水时分,大量的雨水涌入岷江,江面波涛滚滚,气势磅礴,壮观极了,而且不时还会有树枝或木头随着湍急的江水漂到水面上。这时,其他人家会因为担心大水损害家中的物品,都躲得远远的,把家中的东西看得好好的,而他则会和小伙伴们一个猛子扎进水里,游过去将木头搬回来。在波涛汹涌的江河中捡柴、游泳,是他最开心的事。就这样,年复一年,他每天除了上学的时间,其余时间都要忙着拾柴火,他要将全家人一年烧火做饭的柴火拾够。运气好时,拾得多了,留够家用的,剩下的还要挑到集市上去卖。有一年夏天,他居然卖了3.5元。这在当时来说,已经算是一笔不小的收入了。这是他为母亲挣来的第一笔生活费。当他把这笔钱交给母亲时,母亲怜爱地摸着他的头说:"永好,这可是男人才做的事啊,你毕竟还只是个孩子。"他自豪地回答说:"妈妈,我长大了,应该帮妈妈做些事了。"

他在 20 岁以前的生活十分艰苦,丰年的时候才能吃上红薯拌饭,要是遇到庄稼歉收,其生活的艰难就可想而知了。对于正在长身体的他来说,如果每天都能吃上红薯白米饭,他就非常知足了。那时,他最渴望的就是赶快进入共产主义。因为母亲告诉过他,只要到了共产主义,"一周吃一次回锅肉,两天吃一次麻婆豆腐"的理想生活就可以实现了。也许是童年时期企盼已久而又始终不得的缘故,麻婆豆腐和回锅肉始终是他最爱吃的菜,至今不变。

成功秘诀:苦难经历是人生中最宝贵的财富。他 17 岁的时候到四川新津县古家村插队,在农村当了四年零九个月的知青。那里的生活环境非常艰苦,吃不饱穿不暖,劳累一天只有一角四分钱,但他觉得非常幸运,因为这段经历锻炼了他的意志,锻炼了他的心态,锻炼了他的身体。在农村,他学到很多东西,使他了解了中国的农民,了解了中国的市场,懂得了艰苦创业,对他来说这是非常重要的一课,这段艰苦的岁月和难忘的人生经历,影响了他的一生。他感受最深的就是吃苦教育,这是人生最大的教育。假如没有吃苦教育,人生就不算完整。从某种意义上来说,吃苦的历程绝不亚于读 MBA 和博士学位。这些苦难,给了他信念、力量,同时也赋予他雄视天下、克服困难和坎坷的毅力与勇气。

正是因为他有了童年时期的吃苦经历,他才在后来近 30 年的创业过程中,无论遇到什么样的困难和挫折,都能以一种胜似闲庭信步的心态,轻松应对。

20 世纪 80 年代初,刘氏四兄弟中的老大刘永言在成都"906"计算机所工作,老二刘永行从事电子设备的研究设计工作,老三刘永美在县农业局当干部,老四刘永好是四川省新津县一所中等专业学校的教师。他们四兄弟常常聚在一起谈论天下大事。因为在农村插过队,他们对农村的发展形势比较敏感,当时《光明日报》关于真理标准的大讨论引起了他们的思考,他们意识到——实现人生梦想的机会来到了。

1982 年,农村开始实行联产承包责任制,出现了专业户。于是他与另外三个兄长,各自辞去公职,卖掉手表、自行车,凑了 1000 元创业资金。他们就拿这 1000 元开始了共同创业。当时,他最大的梦想是希望自己能够成为"万元户"。当时,"当万元户"是他最朴素的理想。他和三个哥哥决定从熟悉的养殖业着手,创办一家育新养殖场。创业从孵小鸡开始。可是他们的育新良种场刚开办不久,就遭受了一场"灭顶之灾",险些让几兄弟倾家荡产。

　　1984 年 4 月 21 日,四川资阳县的一个专业户找到他,当即下了 10 万只小鸡的大订单。因为兄弟四人刚开始创业,没有经验,看人家是大客户,既没签合同也没收客户的订金,仅凭一个口头协议,刘氏兄弟就马上找人借钱,购买了 10 万只种蛋孵化小鸡。但他们万万没有想到的是,当 2 万只小鸡孵出来交给这个专业户之后不久,他们便得知这个专业户因没有养鸡经验,结果 2 万只小鸡全都死光了,老板也为躲债逃走了。刘氏兄弟来到这个客户家追讨那 2 万只小鸡款,客户的老婆连忙跪在地上,请求他们兄弟饶了她丈夫。心慈的刘永好当时看到这样子,就没要人家的钱,因此损失惨重,刘氏兄弟只能自认倒霉。

　　回到良种场后,眼看剩下的几万只小鸡马上就要孵出来了,而他们却没有饲料,这时候又是农忙时节,农民不会要,借的钱又要马上还,他们真的是绝望了,当时真的想从岷江大桥上跳下去。他思来想去,既然农民不要小鸡,就干脆把剩下的鸡蛋和小鸡送到城里去卖。于是,他和三个兄长一起连夜动手编起了装小鸡的竹筐。

　　第二天他便用自行车把小鸡驮到成都市一家大型农贸市场去卖。一竹筐小鸡加一个瘦弱的男人,占不了多大地方,但农贸市场上的商贩们,一个个都有自己的势力范围,彼此寸土不让。他初来乍到,想在他们身边借一个落脚的地方,门儿都没有!在市场上转了一天,他也没有找到安身之处。但是,鸡仔是不能带回去了,晚上便向一位好心的大爷借了条长板凳,坐了一整夜。天亮后,一位在农贸市场做生意的老乡,觉得他实在可怜,就在摊位前腾了一个空位给他卖小鸡。这一天,一竹筐的小鸡仔都卖完了。其他三位兄长和刘永好一样,每天都是凌晨四点起床,风雨无阻,蹬 3 个小时的自行车,赶到 20 公里以外的农贸市场扯起嗓子叫卖小鸡。让他们没有想到的是,仅用 12 天时间就把 8 万只鸡仔全部销售一空。

　　初战告捷后,刘氏四兄弟开始饲养鹌鹑。经过三年艰苦创业,刘氏兄弟的鹌鹑年产量达到 15 万只的规模,产品除了销往国内 10 多个省市,还出口到苏联及我国香港等国家和地区。他则在这个过程中实实在在地显露了他的销售才能。在办养殖场的时候,他由于能言善辩,便在兄弟中充当了市场

有志大咖

销售的主角,当时所有的鹌鹑和蛋都是他卖出去的。

一开始,他在成都青石桥开了一个鹌鹑蛋批发门市部,后来生意越做越大,他们又在成都最大的东风农贸市场开了一家奇大无比的店,每天都堆放着数十万只蛋,近处有重庆、西安,远处有新疆、北京,还有老外的订单。那时候,他们成了全国鹌鹑蛋批发中心,他们已经把养殖鹌鹑扩大到了所能达到的最大规模。在他们的带动下,整个新津县有三分之一的农户养鹌鹑,最高峰的时候全县养了 1000 万只鹌鹑,比号称世界鹌鹑大国的德国、法国、日本的规模还要大,他们是当之无愧的"世界鹌鹑大王"。

刘氏兄弟由 1000 元起家,从种植、养殖起步,历经磨难,坚持不懈,经过六年时间,积累了 1000 万元的财富。1988 年 4 月,他到广东深圳出差,在路过广州时,突然发现一条街上有很多人排着长队买东西。他出于好奇,连忙上前问道:"老乡,卖什么好东西?"那人回答:"卖猪饲料。"他听了一愣,心想:"自己生产的鹌鹑饲料还要到处找客户,怎么猪饲料需要顾客排长队来抢购?看来猪饲料比我的鹌鹑饲料销量要多得多!"他要了几份产品说明书,还与排队的农户拉起家常。他敏锐地意识到猪饲料在中国有着非常广阔的市场,于是他迫不及待地返回成都,立即向几位兄长介绍了自己在广州的所见所闻和生产猪饲料的美好前景。他说:"四川是全国养猪大省,养猪,才是赚大钱的行当。泰国正大的猪饲料改变了我国落后的传统喂养方式,应该把目光放到更广大的市场上,去搞饲料,搞高科技廉价饲料系列。"

刘氏四兄弟经过认真研究后,决定放弃养鹌鹑,转产猪饲料。他们兄弟商议后决定将 1000 万元的积累全部投入到饲料生产中,创办了希望饲料厂和饲料科研所,聘请了 30 多位专家、教授担任希望饲料厂科研人员和顾问。在专家的指导下,经过反复试验,他们很快就开发出"希望牌"1 号乳猪颗粒饲料。经有关部门检测,"希望牌"猪饲料的质量可与泰国"正大"饲料相媲美,每吨价格却比泰国饲料低 100 多元。产品投放市场后,深受农民欢迎,供不应求,一下子就打破了洋饲料垄断市场的局面。自此,希望饲料一举成名。紧接着,他又抓住机遇不断扩大生产能力,到 1990 年年初,希望饲料的月销量突破了 4000 吨,大大超过了成都正大有限公司的销售量。他不仅实现了梦想,还为自己今后的事业开辟了一片新天地。

1992 年,他们兄弟在希望饲料公司的基础上,组建成立了中国第一家经国家工商局批准的私营企业集团——希望集团。"希望集团"的名字取自当时的国务委员、国家科委主任宋健对公司的一句题词:"中国经济的振兴寄希望于社会主义企业家"。

1993 年,他作为非公有制经济界推选出的全国政协委员,出席了全国政协第八届一次会议。同年 11 月,他赴香港参加第二届世界华商大会,开始有机会与全球企业家们交流。

希望集团成立不久,兄弟四人按照各自的价值取向和特长,将公司的产业划为三个领域:老大刘永言向高科技领域进军;老三刘永美负责现有产业运转,并且开拓房地产;老二刘永行和老四刘永好一起到各地发展分公司,复制"新津模式"。他和二哥刘永行在希望集团的合作堪称是最完美的组合。刘永行擅长内部管理,刘永好擅长对外公关与谈判。1993 年,第一次产权明晰之后,在 5 月份,仅用 7 天的时间,兄弟俩便横跨湖南、江西、湖北三省,签下建立 4 个饲料场的协议。这一年他们共建立起 10 家饲料场,家家盈利。到了 1993 年,"希望"饲料生产能力达到了 15 万吨,一下子跃居四川省乃至整个西南地区第一位。到了 1994 年年底,希望集团在各地的分公司已经发展到 27 家。直到现在,在川西农村的墙壁上仍然能看到许多希望饲料公司的广告:"要致富,养牲畜,希望帮你忙""猪吃一斤希望饲料长两斤肉"。

经过四年的艰苦努力,他们四兄弟创办的希望集团,已发展成为当时全国较大的私营企业,在全国声名鹊起。1995 年,《福布斯》第一次发布的"福布斯全球富豪龙虎榜"上,共有 10 位中国民营企业家进入榜单,其中刘永行四兄弟以 6 亿元资产独占鳌头。

从饲料中掘到的第一桶金,大大地激发了他的投资冲动,使其不断拓展事业版图。1997 年,他剥离南方希望集团中部分资产并追加投资,以 1.6 亿元注册资本成立了具有独立法人资格的新希望集团公司,他担任集团董事长。"希望集团"成立后开始完善法人治理结构,调整经营方向,进入资本市场。1997 年 1 月,他果断决定,将新希望集团控股的四川绵阳希望饲料有限公司,改制成四川新希望农业股份有限公司,"新希望农业"于 1998 年 3 月 11 日在深圳证券交易所挂牌上市,成为内地民营企业第一家上市公司,也是当时全国唯一的一家以农业为主体的上市公司。新希望上市时总资产只有 4.54 亿元,年主营业务收入为 5 亿元,净利润为 5700 多万元,股本只有 1.4 亿股。而经过 10 年的发展,到 2008 年,新希望的总股本增加到 7.57 亿股,市值逾 83 亿元。新希望集团公司总资产已经达到了 70 亿元,为 10 年前的

15 倍。

从 1997 年开始,新希望的业务就开始向多元化方向发展。他曾经用飞机来形容自己的事业:"公司总部是这架飞机的头,确定方向和实施决策;饲料业是这架飞机的身子,处于主要产业的位置;金融是飞机的左翼,房地产是飞机的右翼,而正在初步踏入的高科技等领域是机尾。"

1998 年,刘永好开始涉足资本密集型、利润丰厚的房地产行业。房地产是新希望真正意义上的第一个大举进入的行业。1999 年 7 月,新希望投资开发的"锦官新城"开盘,成为成都少有的高档社区,创下三天销售 1.4 亿元的纪录。但之后由于资金问题,进展缓慢。同时,由于房地产行业耗资巨大,令他望而生畏。在对集团重新定位后,他表示,新希望把现有的土地储备开发完后,将不再购置开发用地。至于金融投资,现在已经成了新希望的"现金牛"。作为中国民生银行的第一大股东,新希望集团每年得到的分红就不菲。新希望集团还是中国民生人寿保险公司的主要发起股东之一、联华国际信托投资公司的主要投资者和最大股东。据《中国证券报》报道,他在金融业及多家拟上市公司所持有的优质股权,市值已近 300 亿元。

2002 年,他宣布进军乳业。新希望公布其在乳业上的并购规划:投资 10 亿元,最终形成 100 万吨产量的规模。事实上,此后,新希望一路扫荡,向北收购长春苗苗、河北新天香、青岛琴牌;向东收购杭州美丽健、杭州双峰、安徽白帝;向南收购云南蝶泉、昆明雪兰;而在新希望的家门口,更是一举将四川新阳平、四川华西、四川新华西、重庆天友纳入麾下,其势直逼老牌的光明、三元、伊利。

2003 年伊始,他在上海成立了注册资金为 5.7 亿元的新希望投资有限公司,专门用作金融领域的投资,同时开展国际合作。在这一系列令人眼花缭乱的收购中,我们已能感觉到资本大鳄刘永好的霸气。但他这样认为:"我们新希望集团虽然涉足农业、金融、房地产、旅游、乳制品等多个行业,看上去是多元化经营,其实我们的多元化只是一种'有限多元'是在立足农业产业的基础上和管理框架结构允许的情况下发展的多元格局。在规范市场条件下的企业,要把自己熟悉的行业做好、做精、做专、做大、做强,这是必然的、符合潮流的。但是在转型期的地区和国家会有一些新的机会,这些机会是可以带来巨大财富的。我们有能力去把握一些新的机会,发展有限多元。我们会继续以农业为主,加大农业投资,在化工业、金融方面也有些投资,但像媒体、纺织、汽车和国家垄断的行业我们不会去涉足。"

刘永好不论做什么都追求第一，创业初期他养鹌鹑成为"世界鹌鹑大王"，后来生产猪饲料又成为"中国饲料大王"，再后来又要当"全国养猪大王"。2007 年 8 月，刘永好对外宣布，新希望集团将投资 50 亿元启动养猪项目，兴办全国最大的养猪基地。这位饲料大王将告别传统的加工模式，试图打造一条中国独一无二的养殖产业链。

2008 年，他去西昌考察，在一个山坡上，他看见一对老夫妻，他们在挖红薯，挖起来的红薯特别大、特别多，他们特别高兴，他就给他们拍了一张照片。他觉得，那个时候他们特别幸福，因为他们种的红薯丰收了，尽管他们可能卖不了多少钱。但那种丰收的喜悦，跟拥有亿万财富的喜悦，他觉得在内心的感受上是一样的，并没有什么区别。

作为一个以农业为主导产业的集团公司，新希望大力支持"三农"，并投身新农村建设。近几年来，仅在农业方面的投入就高达 100 亿元，同时通过饲料、养猪、养牛、种草带动 50 多万人走上了致富道路，同时还解决了 20 万人的就业问题。

2008 年 3 月，他在四川启动了一项"新希望新农村扶助基金"。这一次，刘永好在这项基金上总计投入 1 亿元。到目前，他和新希望集体向社会捐献钱物共计 5 亿多元。近 30 年来，在他的身上总是找不到亿万富豪和社会名流的"派头"。他始终操着一口懒洋洋的"川普"，很容易让人联想起福克纳笔下的南方土豪：执着、敏感又不失精明。尽管个人拥有巨额财富，却从不穿名牌服装，总是乘坐最廉价航班，顶着半个世纪不曾变换的发型，常与基层员工在餐厅共进午餐，最爱吃的依然是回锅肉和麻婆豆腐。他每天工作 10 小时以上，生活的主色调就是学习。无论和谁交谈，他都会拿出随身携带的本子，碰到有用的便往上记。

了解他的人这样描述他："刘永好是一个到哪儿都睡得着，不讲究吃穿，跟农民一样朴实的老板。"跟随他的工作人员都知道，他是一个动作很快的人。他的午餐经常就是盒饭，一群人一起吃，他总是第一个吃完，并且不留一个饭粒。"经历就是财富"，"感恩的心离财富最近"。谦逊的他说自己一辈子有"四大幸"：一是出身遇到好家庭。贫穷的生活，教会了他吃苦耐劳的精神。二是上学遇到好老师。老师的教诲使他明白了"天道酬勤""闪光的人生在于奋斗"等人生道理。三是创业遇上好时代。如果没有改革开放的好政策，就没

有志大咖

有今天的新希望。四是事业上遇到了好伙伴、好员工。风雨同舟、患难与共的近10万新希望员工，无怨无悔地为希望而努力奋斗，使他在事业发展的道路上走得更加稳健。这番话真实地道出了他的人生境界。

根据新希望集团网站显示，截至2008年年底，集团注册资本8亿元，总资产299亿元。2009年销售收入达到510亿元。他手下的新希望集团已经延伸至4个领域：农牧与食品、化工与资源、房产与基础设施以及金融与投资。农牧与食品领域有上市公司新希望股份；化工类通过ST宝硕登陆资本市场；金融类则有民生银行作为后盾。

2010年，他重组新希望股份的计划甫一公布，打造世界级农牧企业的蓝图迅速激荡了市场。沉寂已久的股价在三个月内翻了一倍，至今守在21元的位置。重组的进程在持续推进。六十多岁的他，仍然像一台加满了油的发动机，他说他的时间一分为三："1/3用来处理新希望集团内部关键性问题；1/3跟一流人才打交道，倾听他们的意见、建议，以及在他们需要的时候给予我的建议；另外的1/3即用来学习和研究企业发展问题。"

成功秘诀：做事第一要有良心，要对得起农民，对得起周边的人，对得起领导。现在和三十年前相比，如今的创业环境很不一样。那时只要敢于去做，搞什么都可以很赚钱，因为整个市场是处于供不应求的状态；现在不一样了，市场总体是过剩的，创业者要想成功，就必须要把创业和创新很好地结合起来。创业，就是要有梦想有目标，然后朝着这个梦想和目标去奋斗、去拼搏。更重要的是，创业者要学会和一帮人一起奋斗。

做企业，就好像综艺节目中的孤岛生存游戏。有些人怕吃苦，倒下去了；有些人在独木桥上行走，没有踩好，掉下去了；有些人在关键时候跑不动，被"老虎""狮子"吃掉了。总之，竞争就是这样，适者生存的游戏规则是明确的，所以应该有这样的思想准备。倒下去也没有什么可惜，因为他知道自己坚持不了。做人做事和做企业一样，要务实，一步一个脚印扎实推进，想一口吃成个胖子是不可能的。越是要快速成功的，倒下去的速度就会越快，如果你朝着这个目标不是脚踏实地去做的话，往往就奠定了失败的基础，失败的可能性就会更大。但对自己的人生目标和梦想，必须要靠执着，要靠坚强的毅力，同时，也要学会感恩，时刻记住对你有帮助的人，因为知道感恩会容易成功。

有志大咖

通过他的成功经历,让我们学会了感恩,因为一切的感恩都是对自己有利的。感恩伤害你的人,因为他磨炼了你的意志!感恩绊倒你的人,因为他强化了你的双腿!感恩鞭打你的人,因为他激发了你的斗志!感恩欺骗你的人,因为他增长了你的智慧!感恩抛弃你的人,因为他让你学会了独立!感恩批评你的人,因为他让你改正了缺点!

智慧启迪:刘永好,他历经了沉浮坎坷,也造就了自己的成功,更创造了一个响当当的民族品牌——薪希望集团。纵观刘永好的创业历程,他有成功的喜悦,也有失败后的痛苦,有敢为天下先的万丈豪情,也有如临深渊般的小心谨慎。不论怎样,刘永好始终以其谦逊姿态、平常心态,一直保持着敏锐的触觉和向上挺进的欲望,始终保持清醒的头脑,这才让他屹立不倒,不断探寻财富的前沿和边际。

刘永好最能给人启示的一点就是:"顺潮流而动事半功倍"。20世纪80年代初,中国刚刚实施改革开放,许多看准机会,投身"下海"潮流中的人,都取得了非凡的成就,刘永好兄弟就是其中杰出的代表。刘永好觉得做企业跟做人一样,生命的意义在于这个过程。在这个过程中,你不断地给自己制定目标,不断完成这些目标,你会在这个过程中感到欣慰。我们去旅游,不在乎到了终点究竟怎么样,而在于旅途中的所见、所闻,在于整个过程中的享受。实际上,新希望也只有短短20年多年的历史。作为新一代的老企业家,怎么样保持旺盛的斗志,同时继续保持我们的企业家精神,显得尤为重要。

有志大咖

雷军

志存高远，脚踏实地，专注做事

他，1969年出生于湖北仙桃，既不是红二代、官二代，更不是富二代，父母都是普普通通的职工。从小到大，就是一个比较本分平凡的孩子，勤奋、励志、好学、踏实、安静，是父母和老师对他的评价。

他，18岁高中毕业，考入中国最早实施学分制的大学——武汉大学计算机系。刚进入大学，就对自己要求严格，并开始选修了不少高年级的课程。仅用了两年时间，就修完了所有学分，顺手还完成了大学的毕业设计。

1992年初，进入金山公司，便开启了升级打怪模式。从小小的程序员做起，再升职到金山公司北京开发部经理，再到珠海公司副总经理。沉淀了8年，坐上了金山公司总经理的宝座。

他，从22岁进入金山，一直工作到38岁，在金山整整待了16个年头，其间完成了金山的IPO上市工作。这些年只要人们提起金山，就不禁想到雷军，他早已成为中国这家历史最长的软件公司的代名词。

他，四十几岁就已经是小米科技创始人、董事长兼首席执行官，并连续三年获得中国IT十大风云人物的殊荣，"首届首都十大青年企业家"，国家863计划——软件重大专项课题桌面办公套件负责人，全国人民代表大会代表。在他的带领下，小米以价格低廉的智能手机横扫亚洲市场，并在全球范围内，带动了以大众可承受的价格，生产功能强大的电子设备，从而覆盖广阔人群的潮流。如今，他已经以99亿美元的身家，居"福布斯中国富豪榜"第8位，是一位不同于中国的另一位传奇企业家马云的人物。

- -

1969年12月16日，他出生于湖北省沔阳县剅河镇赵湾村。他从小就思维活跃，喜欢突发奇想做一些发明创造。他看到母亲每天晚上忙到很晚才生火做饭，自己就尝试着制造了一台电灯给她照明，他买来两节干电池和一个灯泡，自己钉了一个小木匣子，再接上电线，一台可以四处移动的照明灯就做好了，这是湖区第一盏电灯。他每晚都提着自制电灯，跟随母亲的脚步围着灶台转，内心的成就感自不必说，乡亲们也都夸他聪明伶俐，将来能当发明家。

9岁那年，他全家迁往县城居住，他插班进入建设街小学读书，直到五年级毕业，各门功课都名列前茅。学校给他戴上"三好学生"的大红花，心细如发的母亲一直将他佩戴大红花的照片珍藏至今，记录着他勤奋好学的点滴过往。

1984年，雷军从沔阳师范附属学校初中毕业，考入当地最好的沔阳中学（现仙桃中学）。这所学校每年为全国高校输送上千名优秀人才。他在中学时非常喜欢下围棋，曾获得学校围棋冠军。他也喜欢文学，经常阅读《小说月报》。对古诗词尤为钟爱，唐后主李煜是他最喜欢的词人。不过他并未玩物丧志，学习成绩总是排在前几位，是老师和同学公认的好学生。提起母校，他依然充满自豪，他说："我们仙桃中学也还挺厉害。6个班考了17个清华、北大，我高二的同桌上了北大，高三的同桌上了清华。"

1987年7月，他和那些"天才"同桌一起步入高考考场，成绩超过全国重点大学录取分数线10分，他却拿着上清华、北大的"门票"步入武汉大学，开始了四年的大学岁月。他当时报武汉大学读计算机系的原因很简单，就是因为一个好朋友上的是中科大计算机系，想学计算机和好朋友有共同语言。

在大学的第一堂课上，一位留学多年的老教授教导说："上大学的目的，是为了学会如何去学习。上研究生的目的，就是学会如何去工作。如果明白了这两条，就永远不会存在专业不对口的问题。很多DOS方面厉害的程序员为什么没有转到Windows平台上？除了惯性思维，还可能是在学习的突破性方向上存在没有解决的问题。"

刚接触电脑，他就发现了电脑的妙处。当他学了一点电脑知识后，就发现电脑将是他人生的最爱。读书时，他不是特别会搞关系的人，同学关系说不上差，但也好不到哪里去。大一下学期开了专业课后，他有了上机的机会，发现电脑世界太美妙，就一头扎了进去。

电脑远没有人那么复杂。如果你的程序写得好，你就可以和电脑处好关系，就可以指挥电脑干你想干的事，这个时候你是十足的主宰。当你坐在电

有志大咖

27

脑面前,你就是在你的王国里巡行,这样的日子简直就是天堂般的日子。电脑里的世界很大,编程人是活在自己想象的王国里。你可以想象到电脑里细微到每一个字节、每一个比特的东西。

大学时期的他很上进。在他的印象中,闻一多等很多名人都是在大学成名的,他当时也想利用大学的机会证明自己的优秀。为了达到目标,他每天早上七点钟去教室占座位,总要坐在最好的位置听课;礼拜六他喜欢看电影,但经常是自习到九十点钟看第二场。他本来有午睡的习惯,但当他看到有同学不睡午觉而看书的时候,自己就怎么也睡不着了,害怕同学又多学了很多新的东西,而这些东西他都不会,于是把午睡的习惯改掉了。他特别害怕落后,怕一旦落后,就追不上,他不是一个善于在逆境中生存的人。他会先把一个事情想得非常透彻,目的是不让自己陷入逆境,他是首先让自己立于不败之地,然后再出发的人。伴随他大学的,一直是令同学艳羡的成功。上他最喜欢的《数字逻辑》课,老师总是先问大家,如果没有一个人能回答上来,再让他站起来回答,因为他几乎能回答老师的所有问题,这让他很有成就感。他大一写的 pascal 程序,等上大二的时候,这些作业已经被编进大一教材里了,这也令他很自豪。由于他聪明肯干,不少老师就让他帮着做课题,他也不拒绝,因为这样可以拿到机房的钥匙,最多的时候,他同时拥有三个老师机房的钥匙,这就很方便他用电脑写程序。

他两年便修完了大学四年的课程,其中包括毕业设计。这门课比较重要,他上四分之一的课,那门课不太重要,他上八分之一的课。他觉得,计算机搞懂精髓以后,所有的东西都很简单。计算机不是一门理论性很强的学科,强调的是实践。他是中国最早一批玩上 BBS 的人。早上 7 点,脸没洗,就开始叮叮当当地拨号,Modem 一声长鸣,总算上站了,迅速将信取下来,断掉线,急不可耐地看信。

除了上大学第一年父母替他交了学费,此后的学费和生活费都靠他自己努力挣得。尽管家境不错,他还是从大学开始就立志要做一个“自给自足的人”。在大二的时候,他有过写了 30 篇文章,没一篇发表的纪录。但他是一个有心人,他仔细分析每一份杂志和报纸的定位,分析每一个编辑的喜好,对症下药,很快有很多文章见报。

靠着稿费和奖学金,他从大二开始就经济独立了。他对大学生活的评价是“没有虚度光阴”。“席卷了武汉大学所有奖学金,这个真的不吹牛。”他先后获得了"挑战者"大学生科研成果三等奖、武汉大学三好生标兵、光华一等奖学金以及两次湖北大学生科研成果一等奖等荣誉。武汉的电子一条街(今广埠屯 IT 数码一条街)位于洪山区珞瑜路,离武大仅有 10 多分钟路程。从 1986 年开始,在"学海淀经验,建武汉硅谷;北有中关村,南有广埠屯"思路的指引下,像早期中关村一样的"街面店"迅速发展起来,大大小小的电脑公司有数百家。他最初"闯荡"武汉电子一条街的动力来自于"蹭电脑"的需求。"那时电脑还没有现在这么普及。大学里设备很简陋,电脑数量严重不足,他一个星期下来大概只能在电脑上学习两个小时,自然感觉营养不足,就开始'蹭机房',明明是别人来学习电脑的时间,他却早早溜进机房,抽空上机学习,别人来后,他就被撵走了。这很痛苦。后来有机会认识了当时武汉电子一条街的一些工程师,他们公司里都有样机和展示机,他就去蹭,其实是为了提高技能。当时是打着帮忙和兼职的幌子,给不给钱对他来说并不重要。最初公司里只是管饭,后来活儿越来越多,就有些报酬了。

上大二以后,他很快发现:大学生最重要的不是考试成绩,而是实践和做事的能力。于是,他几乎每天都会出现在机房。由于他的电脑知识丰富,且动手能力强,街上的很多老板都认识他,常请他帮忙,自然也就常请他吃饭,当时他在街上"混"得很不错。就在这时,他认识了王全国,这成为他人生道路中最重要的事之一。王全国毕业于武汉测绘科技大学(现已经并入武汉大学),毕业后留校任教,是武汉电子一条街上的技术权威。两个人在武汉电子一条街都是"知名人物",后来有过许多密切合作。他初入大学就主动接触社会、锻炼自己,与同龄人相比,他显得少年老成。

早接触社会,对大学生来说,就是离成功早近一步。如果不是醒悟得早,就按照学校的常规生活,雷军肯定走不到今天。

1990 年,正读大三的他开发出了第二个商业软件——杀毒软件"免疫90"。这个软件是他和同学冯志宏合作的,这时候计算机病毒刚刚在大陆流行。"免疫 90"在武汉卖出了几十套。销售了一年之后,每人赚了几百元。在计算机系辅导员老师的推荐下,这套软件获得了湖北省大学生科技成果一等奖。他在《计算机世界》上发了很多篇关于病毒的文章,是当时小有名气的反病毒专家。其实,他的表达能力不是生来就那么好。大二的时候,湖北省公安厅专门请他讲课,讲反病毒技术。他准备了好几页纸,但 2 小时的讲座,他上去 15 分钟就把讲稿念完了,下面不知该讲些什么,就又把那份讲稿从头念了一遍。

在武大泡图书馆的那段时间里,他看了一本书——《硅谷之火》,深深被乔布斯的故事所吸引。80年代是乔布斯的年代,他是全世界的IT英雄。90年代初,连盖茨都说,他只不过是乔布斯第二而已。在电子一条街打拼一段时间后,他自我感觉良好,就开始做梦:梦想写一套软件运行在全世界每台电脑上,梦想办一家全世界最牛的软件公司。

大四这一年,他和王全国、李儒雄等人合伙办起了一家公司,名为"三色"。关于"三色"的由来,他说:"其实原因很简单,因为我们的世界就是由红黄蓝三色演变过来的。"三个人都没有钱投入进来,直到公司接到第一张单子,赚了四五千元,公司才有了第一笔收入,也算是启动资金。三色公司的主要业务是仿制汉卡。他经常被他们从武大的晚自习上叫出来开会。他们晚上做开发,白天跑市场,在饭店里租了一个房间,五六个人躺在一个房间里,实在躺不下,就起来干活。

创业是艰难的。雪上加霜的是,没过多久,程序被人盗用了。盗用者在他们的基础上做同样的事情,但量比他们大,一次做500块汉卡,一块卖200元。因此,三色公司并没有挣到什么钱,难以为继。他们的生活陷入了困境,当年和他一起创业的一个兄弟,吹牛说他麻将打得好,自告奋勇去和食堂师傅打麻将,真的赢了一大堆饭菜票。后来实在没钱的时候,雷军等人就派他去打麻将赢饭菜票。

半年之后,三色公司面临解散。回首当年,他认为三色公司解散的原因主要有两条:"我们自以为有雄心伟略,对所有的权威都不屑一顾,街上老板的吹捧也助长了我们的虚荣心,弄得自己不知道自己有多能干了。再就是资金缺乏。"三色公司很快决定散伙,他和王全国分到一台286和一台打印机,李儒雄和另一个人分到一台386和一台更低档次的PC。虽然三色公司的历史就此结束,但他更精彩的新征程即将开始……停办三色公司的第二天,走在阳光明媚的武汉大学樱花路上,他感叹:"我觉得生活是如此美好,真轻松啊!梦魇般的日子过去了,迎来的是新的生活。"

1991年7月,他北上,被分配到北京近郊的一个研究所,这一年,他刚刚22岁。大学毕业后,他上班的第一个月拿到的工资,比起父母的要多出几倍,这在当时,是他怎么都无法想象的事情。但他的工作兴趣并不在研究所,他更愿意利用下班的时间和中关村的大腕们打交道。这一年的11月4日,是他永远不能忘的一天。在一个计算机展览会上,刚从武汉大学毕业4个月的他,见到了仰慕已久的WPS创始人求伯君。他将一张只印了自己的名字和寻呼机号码的名片递给了求伯君,而当时求伯君递给他的名片上赫然印着"香港金山副总裁"的名头。当天求伯君身着一件黑色呢子大衣,全身名牌,光彩照人。他当时真是有些被震撼了,觉得那就是成功的象征。

第二次会面,是在北京大学南门的长征饭店,求伯君宴请了他,吃的是烤鸭。席间,求表达了希望他加盟金山的想法。那一晚,雷军没有睡好觉……后来,求伯君专程前往武汉邀请他和王全国等人加盟金山。不久后,他加盟金山。就像求伯君与金山创始人张旋龙的相识,他与求伯君的相识在雷军看来是"人生道路上的一个转折点"。

从1992年出任北京金山开发部经理之时起,他的管理生涯就开始了:1993年出任珠海金山的常务副总,1994年出任北京金山软件有限公司总经理,那时雷军二十四五岁;1998年联想注资后出任金山总经理,负责整个公司的管理、研发、产品销售及市场战略规划,这一年雷军29岁;2000年底公司股份制改组后,出任北京金山软件有限公司总裁,这一年雷军31岁;2007年出任金山软件副董事长,这一年雷军38岁。

从1992年加盟金山,到2007年金山上市,他在金山15年如一日。无论企业怎样变化,无论管理风格怎样成熟,但有一点始终未变,那就是他身上洋溢的青春与激情。很多人都会问他,为何能够这么多年保持旺盛的斗志和向前冲的激情?他说:"让经我亲手开发的软件,运行在每一台电脑上的想法是在大学时形成的。开始时只想做一些与众不同的事情,后来逐渐明确为理想。一个人能够消费的财富是有限的,唯有理想才是保持后劲和激情的动力。缺乏方向的生活,会让人觉得很郁闷,而理想不但让人充实,也会使人在奋斗过程中不受欲望的干扰,在众多的诱惑面前不至于迷失方向。"这种解释看上去似乎很"冠冕堂皇",但的确是他在潜意识里奋斗动力的源泉。

他很喜欢马丁·路德·金的那句"I have a dream"(我有一个梦想),并视为座右铭。他有时候会有些书生气息,也会做一些理想主义的事,比如斥资数千万投资WPS,尽管这不是一个精明的商业决定,但却为民族软件保留了尊严,并提供了反击的机会。在这个逐利的商业时代,在这个盗版丛生的软件领域,理想主义是必需的。对于他而言,在金山的日子可以看作一段激情燃烧的岁月。金山高级副总裁王峰回忆说,当年雷军每每在下班之后约他在办

有 志 大 咖

公室谈工作,一谈就到半夜。对于雷军来讲,这种劳模式的生活实在不稀奇。据说在担任金山 CEO 之后,他每天休息时间不到 5 个小时,尤其是在进入网络游戏行业之后,他每天晚上至少要花三个小时泡在游戏里面,亲自测试产品质量。这一点恐怕在圈子里,只有同样狂热的巨人老板史玉柱能够做到。在讨论转战网游时,所有人大眼瞪小眼,都不懂。怎么办?所以,在《剑侠》上市前,他布置了一个硬性指标,每个高层管理者,必须在游戏里练成一个 40 级的人物。刚开始做网游的时候,他有几个月,基本上白天工作,晚上通宵玩游戏,哪个游戏最火就玩哪个。

十五年风雨兼程,他既富于理想又务实,他像一个自信而有号召力的三军统帅,运筹帷幄,排兵布阵,在传统软件的互联网转型与国际化拓展中攻城略地——雷军漂亮地完成了从程序员到企业高层管理者,再到企业合伙人的华丽转身。如果说求伯君代表着金山的 WPS 时代,那么雷军则把金山带入了商业时代。在掌管金山软件的近十年时间里,他在微软的重压下守住 WPS 阵地;在瑞星、江民等杀毒先锋的围堵中打开杀毒市场缺口;在盛大、九城等网游龙头嘲笑中抢进网游市场,并实施国际化战略。可以说,金山有今天的成绩,雷军居功至伟。

2007 年 10 月 9 日,清晨 6 点,香港四季酒店。雷军翻身起床,开始写一封致全体员工的信。本来秘书早已准备好了官方文本,但他觉得它表达不了自己此刻的感受,他这样写道:"一路上有你,苦一点也愿意,一起哭过笑过的兄弟们,让我们一起举起庆功的酒杯,一起为我们自己大声欢呼:我们上市了!"

19 年前,金山公司在珠海成立。1998 年,雷军接任 CEO。次年,金山开始筹备上市。此后八年,金山始终处于上市的准备期。其间,上市地点也经历了香港创业板、深圳创业板、深圳主板、纳斯达克、香港主板的五次变化。雷军说:"我们一跑跑了八年,相信绝大部分公司都被上市拖垮了。"上市这天,有一名加入金山八年的员工给他发来一封邮件,信中写道:八年前他加入金山时就听说公司要上市,每年过年回家都要跟他父母讲,结果最后连他父母都不再相信金山能上市。还流传着一个段子,说的是金山进攻游戏领域时期,雷军在一次拓展训练中发表讲话,说自己不容易,大家不容易,活得太窝囊,说到动情处潜然泪下。当时,二十几个副总裁和部门经理拥上去,把他团团围住,大家抱头痛哭。

金山上市,他最大的感受是"无债一身轻",从22岁到38岁,从金山第六位员工一路做到CEO,他总算兑现了对创业伙伴和员工所画的"饼",这个饼画了足足八年。然而,出乎所有人意料的是,他在金山登顶时,选择了离去。上市两个月后的12月20日,他毫无先兆地宣布,因健康原因辞去金山总裁兼CEO职务,从这家工作了16年的公司离开。对于这次离职,绝大多数"旧金山"人感到震惊。有很多中层管理人员都感到非常意外。无论是独抗微软的艰难时期,还是漫长的IPO历程,他始终守在金山进退的第一线。金山人以为,这位已与金山名词紧紧地联系在一起的人,会以金山为其职业生涯最终归宿。有所征兆的是,在离开金山前不到一个月,他以金山CEO的身份录制了一期《波士堂》电视节目。在节目中,他分享了诸多往事和对人生与事业的看法。谈及未来,他说了一句意味深长的话:"等你们《波士堂》不再管我叫金山的老板,而是直接叫我雷军的时候,我再来告诉你们。""我扮演的是一个创业时期的CEO,现在需要一个上市之后守业的CEO。"彼时,雷军这样解释自己的隐退想法。

他看着一批批互联网牛人的崛起,有些落寞。他在金山担任总裁的时候,马化腾和丁磊还是"我们手下的站长。一个在深圳,一个在广州"。他已经工作了六七年的时候,请过一个初到北京的湖北老乡吃饭。这是小老乡周鸿祎来北京吃的第二顿饭。这是数年前的事了。转眼间,马化腾的腾讯公司成为中国市值最高的互联网公司,丁磊的网易也成为了门户大佬,老乡周鸿祎和自己成了杀毒的同行,奇虎360做得有声有色,也早已当了董事长。早早进入IT江湖的先驱他本尊呢?

离开金山后,他进行了深刻的反思。他在微博里说用手术刀解剖自己,残酷但真实。他对金山生涯的反思有五点:人欲即天理、顺势而为、广结善缘、少即是多和颠覆创新。他慢慢确认了一件事情:在一家改良导向的公司里,他是做不成革命者的,就像康有为永远成不了孙中山一样。意识到这一点,他若有所失。他决定先什么都不要想,也不要有什么目标,过一阵逍遥的日子,想透了再干。"我当时就是坚信我还会再干点别的什么事情。"他看王守仁的心理学,反思自己以前的商业人生。他说:"自己就像一辆坦克车,什么障碍都能闯过去,但是闯过去以后觉得很费劲,不顺势而为,尽管最终可能也达到了目的,但付出的代价过高,我就在想,怎么才能做得像行云流水一样?"

他不缺钱,但他缺一样东西:再一次成功的机会。他说:"金山就像是在盐碱地里种草。为什么不在台风口放风筝呢? 站在台风口,猪都能飞上天。"想清楚的雷军,突然发现一切都开始顺畅起来。

他离开金山,用他自己的话说,他"开始拎着一麻袋现金,看谁在做移动互联网,第一名不干找第二名,第二名不干找第三名"。截至目前,他已经是17家初创型企业的天使投资人。这些企业沿着移动互联网、电子商务和社交三条线整齐分布。他自称"无一失手"。尽管这17家公司还未有一家上市,但已经有了凡客诚品这样估值超过50亿美元的企业。

2007年底,iPhone的出现,为他带来了巨大的希望和热情。他买了很多iPhone,到处送人。不过,他在崇拜乔布斯之余,一直在给乔布斯的产品挑毛病:待机时间太短啦、不能转发短信啦、用着硌手啦、信号不稳定啦……"我就搞不懂,手机为什么能卖那么贵。电脑行业10%~15%的毛利已经很好了……我也是门外汉,但是乱拳打死老师傅……我对移动互联网已经通透了,iPhone使我对做手机有了浓厚的兴趣。这种软件、硬件和互联网结合的趋势让我开始琢磨怎么做手机。"

2009年,他向林斌发出了邀请:有家叫作魅族的公司不错,我们去说服他们用Android。林斌和雷军一起飞往珠海,两次探访魅族,并且和魅族创始人黄章有过深入交流。"魅族做得非常好。"一位投资人说,"它通过BBS做网上营销,经营两年,培养200万粉丝,卖出大概60万台M8。M8的参数配置跟苹果咬得很紧,但价钱是苹果的一半。市场上真正的互联网手机就这么两家。"

两年后,当他发布第一代小米手机的时候,黄章在魅族的社区里发言,表示雷军当年打着天使投资人的旗号,从魅族得到了不少商业机密。他的说法是:"你做一件事情肯定要了解同行做到什么程度了, 要做充分的市场调查。他也拜访了很多家……他也有过其他的思路,但最终决定自己做。做顶配手机, 有实力的不见得愿意跟你合作, 没实力做出中等水平又不是想要的,只能自己做。"在雷军公开回应黄章之前,两人的关系是个引人入胜的谜。无论如何,魅族和黄章打开了雷军做手机的潘多拉盒子,并且很可能由此促使雷军下定决心,自己创业做手机。

2009年10月,他向一直保持密切联系的林斌发出邀请,合伙创业。他的邀请让林斌略感意外。此前,他一直认为雷军想要投资。此时,林斌过着标准的外企高级职业经理人的生活。从微软11年到谷歌4年,他的职业生涯一直很稳定。对于林斌这样的人来说,创业是一件机会成本很高的事情。

2009年11月的某个晚上,他和晨兴资本合伙人刘芹通了个漫长的电话。两人从晚上9点谈到第二天早上9点,他换了三块手机电池,刘芹换了三个手机。最后,刘勤答应加入,投资他这项未知的事业。事后回想,他在12个小时里说的四个字打动了刘芹:敬畏之心。

2011年10月底,他和林斌之间长达半年的彼此打量、互相试探的阶段正式结束。话被挑明了,大家一起干,做手机。这时候,他对于移动互联网和手机行业的判断更加清晰了。他总结了六大趋势,并且在后来很长一段时间里,当作创业教材反复宣讲:手机电脑化、手机互联网化、手机公司全能化、颠覆性设计、要做能打电话的手机、手机要做出爱恨情仇。在这六大趋势的基础上,从一开始,他就描绘了一张大致的前进蓝图:搭建一个融合谷歌、微软、摩托罗拉和金山的专业团队;先做移动互联网,至少一年之后再做手机;用互联网的方式做研发,培养粉丝,塑造品牌形象;手机坚持做顶级配置并强调性价比;手机销售不走线下,在网上销售;在商业模式上,不以手机盈利,借鉴互联网的商业模式,以品牌和口碑积累人群,把手机变成渠道。简言之,他从一开始就决定要打破手机硬件行业的游戏规则。他是一个在互联网领域屡战不休,又曾被放逐的人,这一次,他要用互联网的方式来做手机硬件。

不久,公司完成注册,名为北京小米科技有限责任公司。创业团队搬入中关村银谷大厦的办公室。搬家当天,同事的父亲用电饭锅煮了一大锅小米粥,送到公司,由雷军分盛每人一碗。从此,小米科技正式启动。

2011年8月16日,雷军站上798的舞台,发布了这台代号为"米格机"的第一代小米手机。这台外观朴素的手机,定价1999元人民币,号称顶级配置:双核1.5G,4英寸屏幕,通话时间900分钟,待机时间450小时,800万像素镜头。其中屏幕由夏普提供,处理器由高通提供,开模具服务由富士康提供,代工生产由英华达提供。雷军说,他要靠米聊来挣钱,他要把米聊做成手机上的Facebook。一旦有一天,MIUI的注册账号和米聊的注册账号绑定了,他就获得了一份多达百万并且可以无限增长的真实客户名录,这里面有姓名、手机号码甚至驾照号码。"这不就是互联网的挣钱办法吗?你说,阿里巴巴一开始挣钱吗?百度一开始挣钱吗?腾讯一开始挣钱吗?都不挣钱。一旦有了大量用户和品牌资源,就有各种各样的办法可以挣钱。"

至此,小米科技和雷军的未来蓝图已如一幅卷轴画,一点一点慢慢变得

有志大咖

清晰:靠小应用启动公司、锻炼团队;靠 MIUI 掌握独立操作系统,并且提升品牌、积累粉丝;在大量粉丝的基础上推出手机硬件,完成一定量的销售,并且把论坛粉丝转化为手机粉丝;在手机销售增长的基础上,绑定米聊以及更多的手机应用,做一个本土的 APPStore。

- -

成功秘诀:尽管勤奋好学、品学兼优,但是在他内心深处,对这段纯真烂漫、听话踏实的成长经历,仍然充满遗憾。他从小就是好孩子、好学生,根红苗正,生在红旗下,长在红旗下,他笃信并践行着所接受的东西。你想想,一个想法单纯、积极向上、非常热情的青年人,他的信仰一点一点被现实无情击碎。他在社会上打拼了一二十年以后,遍体鳞伤,为什么?他发现他所接受的那套教育是行不通的,你知道这多可怕吗? 多可悲吗?

每个人都无法选择出生的家庭、地域和时代,一切都是命中注定的。富贵或贫贱,精彩或平淡,既受时代潮流和国家兴衰的大背景影响,也在于个人成长环境和自身性格的造就。换句话说,个人经历如果割离了他所处的国家和时代,讲述起来将会苍白无力,黯淡无光。他也不例外,他一直活在那代人的宿命之中。

不过,人生固然无法选择如何"生",却能决定怎样"活",这也是"生活"的魅力之处。从小学到大学,从学生到员工,从职业经理人到创业者……他一直勤恳踏实,循规蹈矩,从未怀疑过自幼形成的价值观和认知体系,后来却伴随着年龄的增长、活动区域拓展而不断自我否定。第一次去香港,他发现凌晨 3 点的街头安静祥和,并不像电影中所描绘的枪林弹雨,黑道横行。第一次到美国,他每晚特意留心观察,发现"外国的月亮真的比中国圆"。怎么说好呢? 我们整整一代人,都挺可悲的。这种悲凉的心境经常让他充满挫败感,尤其是在担任金山总经理那段煎熬、苦闷的日子里,他曾深深地反思过:"其实在金山后期我就觉得不对了,当你坚信自己很强大的时候,像坦克车一样,逢山开路,过河架桥,披荆斩棘。但是当你杀下来以后,遍体鳞伤,累得要死时,你会想,别人成功咋就那么容易?"反思过后,他深刻参透顺势而为的道理,这才有了后来那句名言:"只要站在风口上,猪也能飞起来。"

智慧启迪:在短短几年里,小米已经成为国内最成功的手机公司之一,年销量6000多万，几乎无人不识小米手机，"互联网思维""低价高配""为了发烧而生"……小米创造了太多奇迹与成果，而雷军本人也一跃登上了胡润富豪榜，获奖无数。细数他这么多年的奋斗史，我们可以发现，首先他拥有极强的自律性与勤奋，在创立小米前他已经是富豪了，绝非为了钱而创立小米做手机，成功后也从未攻击辱骂任何一友商或个人，他们的身份是企业家。雷军甚至没有攻击贬低过别家的产品，虽然老夸自家的东西很反感，但他不攻击友商，只专注于自身努力建设，这是非常难得的。也许你并不喜欢他，但请相信一个人成功绝对是有原因的，雷军多年如一日的勤奋、自律与积极努力成就了今日的他。

现在不少大学生，毕业后在一个单位没有干过两年的。工资低、福利差、加班久都是跳槽的理由。还有不少人想白手起家、空手套狼，在今天的商业社会里这是非常不现实的一件事情。为什么不能学习雷军，先积累能力和资源后再创业呢？

主要原因就是在我们身上缺少一种拼劲、一种闯劲。在没做什么事之前，总是可以找到很多的借口，不停地去想一些反面的东西，使自己打了退堂鼓。或许是因为我们的经济还不够独立吧！我们输不起！但我们也因为怕输，所以不曾起步，不曾尝试过。我们要向雷军那样，相信自己，相信无论梦想是什么，有梦想就会不一样！

有志大咖

37

董明珠

不要好高骛远，先要打好梦想的基石

　　她，1954 年出生于江苏南京一个普通人家，她是家中最小的一个女孩，排行老七，她一出生就被父母视为掌上明珠，因此给她取名董明珠。她出生的年代，是个艰苦的时代，也是个百废待兴的年代。她的出生并没有给父母带来多少欢乐，反而却增添了苦恼和负担。父母都是普普通通的工薪阶层，而七个孩子对于他们来说是巨大的压力，她是在父母的"无奈"和"嫌弃"中成长起来的。她幼年的性格就像一个假小子，除了偶尔碰碰布偶之类女孩专属的东西，大多数时间都跟街上的男孩子在一起，打打闹闹，上房揭瓦，下河摸鱼，完全没有一个女孩子的模样。

　　她，二十几岁时，虽不能大富大贵，但也算顺风顺水：她靠自己的努力，考上了安徽省芜湖干部教育学院，毕业后在南京一家化工研究所做行政工作，然后结婚生子，平淡幸福。

　　她，刚刚 30 岁，儿子 2 岁的时候，丈夫突然去世，晴天霹雳。30 岁丧夫，还要拉扯一个孩子，在很多人眼里，她这辈子不会有戏了。然而，丈夫去世 6 年后，36 岁的她，决定不再接受老天不公的安排，要翻身做自己命运的主人。

　　她，36 岁南下珠海打工，进入格力做了一名最基层的业务员。38 岁，加入格力的第二年，在安徽的销售额突破 1600 万元，占整个公司的 1/8。随后，被调往几乎没有一丝市场裂缝的南京，并随即签下了一张 200 万元的空调单子，一年内，个人销售额上窜至 3650 万元。

　　她，40 岁。格力内部出现了一次严重危机，部分骨干业务员突然"集体辞职"，董明珠经受住了诱惑，坚持留在格力，被全票推选为公司经营部部长。41 岁，升为销售经理。在她的带领下，格力电器从 1995—2005 年，连续 11 年空调产销量、销售收入、市场占有率均居全国首位。

　　她，49 岁，当选为第十届全国人大代表；51 岁荣登美国《财富》杂志"全球50 名最具影响力的商界女强人榜"；53 岁，出任格力电器股份有限公司总裁；58 岁，被正式任命为格力集团董事长。她带领格力成为中国首家营收破千亿的家电上市企业。

　　她，61 岁，终于实现了 10 余年的愿望，格力打入世界 500 强，排名家用电器类全球第一，年纳税额 150 亿。62 岁的她，凭借自己的努力完成了自己的人生大逆转。到今天，她已为格力奋战了 25 年之久。她，如今已经是人称"铁娘子"的经济风云人物，世界十大最具影响力的华人女企业家，全球商界女强人 50 强。

- -

　　提起董明珠，竞争对手们是这样形容她的："董姐走过的路，都长不出草来。"可见这位铁娘子的厉害之处。而格力内部的员工是这样评价自己的女上司的："说话铿锵有力，做事雷厉风行，即便不化妆，她也比实际年龄看起来年轻许多。"媒体则说："这个女子，虽然 36 岁前的人生平淡无奇，但 36 岁后的她，却用自己的坚韧和执着走出了一条别人无法复制的路。"

　　为什么说她的创业故事很励志，因为很少有人像她这样，36 岁再从基层业务员做起，而 15 年间，她用自己超乎普通女性的能力，升任格力集团 CEO。

　　她之所以今天能有这么辉煌的业绩，有这么骄傲的美称，因为她是一个骨头像刚一样硬的女子。这样的性格，在她幼小的童年就显露了出来。

　　她是一个非常要强的女子，无论是在她的学生时代，还是在她事业有成之时，她都始终保持着优秀。在她上学的时候，从来没有挨过老师的批评，什么事情都想争第一。每个学期，她都会把一张优秀的成绩单交到父母手中，在学习上，从来没有让父母操心。她从小就与众不同，敢想敢做，在同龄的孩子中显得很成熟，也很出众。而且，父母也是非常注意她的言行，一直教导她说话办事要诚实，绝对不能骗人，更不能撒谎。良好的家庭教育，让她具备了优良的秉性，让她在日后的工作中有了比其他人出色的可能。有人说"董明珠的倔"，成就了格力今天的"牛"。确实，学生时代的她虽然没有被老师批评过，没有被家长说过，学习成绩也一直很好，但并不意味着她不倔，不叛逆。只是她的叛逆是在课下时光，并且她在叛逆的道路上越走越"远"。

1975 年,带着叛逆,她走过了青春,之后与常人一样结婚生子,走进职场。当时在南京一家化工研究所做行政管理工作,有干部身份。虽然平日的工作很枯燥,但她和丈夫爱的结晶——东东的到来,给他们平淡的家庭生活增添了不少乐趣。可是,好日子还没过多久,在孩子刚刚两岁之际,她三十岁之时,意外发生了。

1984 年,一场突如其来的大病夺走了她丈夫的生命,两家人顿时陷入了悲痛惋惜之中。可留给她悲伤的时间却不多,家里的一棵大树倒了,一个顶梁柱塌了,她得撑得起这个家啊!她得担起这个重担啊!一想到年幼的孩子,她有些愁,更有些忧。当时她的父母和公公婆婆都是普通的工薪阶层,勉强能养活自己,又刚刚给女婿和儿子看完病,积蓄已经用尽,她的工资只有几十块钱,又要养孩子,还要负担家,更要还丈夫欠下的医药费,苦日子来了。那个时候,她是在苦水里度过的。她思考了很久,觉得自己应该走出去,靠打工赚钱,改变家里的状况。这样一个想法在她脑海里盘转了六年之久。

当她把心中的梦想告诉家人时,却没有一个人支持她。父母和哥哥姐姐都来劝她,说这样孩子太苦了,两岁就没有父亲了,眼下又要离开母亲。这个时候的她,何不心知肚明啊!怎么能舍得幼小的儿子啊!可是,骨子里带着倔劲儿的她,又有什么办法啊?必须出去闯,出去拼,这是她唯一的选择。家人多次劝说无果之后,只好顺从了她。她虽然有些叛逆,但并不会如此强硬,是生活给了她更大的勇气。江南女子大多温婉,可她身上却全然没有这种气质,她仿佛要挣脱这个生她养她的城市,创出一个新的世界。

其实,在父母和哥哥姐姐的眼里,她完全没有必要过得那么辛苦。丈夫离开了,但生活还是要继续,她理应再找一个人嫁了,带孩子过衣食无忧的生活,没有必要那么劳累。可是,她却没有这么想,丈夫的去世更让她明白了一个道理:"靠谁都不如靠自己!"她跟孩子需要生活,需要钱,这是一个很现实的问题,没有钱就没办法让母子过好生活。抱着这个信念,她没有悲伤的时间,更没有考虑的余地,只能把孩子托付给家人照看,自己出去闯一闯,拼一拼。在丈夫逝世六年后,她毅然辞去令人羡慕的工作,自己南下打工。这一年,她已经 36 岁,已过而立之年,按理说,做什么决定都应该慎重,可她就是无法安稳,更不服输。20 世纪 90 年代,无数年轻人背起行囊,告别家人,怀揣梦想和希望,投入到商海浪潮中,她就是其中的一个。她先到了深圳,但"深圳速度"似乎让她摸不着头脑,也并不适合当时的她,随后她来到了珠海,这座宁静的城市很合她的心意，她自信可以在这里找到一份足以养家的工作。在她看来，她人生最大的转折点就是丈夫去世。如果她丈夫在，她不会来到珠海，更不能来到格力，因为他不会让她出来打工的。结果，她在这里用自己的坚韧和执着，创造了让人无不佩服的创业传奇。

1990年，36岁的她，在珠海孤身投到格力，那时的格力还叫海利，是一家刚刚投产不久，年产能力约2万台的国营空调厂，没有核心技术，只能做空调组装。她的第一份岗位工作就是销售人员，而且每个业务员每年都有100万元的销售任务，虽然数字不大，但对一个刚刚入道没有名气的小业务员，对一个没有规模的格力来说，想顺利完成任务何等的艰难。她从零做起，从业务员做起，所经历的坎坷不计其数。但她是一个不达目的不罢休的人，这样的性格，也就决定了她比别人要遭更多的磨难。

让她记忆犹新的是一次出差。那时，她被分配跑北京和东北地区的市场，由一位老师傅带着她。面对从未接触过的销售生活，她内心里却充满了期待。可是没过多久，这份期待就没有了。她第一次感受到销售人员的艰辛，她独自一人乘坐火车去与老师傅会合，火车里乌烟瘴气，各种气味混杂，简直让她无法忍受，她甚至一天没有吃饭。她整整坐了一天火车。当老师傅接到她的时候，她已经饿得不行了，马上就要晕过去了。老师傅见状赶紧帮她找个旅店休息，在前台办理登记入住时，她连拿笔的力气都没了，直说"我不行了，请帮我填一下"。刚说完，她就晕过去了。几个人赶紧把她扶到房间好好休息。第二天，她醒来之后，感觉特别难受，老师傅让她好好休息几天再工作，她却怕影响工作，坚持爬起来。

跟着老师傅去北京和东北跑了一圈，经验学了不少，见识也广了一些，可还没来得及消化呢，她又受到了新任务，被安排负责安徽市场。她去当地所要开展的第一份业务，就是向当地的一家拖欠42万元的经销商追债。不知营销为何物的她，锲而不舍天天去找那位经销商，经销商却摆出一副爱理不理的样子，直到下班了，她站起身，独自回到旅店。再后来，那位经销商干脆避而不见，这更激起了她的犟脾气，天天去"堵"，终于有一天把经销商堵在了办公室，她大叫："你要么还钱，要么退货，否则从现在开始，你走到哪里我跟到哪里！"就这样，她凭借坚毅和"死缠烂打"，40天追讨回前任留下的42万元债款，令当时的总经理刮目相看，成为营销界茶余饭后的经典励志故事。传奇从这里起航。靠着勤奋和诚恳，她不断创造着格力公司的销售神话，她的个人销售额曾上窜至 3650 万元。

1995 年,她成为格力的销售经理,她的下属们是这样看当时的这位女上司的:一个从不按牌理出牌的人,她的"牌理"只有一个:自己的原则,自己认为对的。她上任后面对的第一个问题,就是在隆冬时分积压了 19 000 套空调。对此,大家通常的做法是每台降价 300 元卖出了事。她说:"不行,正常产品降价有损形象。"她出人意料的做法是,把积压空调分摊给每个经销商。销售员没想到新官上任的三把火会烧到自己身上,而且烧个没完。

在生活细节上,这位铁娘子还做了这样一个规定:"上班时间不许吃东西,一经发现,第一次罚五十,第二次罚一百,第三次走人。"当所有人以为这也就说说而已的时候,一天,她走进办公室,发现 8 名员工正在吃东西,仅过了 10 秒钟,下班铃就响了。她毫不客气,每人收了 50 元。大家目瞪口呆。她说,只要违犯原则,再小的事,都是大事,都要管到底。

一天,有一个年销售额达 1.5 亿元的大经销商,来格力厂要求特殊待遇,语气中透着不容商量的傲慢。董明珠非但没有理他,反而狠狠反击:把他开除格力经销网。所有人都在为这位女上司捏一把汗,一个位子还没有坐稳的销售经理,一天之内,竟毫不犹豫地扔掉了 1.5 亿元的年销售额。她的回答很简单:只要违犯原则,天王老子也给我下马。

女强人的铁腕让经销商们不得不服软。许多空调厂往往纵容大销售商,允许他们跨地区经营,这样本地小经销商根本竞争不过,也把市场搞乱了。她这样一做,小经销商可以把规模搞大,也就有了奔头。

拖欠货款是中国零售批发行业普遍存在的现象,这让很多经销商头疼,不信邪的董明珠,一年里就把全部问题解决了。她的做法很简单,也很霸道:凡拖欠货款的经销商一律停止发货,补足款后,先交钱再提货。不过这说起来容易,做起来难。她一下捅了马蜂窝,大大小小的经销商纷纷向格力老总告状,有的甚至宣称:"有她没我"她没有服软,针锋相对地说:"那就有我没他吧。"老总劝董明珠:"是不是可以补完款,先发货再收钱?"她微微一笑说:"好啊。"结果款一到账,货却把住不发。她说:"要货? 先拿钱来。"她振振有词:"就算别人全这样,我格力也偏偏不。"即使 100 次撞得头破血流,她也要撞 101 次。欠款这堵破墙一定要倒。

董明珠的强硬带来的效果是:1997 年、1998 年格力没有 1 分钱的应收账款,也没有 1 分钱三角债。此后,大家都相信董姐,不划款,你拿不到一件货;

只要划款过去,从不拖欠货。董姐办事,让人服气、放心!

她为了工作,每天可能只睡 5 个钟头,据说现在她也往往是在睡眠或打盹时想问题,一有什么想法,半夜一两点,董明珠也会跳起来,拿起本子记下来,甚至半夜打电话给老总。正是她的这种奋斗精神,许多营销绝招就这样诞生了。

1996 年,空调淡季,格力靠淡季返利拿回了 15 亿元回款。在淡季价格战中,各个品牌只得纷纷降价,甚至零售价低于批发价,批发价低于出厂价,大伤元气。她规定格力 1 分钱也不能降。到了 8 月 31 日,格力宣布拿出 1 亿元利润的 2%按销售额比例补贴给每个经销商。这样在空调业最困难的 1996 年,格力销售增长 17%,第一次超过春兰。

她认为:只有经销格力赚钱,才能长治久安。她不仅将紧俏空调品种平均分配,避免大经销商垄断货源,扰乱市场,还推出了空调机身份证,把每台空调在营销部备案。

1998 年,她突发奇想,并在老总的支持下,宣布把淡季延长一个月,4 月继续实行 3 月淡季价。格力到手的钱不要。等其他厂回过神来,众多大经销商已纷纷划款给格力抢买格力产品。有厂家长叹:"董明珠也真狠,这么多年,我们从没想到过这一招。"

就这样,15 年的时间里,她从一名基层业务员成长为格力的总经理,从 2005 年至今,她一直担任着格力的副董事长、总裁职务。自从她出任总经理后,创造了我国商界独一无二的奇迹。在她的领导下,格力电器从 1995 年至 2005 年,连续 11 年空调产销量、销售收入、市场占有率均居全国首位。2003 年以后,销售额每年均以 30%的速度增长,净利润保持 15%以上的增幅!

成功秘诀:女性在职场里打拼,首先是要会做人,什么叫做人?就是要尽职尽力,在自己的岗位上做到最好,这就是目标。很多人会说,以后要当总经理。那不叫目标,而是一种私人的目的,不叫目标。在岗位上要做得比别人都好,这才是目标。你只有做得比别人好,才能受到别人的尊重,有了尊重,你的职务就会发生变化。不是为了职业目的去实现人生价值,只有这样才能成功。而成功要怎么理解呢?总经理这个职务对她来说不是成功的象征,而是一份责任,要履行更多的职责,对她来说这不是一个光环,而是一个负担。一

有 志 大 咖

个人的人生价值,不能只考虑眼前的利益,或者不能为钱而活,一个人的一生当中最大的价值,不是在于你多么富有,而是你回头再看的时候,你问心无愧,那就是你真正的价值。

智慧启迪:董明珠从一个打工仔到一个销售经理,再到一个销售女皇,她所走的每一步,都给了我们正在创业路上迷茫的人很多的智慧启迪。

启迪之一,市场不相信眼泪,职场不同情弱者。职场人所就业的单位,是各种性质的企业。企业是干什么的?企业是个经济组织,并且是个以盈利为目的的经济组织。企业要想活下去,就必须盈利,尤其对于那些姥姥不疼、舅舅不爱的民营企业,只有不断盈利才能让企业走得更远。你不成熟可以,但不可以娇生惯养;你不会干可以,你可以慢慢地学,慢慢地干;你也有选择新的企业的自由,但你也必须接受丢失专业积淀的代价。

启示之二,你必须对自己狠一点。当然你对自己不狠也没人会杀了你,但职场竞争的逼迫,你不狠不行;个人生存的需要,你不狠也不行;自身价值的体现,狠比不狠要好;人活着,就得有所追求,不能一辈子浑浑噩噩。不管是娇生惯养长大的人,还是经历过一些小挫折的人,相信大多数人走上职场后,都有好好混的想法,都有成为职场精英的梦想,都想实现人生抱负。但为什么多少年过来后,有的人成为职场达人,有的人一败涂地,根本的区别就是对自己不够狠。

启示之三:人都是有梦想的,不管是富人,还是穷人;不管是高官,还是老百姓。梦想不能用金钱去衡量,也不能用地位去衡量。职场人的梦想,可以这样简单地理解,就是通过个人的付出,为企业的发展做出贡献,实现个人和企业的双赢。当你的努力得到一个企业的认可,当你成为一个企业的核心骨干,你所得到的不仅是物质上的收获,还有更多地来自你内心深处的精神上的收获。

宗庆后

有自信才能积极进取，有自信才能敢作敢为

他，1945 年出生于江苏宿迁，成长于浙江杭州。中学毕业后，为减轻家庭负担，身为长子的他，主动来到条件艰苦的舟山盐场接受锻炼。人生最美好的岁月在艰辛而单调的日子中悄然流逝。

他，1979 年，在小学当教师的母亲退休后，顶职回到了阔别多年的故乡杭州。由于文化程度太低当不了教师，被安排在一所小学里当校工。

他，1987 年，娃哈哈前身——杭州市上城区校办企业经销部成立，一张小小的委任状陡然改变了一切。这一年，42 岁的他带领两名退休老师，靠着 14 万元借款，靠代销人家的汽水、棒冰及文具纸张一分一厘地赚钱起家，开始了创业历程。

他，为了创业，更为了生存，当戴着草帽、蹬着平板车走街串巷，叫卖棒冰、文具的时候，还想不到自己 10 年后会成为一个左右中国饮料市场格局的人。

他，20 年间，筑起一个饮料王国。如今，当年的"小不点儿"已成长为拥有资产 55 亿元、在全国 19 个省市建有 50 余家全资或控股子公司、年销售收入可达 70 亿元的中国最大的食品饮料巨人。"娃哈哈"品牌驰名全国。

他，2010 年，荣登胡润全球百富榜内地榜首，以 105 亿美金位列第 78 名，成为"2012 年中国内地首富"，也是唯一一个上榜的中国大陆富豪。

他，2013 年，胡润全球富豪榜发布，宗庆后以 820 亿元第三次登内地首富。2015 年以 103 亿美元位列福布斯华人富豪榜第 18 名。

娃哈哈在中国的普及率，人们做了这样一个试验：在长白山天池、阿尔泰山山麓、海南岛丛林、青藏高原这些中国的天南海北，我们随便走进一间

小店,然后把所有的商品目录都抄下来,你会发现,重复出现的品牌不会超过三种,而恰巧娃哈哈就可能是其中的一个;在过去的 20 年里,让每个中国人都掏钱买过的品牌不会超过三种,而娃哈哈也可能是其中的一个。这种"恰巧"却绝非巧合,事实上,娃哈哈产品已几乎覆盖中国的每一个乡镇。这个从校办企业起家的企业,如今在神州大地上的影响力绝不容任何人小觑。

儿时宗庆后的父亲没有工作,只靠做小学教师的母亲一份微薄的工资度日。1963 年,初中毕业后,为了减轻家庭负担,他去了舟山一个农场,几年后辗转到绍兴的一个茶场。再后来,大批知青相继下乡,他可以说是知青中的先遣人员了。在海滩上挖盐、晒盐、挑盐,在茶场种茶、割稻、烧窑,那时的宗庆后与其他年轻人一样,脑袋里有过各种各样的梦想,总想出人头地,总想做点事情。然而,在被命运之神遗忘的农村,宗庆后一待就是足足 15 年。逃避灰色生活的唯一途径,就是四处找些书来看。

1978 年的秋天,宗庆后 33 岁的时候,中央新出台了一个文件,规定城镇干部职工退休后,在农村下乡插队的知青子女可以返城顶替。冬天的时候,母亲提前退休,他回到了杭州,以顶替岗位的名义,被安排到了同属教育系统的杭州上城区邮电路小学校办工农纸箱厂当工人。这家纸箱厂叫工农纸箱厂,原来是糊纸袋的,后来开始糊纸箱子,有时还糊点儿别的东西。这个纸箱厂的出现,与时任上城区文教局副局长傅美珍的庞大计划有关。她一心要改变教育的现状,要改造教学楼和宿舍楼,自然要想办法创造收入。在他去工农纸箱厂上班前,这位女副局长找他谈了一次话。这是他第一次见到局长,她看上去干练而充满自信。宗庆后并不知道这位女副局长的手中有一支魔杖,可以点化他的未来。

他们谈起了他的母亲,谈起了这位女副局长与他母亲的见面。她们的第一次见面,就是谈论儿子顶母亲的职回杭州的事。母亲对教育的热爱以及她杰出的普通话能力,给局长留下了深刻的印象,无疑也促成了此事。他向局长表态,表示愿意去纸箱厂奉献青春。命运就是如此奇妙地将他们关联到了一起;在接下来的人生历程当中,女局长好几次出现在了宗庆后命运的关键时刻。

他在工农纸箱厂糊了很长一段时间纸箱子,那种一成不变的单调生活,虽然已是他十几年来的习惯,但却并不完全符合他对未来的预期。

那时,北京已经传出了要"改革开放"的消息。宗庆后相信一切正往好的方向发展。他希望发生一些改变，哪怕只那么丁点儿。而且女局长已经意图雷厉风行地推广她的伟大计划，希望校办工厂的创利能够补贴教育经费的空缺，改善教职员工的生活。而当时上城区文教局麾下大部分的校办工厂，都停留在一种简单的模仿和跟风阶段，产品单一，而且一哄而上。尽管生存在一个小不点的校办厂中，他的大脑还是开始了飞速的运转。他开始向厂长提各种各样的建议，也公然无忌地向众人发表他个人的观点和意见。有人说这是他性格中刚毅、好强的一面，实则是他已经受够了这种看不到希望的生活。他希望自己能够在 15 年的历练与压抑之后，释放自己内心的零星希望，尽管他并不确定这些希望的形状。幸运的是，他所遇到的那些领导足够宽仁。他们并不因为他对人、事看不惯常与人据理力争而恼怒，也不因他不愿看他们的眼色行事而恚怒。他们所面对的是一个算不上年轻的年轻人，三十多岁，干过 15 年的苦力，正为了卑微的希望努力向前。他们给了宗庆后机会，决定让他当供销员，以求"人尽其才，任人唯贤"；宗庆后觉得，他们大概更愿意他脱离视线，至少可以保持短暂的内部和谐，求片刻的"眼不见心不烦"吧。

他喜欢那种独来独往的生活，尽管那所谓的"供销员"，只是脚踏三轮车卖纸板箱而已。对于纸箱厂的大部分工人来说，"供销员"是一种折磨，必须忍受风吹雨打，其吃苦受累的程度，远甚于坐在车间里糊纸箱。可是对于他这样干了 15 年苦力的人来说，"供销员"不仅意味着他可以重新快速地融入杭州的生活，可以与各种各样的人打交道，而且这三个字提供了一种广阔的自由度和自主度，带给他一种释放的感觉。

那时候，他每天踩着三轮车为不同单位送货。他喜欢跟各种各样的人打交道，也喜欢那种谈生意、做买卖的感觉。成天跑来跑去、谈天论地所做的也都是不起眼的小生意，但的确让他充实而开心，充满了新奇和成就感。

1980 年 5 月 1 日，他在邻居的介绍下和同是上山下乡回城的施幼珍领了结婚证。女儿宗馥莉也在 1982 年 1 月出生了。他从此有了一个幸福的小家。在别人还在推销纸箱的时候，他就已经拓展了业务范围。比如，当他听说重庆的白蚕丝多且价廉，而浙江求购旺盛时，他便把重庆的蚕丝先赊过来，卖掉后赚了一笔钱，再把重庆的账还掉。在这个过程中，有两个必备条件：一是对信息的掌握的灵通和准确程度；另一个则是让客户愿意信任你，信任到愿意把产品赊给你的程度。对于后者，他觉得自己是比较幸运的，因为他有

有志大咖

一张客户愿意投"信任票"的脸。而当他们跟他接触过后,更加认同了这个男人的内心有着与外表同步的诚实。就是这样,在别人每年上缴几千元利润的20世纪80年代,他上交的利润高达几万元甚至十万元。这在当时简直可以说是一笔巨款。而当时,买进卖出的供销生涯已经无法满足他对"智力游戏"的欲望,于是,他人生中的第一场创业开始了,准确地说,应该是一场创业的实验。

他跑了一段时间供销后,发现当时国家工业正在复苏,电表厂家却寥寥无几,电表在市场上很稀缺。他悄悄考察了一家电表厂,发现这种产品的技术含量并不高,只要采购好零部件,组装起来也容易。一个念头闯进了他的脑袋——现在纸箱厂这么多,为什么不能生产利润更厚、销路更广的电表呢?经过与厂长协商,厂长给了点儿钱,说是搞搞试验。他就在工农纸箱厂边上办了电表厂——杭州胜利电器仪表厂。这个电表厂的袖珍可以说是绝无仅有——只在本来就很小的纸箱厂中刨出了一个角落。等电表样品做出来后,他就背上几十个样品到处去推销。那时候的展销会不像现在,离开会还很早,邀请函就发到了你的手中。所以他只能不停地跑,不停地想办法。现在总在说某某是营销天才,其实所有天才都是逼出来的。后来山西一家单位说是打算采购1000只电表,每只报价23块钱。这1000只电表,两万多的营业额,对于他们新办的杭州胜利电器仪表厂算是一笔巨额收入了,而且还可以解决掉厂里的产品积压。可是不知为什么,厂长却嫌对方报价太低,建议他赶紧跑趟广州。听说那边有人要上万的数量,而且每只的价格可以卖24元。

可是厂长的这次发号施令,却最终被证明是一个错误。当他跑到广州时,广州的客户给出的报价是18块一只,而且只要500只电表,这与厂长所传递的信息以及他所为之兴奋和憧憬的预期相去甚远,简直令人绝望。

有一天,他带着一身的疲惫、满心的沮丧,以及被厂长误导后的郁闷,到一家大排档去吃点儿东西。他记不清自己点了些什么,是河粉还是其他,多年后他只记得邻桌两人低声的聊天。两个人在聊海南岛,说是海南正在搞大开发,机会很多,各种资源的需求量都很大。他当时也不知哪来的勇气,第二天一早便出门奔海南岛去了。这一次,他既未向厂长请示,也没跟家人打招呼。对于他来说,海南岛是一次机会,更是孤注一掷。如果这趟海南之行没有签下订单,他们的电表厂估计就得停业了。

那时的海南贫穷落后,人们充满了对贫穷的麻木,以及对外部生活的茫然无措。对于当地人来说,这是痛苦和煎熬;对于他来说,这是机遇。他在海南岛盘桓了将近一个月,这一个月的杳无音讯,使厂里和家里都忧心忡忡。当他一个月后带着一份与海南一家五金交电公司签订的供销合同回到杭州的时候,厂里和他的家人都开心不已。

这件事对他来说,最大的意义在于:市场的变化之快超乎想象,行动远比想象更有价值。这算是他的第一次市场调研和试验,对于他未来创立娃哈哈、施行全新的"联销体模式"不无裨益。这些意义,在当时还未有蛛丝马迹,但它们潜藏于他的内心,直到有一天完全暴露了出来。

1987 年,他已经是一个 42 岁的中年男子。在所有的企业家中,他最推崇李嘉诚,他的人生目标就是要成为"杭州的李嘉诚"。他比李嘉诚足足晚了 23 年。对多数人而言,42 岁已是到了被生活磨得精疲力竭、转而把人生愿望寄托到下一代的岁数了。在被命运遗弃了大半生之后,这一次他紧紧抓住了命运给予的一丝可能,像一个工作狂似的,风里来雨里去,骑着三轮车到处送货,他要把过去所有耽误的时光都追回来。这是一段异常艰辛的岁月。他刚刚承包校办工厂的时候,企业又穷又小,什么都没有,中午十来个人蒸饭吃,还受人家的气。即便如此,有了人生寄托的他在工作中再没有感到过失落。大半生的消磨,余下的他只能以夸父逐日般的付出,来弥补往日所有的遗憾。

他开始创业,从贷款 14 万元、靠三轮车代销汽水及冰棍开始,到拥有财富 800 亿元,成为"2012 年中国内地首富"。25 年来,宗庆后心无旁骛,以超乎常人的耐力,坚守着自己的实业帝国。2012 年 3 月 6 日,《丽江瑞吉·2012 胡润全球富豪榜》榜单显示,李嘉诚以 240 亿美元成为中国首富,宗庆后以 105 亿美元成为内地首富。其个人奋斗史,无疑是一部真人版的"励志大片"。

很多年过去了,他依然清楚地记得 1987 年夏天的一个下午,天气闷热,杭州的小巷子里见不到人影,他骑车出了家门,去干一件有些冒险的事情——靠借来的 14 万元钱,去接手一家连年亏损的校办工厂。创业初期的条件十分艰苦,他可以说是白手起家。借来的 14 万元钱,也不敢全部用完,只用了几万元钱,简单地粉刷了一下墙壁,买了几张办公桌椅,就开张了。有了自己的事业,他憋足了劲儿,但当时,他的事业却是蝇头小利的小生意,他们代销冰棍、汽水,还有作业本、稿纸等,主要是为学生服务。一根冰棍 4 分钱,卖一根只赚几厘钱。

随着时间的推移,他的业务范围也越来越广,开始为人家代加工产品。

风里来雨里去忙活了一年,年底一算账,居然有了十几万元的进账。尽管赚了一些钱,但他认为,企业没有自己的产品,终究不是长远之计。

1989 年,他带领校办工厂的 100 多个员工,开始开发投产娃哈哈儿童营养液,并成立了杭州娃哈哈营养食品厂。当时,国内食品市场的产品种类相对较少,就连方便面都是稀罕玩意儿。娃哈哈儿童营养液一经面世便迅速走红。

1991 年,他做了一件更大胆的事:兼并了拥有 2000 多名职工的国营老厂——杭州罐头食品厂,娃哈哈食品集团公司正式成立。企业产值首次突破亿元大关,达到 2.17 亿元。

1994 年,娃哈哈响应对口支援三峡库区移民工作的号召,投身西部开发,兼并了四川涪陵地区受淹的 3 家特困企业,建立了娃哈哈第一家省外分公司涪陵公司。此后,娃哈哈迈开了"西进北上"步伐,先后在全国 29 个省市自治区建立了 160 多家分公司。

1996 年对于娃哈哈来说,是具有划时代意义的年份。这一年,他瞄准瓶装水市场,娃哈哈纯净水诞生。有经济学家曾认为,娃哈哈纯净水的出现,是他搭建商业帝国最重要的一块砖。

25 年来,娃哈哈一直保持快速发展势头,年均增长超过 60%。靠一瓶一瓶饮料卖出了 820 亿身家,他凭借对中国社会的深刻领悟,占领了中国每一个城乡小店,影响着中国人的日常生活。他日子过得如苦行僧般清苦,年近七旬依然每天拼命工作 16 小时,他还决定再奋斗 20 年。这一切,源于他内心对社会怀有的一种朴素却宏大的愿景。他手腕上戴着一只价值 20 多万元的名表,脚上却穿着一双 10 元钱的布鞋,上身着一件不到 30 元的娃哈哈工装衬衫。这种着装上的反差看似他是一个奢侈的人格分裂者,不过那只手表却是女儿宗馥莉为尽孝心,送给他的生日礼物。

位于杭州下城区清泰街 160 号的娃哈哈集团总部,只是一座 6 层小楼,外表朴素无华,与周围鳞次栉比的高楼大厦相比,它显得寒碜。而这座小楼的主人,却在 2010 年、2011 年、2012 年、2013 年,四年间三次问鼎中国内地富豪榜首富宝座,个人身家达 820 亿元。小楼内部装修也堪称简陋。《中国慈善家》摄影师在为他拍照时,甚至找不到一把稍微高档一点的椅子让他坐。820 亿对他来说不过是一张大钞票,他认为,企业家的最高境界是履行社会责任。

虽然顶着首富的桂冠，但他却是走在大街上就会被淹没在人堆里的那种人。有一次，他趁候机之际，拐进机场精品店了解奢侈品销售情况，服务员对眼前这位衣着朴素的老汉态度相当轻慢。提及此事，一位随行人员至今仍情绪激动，说自己当时恨不得就冲上去告诉对方：

"你们眼前这位朴素的老者，是中国最有购买力的人！"

他出差时也很少带随从人员，经常是一个人拖上行李箱就出发了。前几年，他坚持不坐飞机头等舱，不住高档酒店。这几年，因为腰不太好了，他也就不再坚持了。只要不外出，他基本上一日三餐都在公司餐厅解决，喜欢吃素菜。他从不专门抽出时间锻炼身体，但平时走路健步如飞，身边的年轻人都很难追赶上他。他每天的日常生活，像钟表一样精准地运转。除非出去跑市场或出国交流，每天早上 7 点左右，他都会准时出现在娃哈哈总部。大约下午 6 点时，他的司机就会把车开到楼下，等他下班，但经常要等到夜里 11 点。

他的办公桌上没有电脑，所有工作几乎都是自己亲自动手完成。他也没有保镖。一位曾经来拜访他的韩国作家，得知他没有保镖后，连连摇头表示不可思议。他没有业余生活，唯一的休息方式，是在办公室用 DVD 播放机看电影。他也从不去电影院，或是在车上听歌、看电影。

2012 年，娃哈哈集团全年实现营业收入 636.31 亿元，实现净利润 80.58 亿元，同比增长 16.93%。当问及商业成功的秘诀时，宗庆后吐出一口烟圈，笑了笑，轻松地抛出了两个字："双赢"。娃哈哈的员工，是他"双赢"商业理念最直接的受益者。他认为，把员工的利益与企业捆绑在一起，打造利益共同体，他们会更加努力，企业的效率也将大大提高。

从 1993 年开始，他就在娃哈哈实行全员持股，这在中国的民营企业里极为罕见。现在，近 2 万名员工持有娃哈哈的股份。在娃哈哈工作满一年，通过考核的员工，都可以购买一定数量的娃哈哈股份，每股 1 元，回报率在 50%~70% 之间，每年分红，很多员工的分红比工资还要高，每年的分红达几十万元。他个人持有娃哈哈逾 80% 的股份，每年分红数以十亿计。他一直有个朴素的财富分享理念：有钱人应该创造平台，帮助未富人群共同富裕。

作为一家年产销值达数百亿的饮料巨头，现在，娃哈哈在中国 29 个省市自治区建有 70 多家生产基地、170 家子公司，绝大多数位于老少边穷地区。直接吸纳了近 3 万名员工就业，其中来自欠发达地区农村的员工占 80%

有 志 大 咖

以上。在金融危机冲击最为严重的 2008、2009 年，娃哈哈不仅没有裁员，还在全国投资 60 多亿元，增加了大量生产线，增加了上万个工作岗位，并通过在全国各地建厂，间接带动了原材料、包装材料、水电、运输等相关行业 150 万人的就业。

成功秘诀：人年轻的时候，没什么机会，也不是太上进，理想和目标经常变。人还是需要有个信念的，一旦机会来了，就努力奋斗。现在来看，那个时代机会比较多，就是心态上要有所准备。现实一点来说，不管在哪个地方，只要做出成绩，就会获得别人的尊重。

对于现在的年轻人来说，机会没有那时候多，这是个现实的问题。所以，现在的年轻人，想要有机会，就得去创新，创新才有机会。首先要脚踏实地、实实在在地从小处做起。其次，心态一定要好，不能没有理想和目标。第三，要受得起挫折。很多人过的日子比你更苦，经历的苦日子比你还长。所以，你不可能大学一毕业就拥有一切，这不符合社会发展的规律。他 37 岁从农村回城，42 岁开始创业，用 26 年的时间，才把企业做成现在这个样子。因此，不要怕困难，保持良好的心态，只要心中有切实的目标，机会还是有的。人要专注才会成功，一天到晚胡思乱想，肯定不会成功。现在的年轻人急躁了点，想得太多，碰壁也就多，久而久之就丧失信心了，牢骚满腹。其实成功是有一个过程的。

智慧启迪：如今是个人创业的时代，有人成功就必然有人失败，创业要想成功，优秀的创业点子非常重要，同时创业者要有敏锐眼光和创新意识，能从平凡的事情当中找出闪亮点和生意经。

一般人总是等机会从天降，而不是通过努力工作来创造机会。殊不知，人们遇到的问题和未满足的需要总是在不断提供新的商机。优秀创业者宗庆后的一个基本素质，就是善于从他人的问题中发现机会，主动把握机会。对照一下你自己，又做何感想？

创业并不是一件容易的事，除了付出艰辛和努力外，还需要对自己的优势和不足有一个正确的评价，只有这样，才能走向成功。宗庆后的成功归功于他对自己有清醒的认识，对市场需求有充分的了解。对于每一个创业者而

有
志
大
咖

言,永远要面对的困难,就是有胆有识,有"勇"有"谋",宗庆后不仅有"勇",还有"谋"。在许多情况下,不是你是否能够创业,而是你是否敢于创业,这也是创业者的一个基本素质。

有志大咖

褚峰

没有辛劳，何来成功
没有磨难，何来荣耀

他，1966年出生于安徽省涡阳县店集乡江庄大队崔小寨村，一个贫寒的农民家庭，上有三个姐姐，下有两个弟弟，全家八口人，过着饥寒交迫的生活。

他，从小立志勤奋学习，梦想让全家人过上幸福生活。他学习成绩一直名列前茅，被老师认为将来是北大、清华的苗子。可是，为了实现自己的梦想，他毅然放弃了学业。

他，为了让全家人过上丰衣足食的生活，坚信苦尽甘来，从南到北，捡破烂，摆地摊，换大米，历时三十年的风风雨雨，奔奔波波，终于换来了幸福生活。

他，如今靠着三十年的踏实和努力、勤奋和拼搏，已经由一个走街串巷的"破烂王"，变成了中国南北知名的米业销售精英、东北地区粮食经销行业的风云人物、黑龙江省褚峰米业有限公司董事长。

他，凭借着匠人精神与过硬的产品质量，使自家米业成为了东北稻米高端精品中的标杆，企业产值已经达到了几亿元，不但坐上了高档车，而且也住上了高档房，更用上高档智能电器产品。他的故事已经是一个家喻户晓的小品——《换大米》的人物原型。

褚峰从小在安徽涡阳县的一个偏僻乡村长大。他出生的时候，也正是十年浩劫的开始，而且我国的农村还正处于集体经济时代。他所在的农村，每个劳动日值只有几角钱，连口粮都领不回去，家境变得很差，粮不够吃，钱不够花。全家人整天饿着肚子，穿着大窟窿小眼儿的衣服。父亲为了全家不饿肚子,每天拼死拼活地劳动着、奋斗着,累得腰酸背痛,回到家里就躺在炕上,连饭都不想吃。年纪轻轻的,累得就像个小老头儿似的。为了每天那几毛钱,有时感冒了,也舍不得歇一天工。妈妈也是因为家里困难,吃不饱肚子,得不到营养,褚峰出生的时候,只有2斤9两重,而且,妈妈因为吃不到油水,也没有奶给他吃。为了养活他,妈妈就在村子里到处找有奶的女人,来帮忙补养他,就这样,他靠着吃别人的乳汁长大。在他出生后不久,妈妈还得了严重的妇科病。家里没钱医治,妈妈就采取农村的土方医治,用破旧的布料和锅底灰,放到患处,最后妈妈连腰都挺不起来了。为了改变家里的贫穷状况,让全家能过上幸福生活,妈妈忍受着痛苦,忍受着折磨,每天跪在地上干活。

人们常说,母爱最伟大、最无私,母爱是无限,是永远……我觉得母爱像一把伞,无论风霜雪雨,她永远为家人、孩子撑开一片蓝天;母爱是无形的线,无论我们走得多远多高,孩子是她永远的牵挂;母爱又像一场及时雨,让干渴的"苗儿"随时感受着雨露的甘甜。不管怎样,母亲都值得我们去赞美去歌唱。

为了帮助父母改变家庭现状,减轻父母的负担和压力,两个姐姐主动放弃了学业,到生产队里干又苦又累的农活,每天风吹日晒,美丽漂亮的小姑娘,早早变成了黄脸老大妈。这一幕幕、一件件感人的事儿和家庭的现状,让褚峰看在眼里,记在心中,他思索着,盘算着,一定要珍惜父母及姐姐给自己的大好时机,好好学习,将来一定报答他们。

1972年,7岁的褚峰到了上学的年龄,到学校报名的时候,妈妈反复告诉他,老师问你是什么成分,千万不要说是中农,要说是贫农。他不明白中农和贫农的区别,但他却知道,别人的孩子到过年的时候,都能换上一件新衣服穿,而对于他家的孩子只能是梦想和期盼,因为他家太穷了,太苦了。孩子不但不能穿上新衣服,而且还整天露着大肚皮。一件稍好一点的衣服,不管是男的女的,还得留着出门的时候换着穿。那时候的冬天真的很冷,姐弟六人的鼻子上经常会挂着两条冰溜,而且永远擦不干净。当时,家里条件差得几乎到了山穷水尽的地步。在读小学的时候,老师教他读"慈母手中线,游子身上衣……"直让他读到声音哽咽。泪眼蒙眬中依稀浮现出自己母亲劳碌的身影。后来他又听老师讲"孟母三迁"的故事。亦是讲母恩浩荡,深明大义,为了孩子有良好的环境,遂搬迁三次。还有位母亲,在那饥饿贫困的年代里,曾割下自己身上的肉，救活了奄奄一息的儿子。

父母的无私，姐姐的奉献，让他为之动容，为之深深感佩！从那时起，他开始立志了，开始懂事儿了。小小的年龄，就知道不怕苦，不怕累，每天坚持走 2 里多的路，去读书。他每天天不亮就要起床，而且要走一个多小时的路，才能到学校。有时起来晚了，吃不上早饭了，妈妈就会给他煮上几个鸡蛋带上。当时他觉得能吃上鸡蛋就是最好的待遇，也是最大的幸福和满足，所以，他舍不得吃，有时候就把鸡蛋带回来给家人吃，让家人跟他一起享受幸福和快乐。遇到下雨天，山路泥泞不堪，衣服湿透了，满脚是泥，而且鞋里也灌满了水，他进入教室上课，脚上凉水泡着，身上冷水浸着，何等的难受啊，冷得浑身直哆嗦；河水暴涨时，他需要蹚过齐胸的河水过河，有的学生甚至被河水冲走；低矮、昏暗的教室，两块砖头一块木板就是课桌。从家里带来的饭，冬天是冷的，夏天经常是馊的。他从小学到初中，一直在这样的艰苦环境里读书，但他的学习成绩一直很好，始终排在班上第一名或第二名。老师也特别喜欢他，认为他将来一定是北大和清华的料。他一边克服困难，努力学习，一边立志勤奋，帮助父母做家务，洗衣做饭，劈柴架火，用他小小的体力，尽量来减轻父母负担。

困难是可以克服的，可是，家里的现状怎么改变呢？想想姐姐为这个贫困的家而做出的牺牲和奉献，再看看父母为了这个贫困的家而付出的艰辛和痛苦，他实在不忍心了，再不能为了自己而去享受了，我也要为了这个家做出一些贡献了。褚峰思前想后，他最后还是做出了大胆的决定，放弃中学的学业，辍学回家，去帮助父母挣钱，让全家人过上好日子。当父母知道了他的想法后，表示了坚决的反对，并对他进行了严厉的批评和暴打，甚至用鞋底子连打他几个嘴巴。父母打孩子，其实是想让他能迅速纠正自己的错误，改变自己的想法。老师也坚持不让他辍学，让他克服眼前的困难。可他何曾不想好好继续读书啊！可是，家里的现状，父亲的身体，母亲的病，姐姐的劳累，怎么办啊？怎么摆脱啊？他想到这些就无比痛心和焦虑。父母的执意，老师的劝导，都无可挽回他坚定的决心。

1980 年，他放弃了初中的学业，来到了附近的砖厂打工。那时的他，只有 14 岁啊，就跟着成年人一起用手脱砖坯子，每块砖只能赚到几厘钱。他刚开始干不顺手，再加上体力也不行，所以，得累死累活地拼命干。每天为了能赚到十块钱，起早贪黑，别人晚上班，他早上班，别人早下班，他晚下班，别人中午休息睡觉,他顶着炎炎的烈日在劳动。在那里,他连续干了三年多。虽然时间不长,但那段辛酸的经历一直封存在他的记忆深处,尽管时隔三十多年了,但是时至今日仍然记忆犹新!只要闲下来,一旦打开记忆的栅栏,那段已经泛黄的往事就会清晰地浮现在他的眼前。在那段日子里,汗水浸透了他的时光,沉重的拉砖车子、滚烫的拉车皮带、灼热的橡胶护手成了他形影不离的伙伴。他每天连续十小时的工作时间,都是在火烤般的砖窑里度过的,所以,那段经过煅烧的往事,在他的人生中深深地烙上了印记,偶尔翻开,他心头仍难免或多或少有些酸楚……

1983 年的春节,到东北几十年的姑姑和姑父,从东北哈尔滨回到安徽老家探亲。姑姑看到侄子小小的年龄就这么能吃苦,从内心既感到无比佩服,也感到特别心疼,可是,又无能为力,毕竟姑姑也是闯关东到东北的,既没有什么根基,也什么能力,靠走街串巷收破烂度日,但终究比孩子在砖厂干活要轻快些,要挣钱多些。这时的褚峰也看出了姑姑的心思,就主动跟姑姑说,想跟她一起回东北,只要能赚钱,什么活,什么苦,什么累,他都能干下去,都能挺得住,都能坚持到底,因为他已经从小就经历了磨炼,再苦再累都不怕。

在他的一再要求下,姑姑和姑父同意了将他带到东北。他们从安徽涡阳一路北上,靠扒火车到了哈尔滨。那个时候的交通很不发达,身上也没有钱坐车,他们见车便偷偷往上爬,不管是运煤车、运货车,还是客运火车,不管是什么车,见啥车上啥车,只要是往东北来的车,也不管是白天黑夜。扒煤车就往煤车上一躺,连个遮风挡雨的东西都没有;扒货车就往苫布里钻,坐客运火车,没钱买票,就买了几张站台票,混到车上,然后就赶紧往椅子低下猫,腰也直不起来,就在那里躺着。怀里揣着从家里带来的又干又硬的馍,饿了就嚼几口,连口水也没有,坐货车的时候,大小便就在车上。就这样,他们几个人就像打游击战似的,连滚带爬,连躲带藏,一路艰辛万苦,用了半个月的时间,终于到达了目的地。

到了姑姑家的简易房舍,稍稍休息了几天,熟悉熟悉周边的环境,他就开始在附近捡起了破烂。刚刚从偏僻的小乡村来到这样的繁华大城市,他感觉眼花缭乱,见啥都是好的,所以,他就见啥捡啥,见啥都是值钱的,舍不得丢掉。刚刚捡了六天,正捡得比较起劲的时候,也刚刚看出点门道儿。偶然的机会,让他遇到了姑父的外甥女婿,姐夫在哈市的一家建筑企业当经理,看他小小的年龄,就这么立志,就这么勤奋肯干,所以,很欣赏他,也很敬佩他,

有志大咖

更觉得他很可怜，就想帮助他改变一下，让他去工地做饭。从小就帮助父母做家务的褚峰，做家常便饭是他的强项。他不但会做，而且还做得不错呢，就一口答应了姐夫。不久，他就来到了姐夫的工地，每天贪黑起早为一百多人做伙食饭，一干就是半年多。

1984 年，来哈尔滨这座城市很久的姑父，凭借着经济头脑，又经常接触城乡居民，他发现很多城市居民吃大米很困难，家里的供应粮，大部分是白面，农村人又吃不到白面。就这样，姑父看到了商机，看到了希望，更看到了有钱可赚，他就带领亲属们走街串巷收老百姓家的面粉，然后运到中国知名的大米之乡——五常，跟当地的农民兑换，回来后再跟城里人兑换面粉、粮票、油票，只要盈利的，啥都收。

跟姑父干了几年的褚峰，阅历越来越丰富，经验越来越多，胆子越来越大，人也更加成熟起来。他便开始了独立去闯市场，独立去找客户，独立去寻商家。刚开始他背着大袋子到处收白面，收够一车了，就雇车运到五常，回来后，他再一点一点地背着出去换。商机越来越好，他背不动了，就到二手市场买了一辆破三轮车，一点一点地倒卖，一点一点地贩运。再后来，他就到市场去摆地摊，甚至到粮店门口去卖。

记得有一次，也是让他感到最震撼的一次，他在香坊区的通乡商店门口卖大米，一个大姐过来跟他说，她家的粮本上有 7000 多斤白面，想先用其中的 50 斤兑换点大米尝尝，并让他多运点到汽轮机家属小区，可能附近的居民还有要换的。结果，他用三轮车运去了三大麻袋 540 斤的大米，遇上坡他拉不动，就求附近的老百姓帮助拉。到了地方，大米还没卸呢，就立刻围上来几十人，你要他也要，你抢他也抢。简直把他吓坏了，好在那个老大姐熟悉这些人，就告诉他，你不要怕，一点点来，大姐帮你记账，你只管付米。连续几天他运到这里的大米都被一抢而空。

他看到商机这么好，第四天就雇了一辆大马车，运去了十麻袋（1800斤），还是被一抢而空，就这样天天如此，天天被"抢"。再后来，他就由马车换成了汽车，自此褚峰带领家乡父老开始了走街串巷换大米的生活，换大米的叫卖声也成为东北地区独特的风景线，更成了家喻户晓的小品《换大米》的人物原型。

褚峰销售大米的知名度越来越大，在当地的威望也越来越高，信誉度也越来越好，于是，哈尔滨附近的方正、通河等县的领导和有关部门纷纷找上门来,求他帮助销售大米,并给予他很高待遇。经过努力和奋斗,凭着诚信和执着,在很短的时间内,他就帮助当地把压在农民手里的剩余粮食全部销售出去。因而,他的名字也越来越响亮,在东北粮食销售行业几乎没人不知道的。

在褚峰的带领下,大家伙靠着换大米越换越富,不少乡邻开始安于现状,但是褚峰却预感到这不是长久发展的道路,还需要提升大米的品质,才能让自己和乡亲邻里不至于陷入瓶颈。但是,东北的大米从源头来讲,已经是顶级大米了,又该如何提升质量呢?

于是,到90年代初期,褚峰成立了自己的米业,本着没有最好,只有更好,对每一粒米负责的精神,一块田一块田地去抓品质,为的就是让百姓吃上好米。同时褚峰又开始研究精米加工,普通的精米虽好看好吃,但是伴随着打磨,营养成分也大量流失。经过二十多年的研究,褚峰终于研制出了自家独特的精米加工工艺,不但能保证加工出的精米不流失营养,同时外观和口感也更为润糯细腻,褚峰米业的精米成为了东北一绝。

扎根黑土地30年,褚峰米业从哈尔滨的一家小型稻米加工厂发展起来,一路历经坎坷,靠着对稻米精加工的执着钻研,褚峰米业终于成为一家以中高档东北稻米为特色,以精种精加工为特长的大型米业公司,"褚峰"二字早已成为东北地区稻米精加工的代表品牌!

经过几年不断的努力和发展,褚峰米业在当地的知名度越来越高,在高起点、高标准、高信誉的经营理念指导下,从刚成立时的一个无名加工小作坊,发展成一个集大米加工、仓储物流、粮油贸易为一体的省级农业产业化龙头企业,成为稻谷年生产量30万吨、精米20万吨以上的东北米业巨头。他还在不断引进国内外先进的技术和设备,打造全国米业知名品牌。

成功秘诀:诚信不可无,贪念不可有,做人要有志,办事要有德。在创业的过程中,我们既不能违规,更不能违法。一个人不论是处于艰辛困苦时期,还是处于飞黄腾达时期,都要实实在在地做人做事儿,既要讲诚信,又要讲道德,更要立志。虽然,他从小到大,都是在艰苦的环境下长大,但却磨炼了他的意志,使他学会了做人,学会了做事儿,所以,在遇到什么困扰的时候,都没有打倒他,让他一路拼搏成就了梦想,成就了他的人生目标。

智慧启迪:褚峰几十年的努力和奋斗,让他在东北站稳了脚跟,正是因为他有着对自己梦想的执着,以及具有不怕吃苦敢于拼搏的精神,使他在实现自己人生目标的过程中,闯出了属于自己的天地。他依靠的就是自己的一份坚持、一份专注、一份拼劲,一份诚信,使得"褚峰"的名字,从安徽涡阳的一个小乡村走向了全国,由一个不被人重视的农村娃,变成了全国知名的粮食加工生产专家,东北米业销售精英。此外,还有他平时养成的艰苦耐劳、诚实可信的高尚品德,和坚信苦尽甘来终有时的执着精神,使他在创业的潮流中学会了游泳,劈波斩浪。

有志
大咖

励 志 · 故 事

当你希望成功，当以恒心为良友。

张立东

但成功离不开奋斗！

奋斗了也可能失败，

有志70后

　　他，1975年出生于黑龙江省绥化市北林区的一个普通家庭，从对成功有朦胧的意识开始，他就喜欢看各种各样的励志书籍，听父母讲他人的励志故事。

　　他，大连理工大学经济管理系在职硕士研究生学历，是一位品学兼优的大学生，中共党员，学生会主席，而且通过自己勤奋努力，先后获得工程师、会计师、企业法律顾问、投资建设项目管理师、高级经济师等职称。

　　他，大学刚刚毕业，就十分"抢手"，曾经被一个地级市政府机关部门录取为国家公务员，仕途发展前景广阔。也因为有品德，有能力，曾经被省级有关部门领导赏识，并承诺给予他处级待遇。但他觉得过于安逸的生活不适合自己，不想让自己的人生一成不变，他是一个喜欢挑战、喜欢创新的人。仅仅在这个机关工作了43天，他就毅然辞掉了令人美慕的公职，去寻找适合自己的人生目标和创业之路。

　　如今的他，通过短短几年的异常艰辛创业和拼搏，已经实现了自己的人生目标，也成就了自己的人生梦想，并成为了黑龙江省工商联房地产商会副会长、黑龙江地产行业最受关注人物、黑龙江地产华表奖人物、中国地产百杰人物。

　　张立东出生的年代，正处于我国十年浩劫的末期，他从小就听父母讲述七十年代他们的生活、他们的故事。

　　当时的中国政治运动不断，许多人在现实生活中，都以政治挂帅，满脑子都是"反帝防修，打倒走资派，造反有理，抓革命，促生产，以阶级斗争为纲"，以致我们国家的经济发展停滞不前，人民的生活质量和生活水平也非常低。如果相比于当下，就是贫苦不堪了。

　　一日三餐大楂子粥、小米饭、高粱米，玉米面大饼子，菜也就是老三样：土豆、萝卜、大白菜。穿着也非常单一，举国上下清一色，就是蓝、绿、灰三种基本颜色。有蓝色的海洋一说，也有的说是祖国山河军装绿。城乡百姓主要住的是平房，自己家要脱煤坯烧炉子。条件好点的，也就是那种仿照苏式的老烧火楼，面积也非常小，一家五六口人，不分男女老少，都睡在一个大通铺上。走在大街上也很难看到汽车，出门办事，最好的交通工具就是自行车。自行车、手表、缝纫机和收音机是当时赫赫有名的"四大件"。

　　70 年代的一幕幕生活景象，70 年代的一幕幕艰辛故事，让张立东的童年印象格外深刻，而且也让他知道那个年代的很多事情。新时代的青少年，可以好好地去读书学习，可以好好地去励志磨炼，将来为改变百姓的生活状况，做出一点努力，献出一点力量。所以，他从小就有一个上大学的梦，就有一个当建筑工程师的梦想。他一直这样想着：家庭没有给予我丰厚的财富，但却给了我努力去改变现状的决心。而且在他内心深处一直有一个信念：一定要改变自己和家庭的命运，要靠自己的努力、刻苦、勤奋、向上，靠自己的双手去争取未来。

　　从刚刚懂事开始，他就发奋努力学习，要做一个对社会有用的人，让家人过上好日子。还不到上学年龄的时候，他就非常羡慕别人家的孩子每天高高兴兴地背着书包上学放学的样子。于是他就扯着母亲的衣襟，央求着也要去上学，母亲对他说："你还小，不到上学的年龄，学校不会收你。"他还是揪着母亲的衣襟不放，最后母亲终于点头，答应让他第二年秋天去上学。

　　盼啊盼，终于新学期开学了，母亲领着他走进了小学的大门，带着他来到小学校长的办公室报名。校长亲切地对他说："你的年龄还不到上学的年龄，我要先看看你的智力怎么样，才能答应你来上学。"他没想到上学还要考问题啊？这时就听校长接着说："你给我查一下二十个数吧，查得上来，就让你来上学。"

励　志·故　事

　　听到校长让他数二十个数,他紧张的心一下子就放下了,因为他从小就喜欢查数,认字。说实话,查数是他的强项,左邻右舍的人都喜欢他,说他脑袋聪明,将来肯定有出息。站在校长面前,他不慌不忙,很顺利地从一数到了二十。校长看他那可爱的样子,哈哈地笑了:"好孩子,确实是个好苗子,比同龄的小朋友强啊! 收下了。"

　　从那天开始,他逐步得到了知识的积累,也是从那天开始,给他打下了好的习惯、好的性格、好的作风和好的品德。他每天贪黑起早勤奋学习,努力争第一,并养成了学习考试要第一,体育赛跑要第一,做人做事要第一,什么都想要争第一的不服输的性格。他从这里起步,从这里开始,把读好书放在了第一位,从小学到中学,他一直是班级里的第一名,一旦自己认为学习成绩稍有不理想,就要几天都睡不好觉,吃不下饭。记得他初中的一次月考(学校一学期4次考试)语文、数学、外语、物理4科,只有语文的作文部分扣了0.5分,也就是差了0.5分就全部满分,不过还是让他闹心地哭了两天。

　　那个时候,就是考第一,也没有什么大的奖励,只不过是给点小奖品,比如小奖状、小本子、小橡皮等,奖状挂满了家里的墙,奖品放满了他收藏的小盒子。时至今日,每每女儿好奇地问及,他都会讲起那些年的往事,就连当年获奖的一块小橡皮,他都已经保存了三十几年了。

　　后来到初中、高中,直至大学,他一直是品学兼优。有时他回到家里,母亲说起他上小学第一天查数的故事,还会逗得大家哈哈笑呢。

　　到了大学,他仍然保持着良好的学风,在大学的生活和学习中,他积极进取,着重培养自己正确的人生观、价值观和世界观,提高自己的思想政治觉悟,努力使自己德、智、体、美全面发展。他始终把学习放在第一位,把读书放在重中之重,不管学习多紧张,不管工作多劳累,他都不忘去图书馆里读书。在大学里,他是第一个读完《新战争与和平》一书的,全书共计480万字。该书的作者以卓绝的气魄与对历史的敬畏和回顾,叙写了整个抗日战争中的重大政治事件和军事冲突,艺术地再现了中华民族浴血奋战、不屈不挠的英雄气概,是一部中华民族的奋斗史,是一曲高扬爱国主义精神的颂歌。所以,当喜欢读历史题材书籍的张立东读到三分之一的时候,就与作者产生了共鸣,并激发了他深厚的爱国主义热情,也更让他坚定了多读书、读好书的信念。在将近四年的学习中,他努力夯实知识基础,为今后进一步学习专业知识做好铺垫。同时他利用图书馆的便利资源,加强课外知识的涉猎和积累。作为学生会主席,也起到了良好的带头作用。他还帮助其他同学解决学习和生活上的难题,和他们一起成长和进步。

大学毕业时,他的老师曾嘱托每个学生,每年最好要坚持读一本好书。当他们十年后返回母校的时候,他的老师问起大家,这十年有谁读了 5 本书,结果有百分之七十的人回答;这十年有谁读了 10 本书,结果有百分之五十的人回答;这十年又有谁读了 20 本书,结果只有百分之十的人回答。而张立东这十年不是读了 5 本、10 本、20 本书,而是读了 300 多本。这让在场的每位同学立刻感到肃然起敬,刮目相看。老师也给了张立东一个很好的点赞,以实例鞭策每位学生,老师说:你们未来的发展,源于对知识的不断积累和刻苦而勤勉的自律,机会和好事情一定会垂青有准备的人。今天的事实已经证明了老师的断言,是正确的。

读书对张立东来说,读的不仅是专业,更是境界。读长篇小说,可以净化心灵;读诗歌散文,可以陶冶情操,更能锻炼你的语言表达能力;读自然科学,可以丰富知识水平。现在,他不管每天多忙、多累,他都坚持读书 40 分钟,良好的习惯是雷打不动的。每次发奖金,他要做的第一件事,就是去书店把自己喜欢的书购回来。他每次出差,都要抽出时间去逛逛书店。有的时候,遇到自己喜欢的书,一根筋似的非要买回来,不在乎背着沉重的书辗转几千里的路。他是学数学的,对数字比较专业和精通,但对文字来说,却是相对功夫弱些。他为了使自己写的材料文字准确,特意将《新华字典》抄了两遍,以此来提高自己的认字数量,以及了解每个字的字意和用法。

"夜半读书,红袖添香",印象中古人读书带着几分执着、几分痴迷。"凿壁偷光""囊萤映雪"在别人看来或许太过艰苦,殊不知读书人乐在其中。读书可以使男人睿智。读书的男人更善于思考,行走于文字间,碰到疑问处,驻足思索,加点生活的体验,刹那间的顿悟会让人惊喜万分,正所谓"山重水复疑无路,柳暗花明又一村";读书的男人更加自信,"天生我材必有用",从书中知道每个人都有自己的价值,所以面对更强的人不必自卑;长久的读书可养成恭敬的习惯,知道世界上可以为师的人太多,切不可骄傲,这种不卑不亢的精神使男人更具魅力;读书的男人较少持续沉沦悲伤;"黑夜给了我黑色的眼睛,我却用它寻找光明",他们懂得"长风破浪会有时,直挂云帆济沧海"的道理,从书中得到安慰,因此行动起来决断坚定。人们常常期待睿智的男人拥有丰富的经验和阅历,而男人从书中却能对自己未曾体验的丰富人生如临其境，会变得充实起来、睿智起来。

张立东从小学到大学一直坚持读书，拼命地读书，甚至几乎每天以一本书的速度在读。尽管他当时不知道读书到底能干什么，但还是坚持读书。慢慢地他发现，读书带来的不仅是快乐，更是他在创业成功路上的"金钥匙"。读书，也许不会给你带来很快的改变，但在潜移默化中，它正在塑造一个人的性格和品行。

读书不但让他增长了才干，开阔了眼界，明白了事理，陶冶了性情，也真正改变了他的命运。当他大学毕业刚刚步入社会时，就有着与众不同的眼光和睿智，有着不同的思维和意识，有着不同的理想和信念，有着对实现自己的人生价值更加自信的决断坚定。当别人还在犹豫徘徊寻找工作时，他已经被令人羡慕的政府机关部门优先录用。

说起这些，他感到特别自豪和骄傲。他出生在一个很普通的家庭，祖祖辈辈都是贫苦人。在他这一代，他是最有才华的一个。如果当上了一个国家公务员，就意味着吃上了皇粮，端上了铁饭碗，那可是祖祖辈辈的荣耀啊！

可是，天生就喜欢琢磨事，就喜欢做事的他，在政府机关工作一段时间后，就觉得这份工作不适合自己，朝九晚五的生活哪里是他的梦想啊！在他内心深处向往的，是更加自主的工作和生活。而让他在内心感到更加焦虑的是，政府机关就像一个象牙塔，行事风格和游戏规则跟社会跟公司很不一样。国家机器的运转容不得哪个人的个性化，他只不过是一颗微不足道的螺丝钉而已。如果不能上到一个更高的位置和更大的舞台得到更多的锻炼，那么就只能永远在这里，每日每月做着重复的事情，犹如流水线上的机器人，时间久了，慢慢地，就会像温水煮青蛙一样。

他从小就梦想当一名建筑工程师，再加上他天生就是一个不安分的人，所以，在这个政府机关部门仅仅做了 43 天的工作，便毅然把自己的铁饭碗砸掉了。

1996 年 8 月，刚刚辞职，他为了不让自己重心失衡，就一边去做家教，一边寻找工作。他在做家教的过程中，因为自己书读得多，知识面广，所以，薪水就比别的家教老师略高一点。别人的薪水每个小时 50 元，他就收 70 元，而且，他还敢跟家长保证，他带的学生，一个月内必须成绩得到提升，三个月达到顶点，四个月就可以离开家教。风雨无阻的信念和优秀的教学能力，赢得了越来越多家长的认可。

有志70后

为了减轻家庭负担,他每天省吃俭用,舍不得乱花一分钱。到市场上购物买菜,什么最便宜就买什么。想吃肉,又买不起,他就跑到河边抓鱼吃。当父亲看到他这样做,就气愤地跟他说,如果缺钱,爸爸可以给你啊,为什么这样苛刻自己啊!从此,他又有了紧迫感,更有了压力。

二十几岁的年纪,兼职做家教总不是长事儿,还是要做长远打算。他去了当地一家比较有名的国有大型集团企业应聘,他的才华和能力得到了公司董事长的认可,并如愿以偿地到了这家集团房地产企业办公室入了职。在这里,他每天脚踏实地勤奋努力地工作着。不到三个月就坐上了办公室主任的位置,第九个月当上了总经理助理,第十三个月当上公司副总经理,主管行政工作,领导着近千人的队伍。凭着自己的勤奋努力和出色工作,职位逐步提高,薪水也在不断增加。家里的生活条件也得到了改善,不久,就由原来居住的低矮平房迁居到了72平方米的楼房里。

他从工作之初特别是步入房地产行业后,就始终坚持做到勤奋、做到严格,而且又不断努力学习。因为他非常明白,通往成功的捷径只有勤奋地做事,诚实地做人,才能够不断地提升自己。工作的时候常常吃饭不定时,甚至忙到没有时间吃饭。每天早上4点天刚蒙蒙亮他就来到工地上,一干就干到晚上10点多。由于工作量大,施工时间紧迫,他连自己的婚姻大事都没有时间去操办,结婚时仅仅请了一天假。自己唯一的弟弟结婚时,他都还在工作岗位上忙碌着,至今想来还不免有很多遗憾。

他对自己的事,对自己家里人的事,看得比较淡。但如果是做起工作来,却都看得格外重要。他坚持不断地学习房地产经营知识,深入了解和研究房地产行业的经营技巧。他卓越的人格魅力和非凡的领导能力,以及他的超强的业务水平,使企业迅速地得到了发展和提高,也逐步取得了董事长的信任与重用。

1999年12月,公司董事长主动将自己的宝座让给了这位刚刚25岁的年轻人,他成为黑龙江省最年轻、最有能力的建筑企业领导者。而且,在这个岗位上,他一干就是九年。

2005年7月,黑龙江省建工集团的一位主要领导发现了他卓越的工作业绩,以及他的过人才智,就让他到该单位做董事长秘书,但他婉言谢绝了,因为他需要有一个更大的空间施展自己、提高自己、发展自己。

不久,他调任到当时黑龙江省最大的建设项目——亚布力大冬会运动村建设,担任项目经理一职。这是一个具有历史意义和深远影响的大项目。在这里,他深感责任重大,使命光荣。

万事开头难。要开好这个头,做好这项工作,就必须在工作前,对工作进行全面的了解和评估。如果盲目工作,就等于赤手空拳去打仗。为了做好施工前的准备工作,他每天要熟悉施工图纸,熟悉有关技术规范和操作规程,了解设计要求及细节做法,弄清有关技术资料对工程质量的要求,熟悉施工顺序、施工方法、技术措施、施工进度等。作为一名项目经理,他以身作则,每天吃住在工地,同工人一起奋战。他只关注企业的发展和提升,却没有关心到自己的身体健康,特别不注意饮食规律,每天不按时吃饭,身体亮出了警示信号,他患上了糖尿病,至今每天还得使用胰岛素进行调节。

回家短暂休养后,2008 年 1 月,他来到全国著名的上市开发公司东方建设集团。入职几个月后,公司原总经理离职,二十二个中层管理干部在六个候选人中票选一个总经理,他以满票赢得了这个职位。在这里,他不但赢得了信任,赢得了信誉,还为企业赢得了由住建部颁发的房地产界的最高奖——广厦奖。

2013 年 3 月,他又以大连万达集团鸡西万达广场投资有限公司总经理的身份,开辟了鸡西市场。万达的进入,将为腾飞中的鸡西带来第一座真正意义上国际化、现代化的大型城市综合体,标志着黑龙江城市综合体项目建设迈出了新的步伐。该项目占地总面积 5.54 万平方米,总建筑面积 41.67 万平方米。

这个项目从建造之初就备受省市有关部门领导的关注。他上任不久,省委书记王宪魁就在鸡西市委书记许兆君、市长康志文等领导同志陪同下,亲临项目施工现场,并亲切慰问了张立东及项目公司全体员工。省市委领导对广场的施工进度和现场施工管理给予了充分肯定。作为万达集团布局黑龙江战略的重要项目经理,张立东也表示将秉承万达集团一贯的品牌主张,实践对社会的承诺——"让城市更繁华""让生活更美好",建筑百年精品工程,为鸡西的经济繁荣、城市发展做出更大的贡献。

张立东就是这样,不但为着自己的人生目标一直在努力、一直在坚持、一直在奋斗着,而且,还为着我国经济的发展与城市化进程的加快,在一直不断地研究着、探索着,奉献着自己的一份力量。这力量虽绵薄,但他高瞻远瞩,不但为了自己的梦想,更是不忘初心,为了更多的人安居乐业。他创建了自己的企业,成为黑龙江省金源房地产开发集团有限公司总经理。他不但是一个有目标、有梦想的有志青年,而且还是一个有思想的城市建筑师,不但让居者有其屋,还要让自己的房地产业为振兴地方经济做出贡献,更要让自己的企业承担起强大的社会责任。这就是一个真正的有志者、有责任的企业家的追求与担当,一个有目标、有梦想的青年的奋斗历程与成功故事。

创业感悟:人生的路,需要规划好起点和方向,前行的过程中不会一帆风顺,我们需要不断地调整和修正,需要不断地学习、充实和提高,从社会中汲取营养,回报社会,有责任有担当。需要坚持、再坚持。行百里者半九十,骐骥一跃,不能十步,驽马十驾,功在不舍。一路走过来,有过懈怠,也萌生过放弃的想法,想起自己的理想和目标,继续选择了坚持。创业需要毅力,古之立大事者,不唯有超世之才,亦必有坚忍不拔之志。正如爬山,半山的风景固然也好,终不如"一览纵山小"。

智慧启迪:奋斗不能等待,我们不能等到垂暮之年再去奋斗。精诚所至,金石为开,相信奋斗会让你的青春之花绽放得更加绚烂,让你的人生之路不留遗憾。人生需要不停地奋斗,虽然奋斗后可能失败,但成功又离不开奋斗!张立东的创业经历和人生已经告诉我们,生活本就是一座巨大的竞技场,而想要从这座竞技场中脱颖而出,并且占有一席之地,没有坚定的意志去奋斗,无疑是在痴人说梦。人总要经过一番刻苦奋斗,才能获得成功。

有志70后

葛俊

再大的困难都不会难眠习惯了挫折和步履蹒跚，

　　他，1978 年出生于哈尔滨市一个工人家庭，自幼勤奋励志，刻苦努力，聪明好学，从小学到中学一直是品学兼优的好学生，中学上了市重点学校。

　　他，不但在学习上认真踏实，而且爱好广泛，思维敏捷，善于动脑筋。对问题的理解和运用能力几乎达到了炉火纯青，别人用三年完成的高中学业，他却用不到一年的时间，边玩边学，让同学们对他刮目相看。他用自己的才华征服了每一个同学，他是老师心目中的未来骄子，难得的优秀人才。

　　他，1997 年，以优异的成绩考上了辽宁大学广告营销策划系。他在大学里，就开始策划自己的人生和创业路，一边勤奋学习，一边勤工俭学。毕业后又获得浙江大学经济管理 MBA 学位。

　　他，本应该有一个特别体面的铁饭碗的固定工作，也应该有一个令人美慕的职业和仕途，但他却励志要自主创业。

　　他，就是中国进口野生海参开拓者，美丽石岛品牌创始人、董事长，哈尔滨莱特兄弟科技开发有限公司创始人、董事长——葛俊。

当年轻、帅气的葛俊经历了十几次的往返美国创业之旅、经受过枪临弹雨的战地风浪后,在他身上随之而来的翻天覆地的蜕变,为他勇闯天下的岁月,赢得了雨后彩虹般的掌声与收获。

成功从来需要坚持和耐力。如果非要为葛俊的成功加上一份筹码,那莫过于勇敢和魄力。当年成绩优秀、被称为"学霸"的高才生葛俊,凭借着一股子冲劲,投入到了大学毕业后的第一份社会工作中。这份工作,一干就是5年。从企划部的一名小职员做起,到逐步组建销售团队,跑市场做业绩,营销专业毕业的葛俊,学有所用地把课堂理论和实际情况结合起来,总结出了自己的一套销售秘籍。短短的两年时间,他晋升为大连珍奥生物工程股份有限公司黑龙江分公司副总经理,成为当时集团公司中最年轻的副总。

在社会打拼了五年后,他的目光转向了当时生物工程领域的行业佼佼者——福州依佳尔生物工程有限公司。在依佳尔,葛俊担纲企业的重要角色:公司副总裁兼全国营销中心总经理。在依佳尔的两年,可以说是他事业迈进和原始资本累积的时期。然而,面临企业的急转直下和行业竞争的激烈现状,头脑精明的葛俊,在这一刻又有了变动的打算。就这样,计划提上日程,梦想变为现实,在2008年8月4日这一天,哈尔滨市吉林街上,第一家"百康海参馆"亮相开业了。

投资海参产品,用葛俊自己的话说,就是要做人人吃得起的精品海参,要把更丰富的营养食品带到老百姓的餐桌上。于是,他和曾经一起共事的伙伴,成立了世纪宇晨贸易有限公司,跑市场、找客源、做宣传,把代理的海参产品全方位地去抓经营,细节之处更是考虑周到。每一天都过得非常充实,常常是忙到华灯初上,却也不觉得疲惫。经历过了一个"大干"阶段,"百康"海参在哈尔滨小有名气,这个小公司、小团队经历了事业成功的初体验。在庆功会上,每个与"百康海参馆"共同创业走过的人,无不感慨,甚至激动得落泪。但是,正当大家在拼搏付出之后享受舒服小日子的时候,开业后的第八个月,店面被工商部门查封整顿了,原因是所售海参的手续存在严重问题。当葛俊与"百康"大区分销部沟通请他们以上游企业名义出具相关证明时,令葛俊和他的团队更为苦恼和愤怒的局面出现了:所谓的"百康"牌海参区域分销商,却以长期私自进货为由,否认葛俊于其品牌的进货分销代理商身份。好端端的一个品牌代理、往日付出的所有辛勤和汗水,很无情,也很无奈地转瞬即逝,美好在瞬间成了泡影。

　　然而,在葛俊身上,不仅有男人的血气方刚,更有一种对挫折和失败与生俱来的免疫力。"在中国,有哪一家企业,有进口海参的手续,那我就专做这个品牌的代理。"葛俊这样想。结果,事实又给了他当头一棒,没有一家企业有进口海参的经营许可。在 2009 年即将到来的时候,葛俊做出了一个让所有人都震惊的举动:背包只身去了北美洲,到了当时世界上最乱的一个城市,那里充斥着战争、贩毒、恐怖袭击,这座城市名叫蒂华纳。没错,他就是到这里找海参。他印象中最深的一件事情,就是在过边境检查时,他只是掏出手机伸出车窗外,短短的几秒钟,警察就迅速到了他身边,没等他反过神来,最新式的手枪已经顶到了他的前额。原来,当时的一个贩毒组织头目恰好为华裔,葛俊被误认为是同伙……

　　即便这样,也并没有动摇他找寻海参的信念。一个人的夜晚,很静,可在葛俊心里却是翻江倒海,来自家乡的惦念和员工兄弟们的不离不弃,让他在异乡的生活目标清晰,经历多少次波折也从未迷茫。2009 年,是葛俊创业之路上最难忘的一年。当一份从北美进口海参的手续得以审批时,葛俊的海参事业真正开始了。他为此取了个特别的名字:美丽石岛。2009 年至 2011 年三年时间,美丽石岛拥有美国 90% 以上的海参捕捞权。这些捕捞证明和入境检验证明,是葛俊个人和团队智慧的凝结,同样也是千锤百炼的结果。曾经,他给别人 10 万块钱让他帮忙捕捞海参,对方未履约却要求加价,加价 5 万元,后来又加价 2 万元,总共 17 万元的投入,海参一根未见,得到的赔偿是一个捕捞证。但是,正是这张捕捞证明,为葛俊带来了不小的帮助。一次上当被骗,引发的思索,让他在得到教训之后,更愿意去选择善良、信任、正念,他会笑谈说,原来我的捕捞证都是"被骗"得来的。

　　三年一小步。2011 年伴随着企业的良性运转,美丽石岛的连锁经营模式正式打开东北区域市场,美丽石岛在长春、沈阳两个省会城市的店面相继开门迎客,通过整体营销规划以及营销方案的贯彻执行,使新成立的分部在当年即实现盈利,在当地市场迅速建立了品牌优势。

　　正当大家为这份来之不易的荣耀感到欣喜时,一条报纸新闻否定了美丽石岛所有的光环。"无手续""假冒伪劣商品"的报道,一时间让这个口碑海参品牌卷入了质疑和谩骂的漩涡里。事实明了后,黑龙江省出入境检验检疫局领导的一席话点醒了葛俊:"原料进口,中国包装"还是存在漏洞的,要获得 FDA 国际认证,才是趋势和优于别人的地方。再一次背包出行,是葛俊的坚持和选择。这一次出发，仅用在 FDA 指定实验室的海参数据检验，就耗资高达 70 万美金。在奔波和往返于数据实验室的漫长的 8 个月里，葛俊为发达国家对食品检测的严苛和精准而叹服，同时也笃定地告诉自己：一定要拿到原装进口海参的授权。2012 年，美丽石岛品牌海参获得了"美国食品和药物管理局"（FDA）授权认证的第一张营养食品证书，葛俊实现了自己的愿望，完成了团队成员的重托，把第一个美国进口海参带回了中国。美丽石岛海参，成为当时唯一一个拥有海参图谱和营养结构的企业。那一刻，他激动得说不出话来，眼尖的员工却发现，他们的葛总面色并不好，人也瘦了两圈。有的人上前一把抱住葛俊，泣不成声，跟着你一直干，我们放心啦！

2013 年以后，是美丽石岛大发展时期，产品齐全、运营稳步，并先后完成注册"美丽石岛""宇晨""冰参""沙参""冰刺参""23°""26°""28°"等商标。在杭州、温州、太原等城市的全国性市场占有份额随之展开。每一个店面的精装修和高投入都达 500 万元之多。"以产定销"的模式进入尝试和运转期。葛俊派出的大区经理也是气势相当，承诺代理商：如果不挣钱，店面全部回收。天不遂人愿的事十有八九，一年以后，当葛俊看着手中的年度报表时真是傻了眼，竟亏损到连房租都回不了本的程度。但是，他做的决定依然是：按照大区经理当初的承诺，全额回收外埠门店……这一次重击，给美丽石岛的资金运转带来了十分重大的影响。

习惯了挫折和步履蹒跚，再大的困难都不会难眠。葛俊的乐观和坚韧，在同行业中也是出了名的。在他申请 FDA 认证的过程中，一个更为大胆的想法一并冒了出来！如果能建造一个最先进、最现代、符合标准的集科普、生产、研发、加工于一体的美丽石岛梦工厂，那该有多好！于是他再一次返美。他参与了工厂的设计建造，同时准备了 38 个大项、300 多个小项科目的检查，美国食品药品监督管理部门、所有设备的高标准严控，为葛俊带来了不小的挑战，多少次中断和调整，都没能让这个 2000 多万元的大项目落空。葛俊一直在努力，一直也没放弃，他用了 11 个月的时间，成功建造了全美规模最大、年产量超过 600 吨的海参加工厂。而这个美妙绝伦的海参梦工厂，是美国唯一一家拥有全自动海参加工生产流水设备，同时获得美国 NSF 与 UL 两大国际检测机构认证的体验式海参产业馆。目前，这里已经成为旅游的地标级景点，中国的旅游文化和海参特色文化，在北美洲的土地上绽放着异彩光芒。

为了完善销售布局提高品牌支撑力,葛俊开启了美丽石岛现代化的企业营销布局。他进驻传统渠道,相继在凯德、金安、家乐福、华联等商场超市开设品牌专营店,以达到以旗舰店为中心,商超店为卫星店,媒体品牌支持的立体营销模式。传统渠道销售以外,他开始进军互联网新模式,与天猫、京东进行合作,设立网上旗舰店;并着手建立跨境电商渠道;组建话务销售平台,通过和广告无缝衔接,使电话销售达到平均 20 000 盒的月销量,成功地开拓了新销售体系。渠道多元化、服务国际化,让这个经历了时间沉淀的优质海参品牌步入了创新发展的快车道。特别是 2016 年,对全新海参产品"冰刺参"的引进,秉承了原生、稀缺、尊贵、共享的企业理念,为美丽石岛品牌美誉度的传播带来助力。

创业的这些年如白驹过隙,但在葛俊心里最欣慰的,是走过的苦日子和享受的好日子里,都有一路相伴的美丽石岛的家人们。企业发展的未来和下一步,正是要为这些不辞辛劳付出的员工们,做更长远的事。企业上市,是他内心的夙愿。在 2017 年美丽石岛的企业年会上,葛俊亲自宣布了一件事:辞去自己的总裁职务,以董事长的身份与各位伙伴继续共事。把企业 CEO 的位子,让给有能力去建设、去带领企业上市的优秀同频者去坐……事业开始的地方,在美丽石岛,在葛俊的眼里和心里。未来,相信这份良心产品会在国内乃至国际大健康、大数据产业中占据一席之地,而 107° 生态智能手机就是一个智能健康生活领域的初次尝试,多元产业发展在葛俊的设想里播种下了希望。

一群人,一件事,一辈子。美丽石岛的成功,让我们看到了青年才俊的格局和担当,这份梦想和情怀,一定会陪伴葛俊,走得更远,飞得更高。

创业感悟:创业需要人,个人需要团队的智慧,更需要在成功和失意面前同样的淡然、随喜。一群人做一件事,很有可能就成为一辈子的事业。信任是企业领路人的基石,要做一个懂感恩、爱团队、重责任的开拓者。

智慧启迪:雄关漫道真如铁,而今迈步从头越。智慧并不完全是与生俱来的,大智慧是在千百次失败后总结得来的。永远保持一颗勇敢的心,是企业家的特质,也是做事业求发展的关键。

有志 70 后

杨会东

但一定要真实，梦想未必要大，

有志70后

他，1973年出生在哈尔滨的一个普普通通的工人家庭，父亲是一名货运司机，母亲是企业工人，每个月只有微薄的收入，家境比较贫寒。

他，从小就有凌云志，初中刚刚毕业，就听从党的召唤，穿上了戎装，保家卫国。在部队短短的三年里，不但培养了他的成长和成熟，而且更锻炼了他的刚强意志和品格。

他，长大永怀奋发心。从部队退伍后，他被分配到了国营企业，端上了"铁饭碗"，吃上了"皇粮"。但他却不向往安稳的工作，不靠政府，靠自己，不靠父母，靠努力；不端"铁饭碗"，就当"个体户"，决心靠自己的奋发努力和拼搏，成就自己的创业梦想。

他，多年来，在创业路上艰辛地努力着，勤奋地工作着。当过保安，开过出租，干过货运，跑过长途，一路奔波，一路辛酸，一路苦辣。创业故事令人赞叹，催人奋进。

1973年是杨会东出生的年代，也是我们国家正处于"十年动乱"的特殊时期。在这个特有的政治背景下，很多中国人无法追求自己的自由，追求自己的人生目标和梦想，更没有自己的个性主张，时代为他们带来了无形的尴尬。

然而,这代人恰恰成长在改革开放的大潮中。刚刚懂事的杨会东,就发现了生活的现实、社会的责任、家庭的重任、自己的使命。现实和生存,此刻成为了他人生的开始,也是他梦想的开始。他从小最大的梦想,就是当一名军人。

在那个年代,在他刚懂事的时候,就感觉戴上一顶军帽,穿上一身绿军装,是多么光荣啊!当一名解放军走在大街上,会有很多人投来羡慕的眼光。做一个军人真的是非常自豪和骄傲的事。如果哪个小伙儿有一顶军帽、一套军装,那简直会让人嫉妒得不得了。同时,军人也是多数女孩心中的帅哥,是女孩找对象的首选。所以,他从小就有了一个当兵的梦想,因为他也梦想光荣。

随着年龄的增长,他进入了小学,老师开始给他讲许多英雄人物的故事。董存瑞是其中之一。董存瑞从出生到十七岁时,一直想要参军,从董存瑞的英雄事迹中,他知道了:每一个人都应该学习董存瑞遇到困难不但不退缩,反而勇敢地去克服的精神。特别是董存瑞为了祖国,为了人民解放,宁愿牺牲自己的精神。我们这些祖国未来的接班人,应该学习董存瑞,从小志存高远,将来为祖国的繁荣昌奉献出一分力量。所以,他从小要当兵的梦想更加迫切。

初中刚刚毕业,年满18岁的他,早已经迫不及待了,希望早日实现自己的当兵梦,本可以继续读书学习,但他决定报名参军,保家卫国。经过层层严格体检和政审,他光荣地成为了一名森林武警部队队员。

可是,当兵却是很辛苦的一件事,每天要很早就起床,被子要叠得整整齐齐的,吃饭要在规定的时间内吃完,还不能剩饭剩菜,训练的要求也很高。当电视上战士们昂首挺胸、手握钢枪,迈着整齐步伐从镜头前经过时,他哪里知道,作为一名军人,在背后不知流了多少血、多少汗,才换来他们今天看见的这个样子。

其实他已经做好了充分准备,也知道当一名军人是多么不容易,而且,还有可能随时面对牺牲。可是,他记住了一句话:"有国才有家。"苦我不怕,累我不怕,更不怕牺牲,我就是想到军营里磨炼自己、锻炼自己、改变自己。这种坚强的意志和勇敢的精神,一直激励着他,鼓舞着他,才使他有了当兵的远大理想。

18岁那年,他穿上了一身帅气的军装,剃了板寸头,挎上了背包和水壶,从此与军绿色结下了不解之缘!

也是 18 岁那年,他学会了叠"豆腐块",学会了正步一二一,体会到了一把钢枪在手的感觉!还是 18 岁那年,让他遇到了悉心教导他的好班长,还有和他同甘共苦的新兵,收获了不一样的战友情;更是 18 岁那年,让他从此开始摸爬滚打,习武练兵,从普通百姓变成一名优秀军人,让他勤奋学习,勇于担当,经受意志的磨炼和考验。曾经幼稚的他从此长大,从此成熟。不久,便光荣地加入了中国共产党,成为了一名具有刚强斗志的党员,荣誉和责任也更加重大。

1994 年,已经在部队服役和磨炼了三年的他,复员回到地方。不久,他便被分配到了一家国营企业工作,端上了"铁饭碗",吃上了"皇粮"。但他却不喜欢安稳的工作,坚持不靠政府靠自己,不靠父母靠努力;不端"铁饭碗",就当"个体户",决心靠自己的奋发努力和拼搏,成就自己的创业梦想。

人在不同的时期、不同的环境中会有不同的想法,人的梦想有千万种。他经常会这样想:一个人的命运不能靠别人来掌握,必须要掌握在自己的手中。可是,自己又不知道怎么去掌握。看着身边的朋友,有的放弃稳定的工作出去打拼,现在已是金光闪闪,而不必为油盐柴米担心,自己本来平静的心又起涟漪,不知道自己是该安于宁静,还是应该轰轰烈烈。"快速发展的社会要求我们生于 70 年代的人,必须肩负逐渐增多的责任,高涨的房价、生活用品和消费,加上微薄的工薪,是否也在告诉我们不在沉默中爆发,就在沉默中灭亡,我们是迷惘的一代,在本该洒脱时沉重,在不该懦弱时羞怯。"

就这样,他萌发了自主创业的念头。有了这个想法,他辞去了工作。他首先根据自己的自身条件,在一家保安公司工作,干了一段时间,他感觉这份工作不但辛苦,而且也不受人尊重。

后来,在父母的支持下,又先后干起了货运,贪黑起早地在路上跑,有时跑长途,半个月都回不了一次家。饿了,就走到哪吃到哪,困了,就跑到偏僻的地方,把车停好和衣而睡。整天在路上跑,危险性特别大,也挣不多少钱,而且父母还跟着担惊受怕。

这之后,杨会东又开起了出租车,每天坐在矮小的驾驶室里,风里来雨里去,奔波在那喧嚣的大街小巷,跑了一天车的他筋疲力尽,腰酸背痛。对于一个非常有励志精神的他而言,这些困难在他面前,都不是什么事,而最让他感到烦恼和常常感到困惑的是:有时遇到一些醉鬼上车,拉他们在大街小巷东跑西颠儿,绕来绕去,最后就连他们自己想去哪里,都不知道了!跑了好几个小时，最后连一毛钱得不到不说，还很可能让醉鬼打一通、骂一顿，有时还会把车给踹坏了，真是憋气又上火啊！

他有着属牛的人的典型性格特点，是个现实主义者，韧性强、重实际，具有敏锐的观察力，善于捕捉商机。重视社会和个人财富的杨会东，平时很会加强维护与他人的关系。当赚钱的时机来临时，他很会整合人力、物力、财力等资源，凭着自己的耐力和果断力，得到较大的经济利益。因为经受过部队大熔炉的考验，就算他所从事的经营有挫折，也会转危为安。

2006年，他又有做烧烤店的想法，感觉在都市里开个烧烤店肯定能挣钱，于是，他在道里区安隆街找了一个合适的地方，到工商局办了营业执照，起名叫"偏脸子羊蛋王"烧烤店。烧烤是晚上做的事情，白天要准备原材料等，是一个麻烦活、辛苦活。但是他觉得都不是问题，从小到大他都是不怕苦不怕累的，只要能够挣钱养家糊口，让父母过上好日子，自己还这么年轻，苦点累点算啥。不麻烦就能够轻轻松松赚钱的事情世界上根本就没有。

当时的店只有三十几平方米大小，为了能保证产品的质量，还能有个便宜的价格，他每天清晨天还没亮就蹬着三轮车去批发市场上货，无论刮风下雨，义无反顾。到了晚上，经常会碰到能喝能聊的客人，为了保证客源，他就得陪到深夜，每天的睡眠只有四五个小时。日复一日，生意火了，而他却被熬成了肿眼泡儿，人也渐渐地瘦了。就在这时，他结识了妻子徐秀梅。因她在餐饮管理上有一定的经验，通过她的帮助和两个人共同不懈的打拼，到2009年的时候，30平方米的店就运到每日8000多元的营业额。

2011年，他们的生意越做越好，越做越大，越做越红火，经过调研决定在道里区建国北六道街开设第二家偏脸子羊蛋王烧烤店（北六店）。北六店的营业面积250多平方米，在门店开业初期，营业额不是很理想，每天只有一千多，低谷的时候一天只卖几百元，一个月下来赔了1万多，连续赔了好几个月。经过对门店经营情况的分析，他们加强了对产品与服务的提升，一点一点地将营业额实现了正增长，最后日均营业额达到了8000元以上，最高时达到了1.2万元以上。为后续的发展奠定了良好的基础。

2014年，他陆续在哈西、爱建、北京街等地开了分店。每一个店都堪称一个神话。在哈尔滨说起偏脸子羊蛋王烧烤店，那真是赫赫有名。然而，他成功的故事背后，却有着不平常的辛酸创业感悟。

创业感悟:我的这几十年人生梦想和创业经历,可以说是坎坎坷坷,也充满了惊险和精彩。当年上学的时候,就只顾着玩耍,上课不认真听,导致我没有迈进大学的梦想。又因为从小就喜欢看军事题材的书刊和电视剧,让我又有了当一名军人的梦想。经过部队的艰苦磨炼和对坚强意志的培养,又让我有了独立自主,不靠政府靠自己,不靠父母靠自立,艰苦奋斗去创业的梦想。人在不同的时期、不同的环境中会有不同的梦想。人的梦想有千万种。我经常会这样想:一个人的命运不能靠别人来掌握,必须要掌握在自己的手中,这也是我最大的创业人生感悟。我的创业算不上什么成功,但我一直围绕着我自己不同时期所追求的梦想而勇敢前行,而努力奋斗,而拼搏进取。我也一直坚信着自己的人生理念,那就是,只要你从小树有凌云志,长大肯定永怀奋发心。

智慧启迪:人所缺乏的不是才干而是志向,不是成功的能力而是勤劳和意志。马云曾经这样说过,"很多人创业的目的不同,他创业的目的就是为了让自己的生活有所改变。当年我的领导对我说:'马云,好好儿干。再过一年你就可以有煤气瓶了,再过两三年你就可能有房子了,再过五年你就能评副教授了。'于是我在他身上看见了我今后的方向,每天骑着自行车,去拿牛奶,买菜。我当然不是说这种生活不好,只是希望换一种方式。等到在创业的路上越走越远的时候,我发现自己的梦想越来越大,也越来越现实。每个人都有梦想,梦想未必要很大,但一定要真实。"

杨会东的励志奋斗故事,足以证明了马云所说的正确性,也让我们每位青年朋友,特别是那些与杨会东有着同样创业经历的青年人,从这里受到更多的启迪。每个人都有自己不同的梦想,有梦想就有追求。如果梦想是一个摇篮,那它就是用努力的枝条编织起来的;如果梦想是一片大海,那它就是用经历的滴水积累起来的;如果梦想是一片森林,那它就是用千年的时间生长起来的……

美好的梦想像一条通往成功的小径,但路边长满了有刺的荆草,当梦想将要磨灭的时候,也许成功只有几步之遥。坚持自己的梦想吧,让梦想展现辉煌!

赵彦江

成功于否都要去拼

有了梦想就要去追

有志70后

　　他,1978年出生于黑龙江省海伦市伦河镇护伦村,父母都是普普通通的农民,兄弟两人。从小到大让他目睹了父辈们风餐露宿、贪黑起早的苦和累。也让他看到了父辈们,在这片黑土地上,为了改变全家的生活状况,早日过上幸福生活,而长年累月坚忍与疲惫地拼搏着、奋斗着。

　　他,在这里,又亲身体验到了父母因贫穷落后而给生活带来的艰辛,更让他看到了父母在无可抗拒的命运面前,生活在这里显得如此无助而茫然。正因如此,父母的不怕苦和累的精神,不但时时刻刻让他铭记在心中,而且,也让他早早就有了励志报国的情怀和梦想。

　　他,刚刚20岁,就响应党的号召,积极应征入伍,励志到部队的大熔炉里,接受磨炼和考验。他深知国泰才能民安,国强才能民富,没有国家就没有小家。就是凭着这样一种朴素的感情,他在军人的行列里,从一个普通的小士兵到一个大部队里的骨干力量,摸爬滚打,磨炼意志。

　　他,从部队转业到地方,不靠政府靠自立,不靠父母靠自强,不靠梦想靠努力,不靠依赖靠拼搏。在自主创业的路上,勤奋工作,不畏艰难和困苦,从一个普通打工仔到冰城物业行业的领军人,坚持不懈,百折不挠。最终,以顽强的奋斗精神,融入了城市,赢得了市场,实现了梦想。

他生在东北的一个贫困的农村,小时候虽然家境不好,但童年还是很幸福的,很快乐的,不但受到长辈们的宠、父母的爱,也享受着哥哥的疼。哥哥比他大四岁,从小就特别知道心疼弟弟。从记事起,兄弟俩就从来没有打过架,村里人都说他们真是一对听话的好孩子,这一点他跟哥哥都很自豪。从小他们就不喜欢在家调皮捣蛋,在外打架斗殴,学习一直都很努力,生活也一直很勤奋,非常懂事儿,非常励志,哥俩从来没让父母操过心、费过力。

在 20 世纪的 70 年代,东北的农村生活条件,可以说是非常落后,也非常艰苦,对于他这个自小生活在农村的 70 后来讲,真是既陌生又熟悉,既遥远又亲近,既有父辈们的身影,也有他自己童年的记忆。记得当年,如果有一辆大解放汽车驶进村里,孩子们就会觉得非常奇怪,更觉得新鲜,因为许多孩子从没见过汽车。不管天气多么寒冷、多么炎热,都会把汽车围个水泄不通。村里没有自来水,没有电,没有公共厕所。好一点的家庭,夜间照明大都用油灯和蜡烛。晚上大多数时间,都会在黑暗的夜里围着火盆静静地聊天,直到困意袭来才去上炕睡觉。如果谁家有一个收音机收听广播,都会吸引来好多乡亲做客。当时的电视也是黑白的,而且只有一个中央台,有的地方还要自己发电。当然,有电视的绝对是富裕人家。而他家的条件更是艰难而困苦,既没有收音机,也没有电视机,连一个像样的家用电器都没有。

为了改善家庭生活条件,更为了让他和哥哥好好读书,父亲每年都要冒着零下近 40 度的严寒,去小兴安岭伐木拉套子,每天披星戴月,在那冰天雪地里劳动着,连一口热乎的饭菜都不容易吃到。渴了,吃冰雪是常见的事儿;饿了,啃冻馒头也是常有的事儿。特别懂事的哥哥,当看到父亲的遭遇和困苦,就觉得特别心疼,感觉父亲太辛苦了,就想早日帮助父母减轻负担,也让弟弟好好读书,所以,哥哥到了初中二年级,就放弃了学业。这件事,至今让他永不忘怀,父母的恩,哥哥的情,永远铭记在心中。父亲的溺爱,母亲的呵护,哥哥的情义,特别是父母为了自己而付出的艰辛,更激励了他,鼓舞了他,让他早早地去励志,去努力,去奋斗。

他从小学到中学,一直是勤奋学习,刻苦努力。特别是到了中学,学校离家有十几公里远,每天骑着自行车往返要走三四个小时的路。乡村的路面又

有 志 70 后

不好,全是土路,冬天顶风冒雪,一路寒风凛冽;夏天顶风冒雨,一路烈日炎炎,晴天一身土,雨天一脚泥。有时半路遇到大雨,不但人要浇成落汤鸡,车子还得要人扛着,因为是泥路,自行车根本无法骑。就是在这样的艰苦条件下,他仍然咬紧牙关坚持着,克服着。他知道父母和哥哥为了供他学习,付出了很多很多,与他们比起来,这小小的困难算不了什么。

到了中学的后期,哥哥已经到了结婚的年龄。家里的经济条件又不具备,父母为了早日帮助哥哥成家立业,东挪西借,求亲靠友,总算给哥哥成了家。但却欠下了不少外债,家里的经济条件不但没有改变,反而负担越来越重。这时,已经17岁的赵彦江,更加懂事,看到父母的负担和压力,特别心疼,特别内疚,感觉自己已经不小了,应该更励志了。如果继续读书,家人的负担会更重,如果继续读大学,可能成本会更高,不如去当兵。就这样,他又咬咬牙,坚持读到高中毕业。

当兵,是赵彦江从小的梦想,记得在他很小的时候,常常梦想着头顶警徽的神圣、穿上绿军装的英姿潇洒,梦想着手握钢枪的威武,梦想着在城市巡逻的英姿,还会梦想着戴上军功章的喜悦与自豪。年少的他还懵懂地记得,小时候看过的警匪片,那时的他,单纯地以为自己长大了,也能和电视里面的军人一样——英姿飒爽,保家卫国。和小伙伴们玩游戏的时候,也总是想着自己是个光荣的人民解放军,专打坏人。当时偏激的他,竟然还很希望能够再爆发一次战争,为了保家卫国,愿扛起枪,雄赳赳,气昂昂,为了我的祖国,为了我的人民,就算是牺牲自己也无所谓。慢慢地长大了,很多事情都变了,唯独当兵的梦想却一直没有改变。正因为如此,他高中刚刚毕业,就迅速地报名参加体检,最终,积极应征入伍了。

人生路有千万条,他执着选择了这条绿色的行程。告别故乡的泥土,告别多姿多彩的校园生活,告别尘世间的喧嚣,将父母的祝福打进背包,把希望的种子带进军营,撒在祖国的北疆,开始了新的人生驿站。然而,当他离开熟悉的家乡,来到这陌生军营时,渐渐觉得与自己想象中的差别太大。这里没有闪烁的霓虹灯,没有异彩的舞会,没有繁华的闹市,有的只是紧张的训练、不断的学习和严格的内务。

人都说,磨炼是淬火的开始,只有经历苦累的打磨和汗水的浇铸,生铁才能成为最优质的钢材,当兵的日子虽然苦、虽然累,但它让当过兵的人都会回味无穷,这是一段弥足珍贵的记忆。在这片橄榄林里,有苦有乐,有酸亦

有志70后

有甜。不再害怕尖锐急促的紧急集合哨声,从此也变得更加坚韧,真正让他成为了一个铮铮的汉子、呱呱叫的士兵。

他对每天枯燥的立正稍息,不再感到厌烦,因为生命的姿态,正是在这简单的步伐中矫正;他对严格的纪律,不再感到紧束无奈,因为青春的航船,只有在标定的方向上才能扬帆远航。当军歌回荡于蓝色的苍穹,心中的梦想,随着热血青春一起沸腾、一起飞扬。

在部队的几年,他一直在不断地学习。从技术到与人交往,从专业到副业,学习让他更加成熟,思想也更加进步,得到了部队领导的赏识,并多次获得各种奖励,从一个小士兵逐步成为了部队的骨干力量。这时的他,梦想更加远大,目标更加明确,不想只做一个小士兵,而是想往更高的方向发展,如果当小兵就不如回去创业。他励志考军校,每天在保证完成各种军事训练任务的基础上,坚持用业余时间学习军事专业知识,掌握军事技能和本领。经过勤学苦练,坚持不懈的努力,在全团的军事科目考试中,获得总分第一的好成绩。他兴奋不已,他激动万分,觉得自己的功夫没有白费。可是,由于当时部队原有体制的原因,结果让他空欢喜一场,没有被录取。

他至今仍然没有忘记那天沮丧的心情,看到结果的那一刻,他盯着自己的成绩单,一动不动,当时他的感觉就是整个天要塌下来了,想不出更恰当的词来形容当时的状态。

这次的沉重打击,让他对自己的人生目标又有了重新的定位和思考,既然没有考上军校,在部队的发展也就意味着没什么前途了,那就不如回家创业了。

1999年12月,他毅然转业到了地方,回到了自己的家乡。父母能感受到他的焦虑与烦躁。他每天把自己关在屋子里,不想说话,不想见人。他不知道当时在害怕什么,或许是怕被别人问什么,而无法回答,或许是觉得对不起父母这么多年的栽培,又或许是觉得,对不起自己的付出。过了好久,他才走出了房间,平静地和父母商量:"我要出去靠自己打拼,不能守在这样一个贫困的地方,靠天吃饭啊!男孩子四海为家,必须出去闯,出去拼,希望你们能支持我。"父母没有迟疑,早料到儿子会这么选择,因为他从小就是一个特别励志、特别自立自强的孩子。

不久,他通过一个表亲介绍,来到了大连一家包吃包住的房地产公司的工程队。从一个军人到一个打工仔,整天跟泥水打交道,脏累不说,也特别辛苦。当时的他对做工程完全是一知半解,一切从头开始:先从图纸学起,与工程师一起跑现场,然后就是建造的用料、施工管理和成本控制。除了这些,他还向项目经理、施工员学习房屋设计、构造和装潢等。虽然很不受人尊重,但却让他真正得到了锻炼,在最有弹性的年纪里接受了洗礼,真的成长不少。其实有时候也会疲惫,有时候也会很累,但他觉得青春的底色就是奋斗,他不怕吃苦,不想年纪轻轻的就选择安逸,只想让他的青春不留遗憾。每天通过努力奋斗,他都会因为提升了自己而感到发自内心的自信。这种自信是任何人都拿不走的。可是,让他没想到的是,苦也吃了,累也遭了,汗也流了,劲儿也使了,贪黑起早干了三个月,却没有得到一分钱的报酬。

这时的他,心情无比辛酸,更不知道如何是好,刚刚从家出来就遇到了挫折。跟父母要钱,实在张不开嘴,跟朋友借,又实在磨不开,怎么办?既然出来闯了,为了生存,为了落脚,更为了磨炼,只好通过朋友帮忙,东挪西借凑钱。最后,在大学附近以每月 60 元钱的价格,租了一个就连转身都不太容易的地下室,而且还没有电。他每天就是在这样一个既潮湿又黑暗的环境里生活。

安稳下来之后,他经过市场调查,感觉随着生活水平的提高,吃水果的人越来越多,不但老年人吃,青少年吃,大学生们更喜欢吃,因为他们懂得营养保健知识,会保养自己,大学附近的水果销售市场潜力很大。于是,他迅速地跑到了二手旧货市场,并以 200 元的价格购买了一辆三轮车,就这样,他开始在大学附近做起了水果生意。他不怕辛苦,任劳任怨,每天早 4 点左右出去上货,往返有 30 多公里的路。车子骑不动,就要拉着走,遇到上坡简直累死了,既骑不动,也拉不动,还有可能倒退,没办法,只好一步步挪、一箱箱倒。每天运到卖货地点,就已经是下午 2 点多了,然后还要摆摊卖货。每天累得筋疲力尽,连一口热乎的饭菜也吃不上。点儿好的时候,每天还能赚到几个钱儿,点儿不好的时候,不但钱没赚到,还得倒赔。今天不是城管撵,明天就是城管罚,后天还可能让城管抓,如果是那样就更惨了,因为连车带货全给没收了。每天跟城管就像打游击战似的,东躲西藏,南来北颠,含辛茹苦,挣着小钱。他舍不得乱花一分钱,省吃俭用,把攒下来的钱寄给父母。就这样,他坚持干了 3 个多月,除了给父母的,兜里就仅剩下 39 元钱。最后,他又不得不去寻找适合自己的工作。

2001 年 8 月,他看到了一个企业招聘保安,觉得自己有过当兵的经历,应该很适合这份工作。可是，又有很多人瞧不起这个职业，在他们的眼里，没有出息的人才去干。但他却不这么认为，他觉得，每一个人的梦想，各不相同，五颜六色的梦，构成了社会和时代的现实画卷。无论你是身居高位，还是草芥平民；无论你是大富大贵，还是小富即安；无论你是生活在城市，还是生活在农村，每个人都可以通过努力学习、艰苦奋斗来改变命运。起点低并不代表终点低，起点不能决定好坏，一场考试也不能决定一个人的命运，你的梦想最终是要通过长期不懈的努力和奋斗，才能实现。中央电视台的著名主持人赵普，不也曾经是一位"保安哥"吗？正因为这样，为了自立自强，更为了养活自己，也得看看脚下的路该怎么走啊！他兜里揣着仅有的39元钱，来到了这个企业。怀里的钱是有数的，每天需要吃饭，每天需要坐车，他精打细算地过着每一日，千辛万苦地过着每一天，省吃俭用，有时甚至可能一天都吃不上一顿饭。前几天是一个油条、一杯豆浆，后几天就逐渐地变为一杯豆浆，最后几天，就连一杯豆浆也喝不上了，一直坚持到第一个月的开支，而又仅仅领回500元。

也许，在人们的常识性认知里，"保安"不过是身处社会底层的草根一族，但赵彦江却不乏积极向上、拼搏圆梦的勇气和志向。他守护着这个企业，更守望着自己的理想。他以"起点不能决定终点"作为其对追梦成功的人生感慨，这既是对他励志动力的生动诠释，也是对时下风行于世的"起跑线"说的现实否定。梦在心中，路在脚下，才是圆梦成才的内在驱动力，这也是他带给我们的启示之一。

有着这样一种精神，有着这样一个劲头，他就会在工作中，积极地努力，不断地进取，不断地取得新成绩。地位在不断提升，待遇在不断提高，收入也在不断增加。工资由当初的几百元上升到几千元，职位由一个小保安提升为大主管，最后又提升为部门主任。生活条件不但得到了改善，而且家庭的生活水平也逐渐地提高起来。在这里，不但自己的工作得到了领导们的认可，而且，还通过自己的关系，将母亲带到了身边做保洁工作。经过全家人的共同努力，哥哥结婚时欠下的外债，也迅速地还上了，日子也一天天地好起来了。

可是，不幸的事情又降临到他的头上，母亲在一天下班回家的途中出了交通事故，经抢救无效，老人家不幸地意外走了。刚刚看见抬头的日子，曙光即将来临，母亲却在此时突然地走了，给他的打击太大了。每个人都希望有

有志70后

个健康的父母,回到家里或打电话时美美地喊声妈,那是多么幸福的一件事啊!经过几年的艰苦奋斗,努力打拼,如今已经是苦尽甘来了,此时,他多么希望母亲健在且身体硬朗,将来儿孙满堂,尽享天伦之乐啊!然而这一切对他来说都成了一种奢望。每次在小区里看到老人,特别是老太太,他就会想起自己的母亲。

经过相当长一段时间的痛苦折磨,他的心情逐渐有所好转,虽然释放悲伤需要时间和勇气,但重拾快乐更需要理解和支持,甚至是帮助。没有人会愿意天天过沉闷与忧伤的日子,但人们会喜欢每天都沉浸在爱和幸福的岁月里。恰在此时,与他一起来大连打工的家乡姑娘,对他印象非常好,对他也非常了解,认为他既是一个励志的人,肯于吃苦耐劳,又是一个勤奋者,勇于拼搏进取;既是一个大孝子,知道感恩图报,又是一个好男人,善于担当做事,值得托付,值得信赖。当看到他每天闷闷不乐、孤单寡语的样子,她觉得他现在失去了母爱,需要有人去安慰他、体贴他、关心他。就这样,这个善良的姑娘走进了他的生活,他们的甜蜜爱情也从此开始了。两个年轻人相互关照,处处体贴,一起在创业的路上奋斗着、努力着。可是,到了谈婚论嫁的时候,还是没有买到属于自己的房子,也没有多少存款。贤惠的姑娘并没有把这些看得那么重,觉得人品最重要,只要感情好,只要肯努力,什么都会有的,困难都是暂时的。就这样,两个人简单地租了一个小屋,花了不到一千元,买了被褥和一些日用品,就算把婚结了。直至今天,赵彦江也一直在感谢自己的妻子,特别感谢她对自己的理解和善待。每逢提起这件辛酸往事,他都感到无比激动、无比感慨。因为正是有了这么一位贤妻的理解和支持,才给了他干好事业的决心和勇气,更是因为有了她,才让他自己更加努力和奋斗。

2004年9月,由于他工作踏实肯干,勤奋努力,业绩突出,不断地得到领导们的赞赏,他被从大连总部调到哈尔滨分公司主管物业项目。对他来说,这既是一个新项目,也是一个新行业,必须从头做起,从头学起。自从进入这个行业,他每天都会早早起来,晚晚睡去。他所接手的物业小区,是属于哈尔滨的新区,距离主城区很远,也比较偏僻,附近是大学城,入住的业主不到200户。当大学生放假时,更是人少车稀。他的团队也由原来的90多人,变成了只有十几个人,艰难而困苦,艰巨而复杂。但他并没被这样困难而复杂的工作所吓倒、退缩,而是更加努力学习、努力工作。他深知,一个人只有敢于面对困难,勇于挑战,才能经受得住任何磨炼;只有勇于去打拼,才不会受到困扰。

勇于挑战,这个意识对一个想赚钱的年轻人来说,太重要了。拥有财富的本身就是对不利环境的一种挑战。年轻人要突破重围,才能发现外面的天地是如此广阔。敢于打破自己固有圈子的年轻人才能改变自己的命运,拥有更多的发展机会;而那些死守习惯,不愿脱离惯有轨迹的年轻人永远都是狭隘的,不会有所突破。很多身价千万的年轻人都是穷困的家庭出身,没有显赫的家庭背景和富足的经济基础,就是因为他们不甘平庸,与时俱进,才开辟了一片新天地。如果他们受困于哈哈镜中的表象,没有这种打破生活定式的意识,也就不会有比尔·盖茨那样的年轻人赚钱的时代。有的年轻人抱着旧观念不放,舍弃不下熟悉的环境和所谓的"安稳",在事业上就永远都不会有所成就。难以想象一个安于稳定生活的年轻人,怎么会有下海经商或者赚钱的勇气。人在年轻的时候,绝对不是一切求稳、过于保守的时候。对于这个充满活力、朝气蓬勃的年纪,那样做是不负责任的,至少是不给自己机会。

赵彦江从小在乡下长大,直到高中毕业也没有看见过城市的影子。高中毕业的他没有去上大学,而是去参了军,目的就是为了磨炼自己的意志。物业人的酸甜苦辣只有物业人自己知道。夜,对他来说总是很短,当他从睡梦中醒时,很多人还在鼾声大作,而他已经没有了睡意。从最初的团队组建,从前期深一脚浅一脚地工地巡查,到现在满目苍翠,曲径通幽,繁花似锦,一草一木,一花一叶;从刚交房业主入住时,对园区环境的抱怨,到现在每一个外来人,都由衷地对园区环境加以赞叹;从刚开始每一位业主都是陌生的,到现在走在园区,到处是与你打招呼的熟悉的面孔;从抱怨房屋存在这样那样的问题,到通过他们的付出、协调,一个个问题得到圆满解决,他知道了付出总有回报,投入总有产出。

不久,他就由一个物业项目,做到了独立法人公司,即哈尔滨新天地物业管理有限公司,并担任总经理。他始终坚持这样一个理念:"物业就是我的事业,单位就是我的居家,员工就是我的亲人。"正因为他有着这样一个理念,有这样一个态度,有这样一个执着。所以,公司越做越好,越做越大,越做越强,业务也不断在增长。经过多年的磨砺,他的团队从懵懵懂懂到游刃有余,有委屈,有辛苦,有高兴、有泪水,看着自己团队的成长,看着自己团队的发展,他从内心里感到无比自豪和骄傲。公司从当初的一个物业项目开始,到今天的独立法人公司集团;从十几个人,发展到如今的近千人;由当初的一个不出名的物业小区,发展到如今的几十家知名物业小区,业务已经由原来的哈尔滨一个城市,发展到如今的大庆、大连、北京等十几个大中城市。由单一的传统服务,转变为管家式服务。公司的目标业绩将在三年内,在现有的基础上翻一番,五年内业绩总目标将达到一个亿。

从事物业十几年来,酸甜苦辣,五味俱全。他做物业最深的体会是,只有用心服务业主,才能营造美好生活,委曲求全也好,据理力争也罢,宽容给了业主,遗憾留给家人,委屈了孩子,冷落了亲人! 他做事总喜欢换位思考,如果我是业主,咱家有问题,想到的一定是物业,只有我,是离他们最近的人,如果我所做的一切,能换来信任,一切都值。

他每天面对的都是一个个性格各异的人群、形形色色的业主。每个人的性格各不相同,众口难调,这是他内心最大的矛盾和痛苦。可是,当他每天遇到业主时,看到他们露出的最真挚的微笑,看到一个个问题在他手中得到处理,当他回访时一句句嘘寒问暖,像亲人一样告诉你"来家坐坐吧!"他释然了,有什么比认可更重要的呢!

创业感悟:通过几十年的拼搏奋斗,我的人生和创业感悟最深的是,我们每个人的生活都是你自己选的,过什么样的生活,取决于你的选择。我不敢说我自己有多努力,但我只想经过自己的努力,来见证自己一点一滴的进步,只想通过自己的奋斗,来改变生活,而且通过自己的体验和磨炼,让自己变得更坚强、更励志,从而得到发自灵魂的愉悦。

我当初高中刚刚毕业就选择了当兵,就是出于这种人生目标、人生梦想,这才有了今天的成就。说起自己的打拼经历,真是感慨万千。从一名退伍军人选择跨界涉足建筑工程行业,再到最终成为知名的物业公司企业负责人。从渴望实现自己"经济自由"的梦想,到现在有家有业,我整整打拼了17年多,实现了自己的人生梦想。通过我自己的创业实践证明,如果太容易得到的东西是不会去珍惜的。梦想也是一样,太容易实现的梦想,我想你也不会去珍惜。要想到达梦想的终点站,是没有直通车的,那是要靠你自己下苦功夫,坚持不懈,顽强拼搏一步一步走过去的。虽然路上有各种困难、各种挫折、各种失败,但只要你熬过去,那就证明你已经越来越接近你要实现的梦想。

有志70后

89

励 志 · 故 事

智慧启迪： 人人都有梦想，有了梦想就要去追，成功与否都得试试。赵彦江的人生经历和创业历程告诉我们，万事开头难，只要坚持就会胜利，不要害怕失去，要勇敢往前走。哪怕就算失败了，也不后悔，因为曾经努力过。人的一生难得有一份固定的事业，难得有一个梦想，不能等待梦想，只能往前走，往上拼。敢拼，敢搏，才会有胜利的机会，才会有成功的可能。

梦想，对某些人来说，只是一个为了使自己生活下去的理由，所以这些人的梦想，会不停地变换。没有一个确定的目标，没有一个确定的方向，到最后为什么工作，为了谁而工作，答案都是未知的。可能有人会说，我也追求过梦想，但是最后被种种因素打败了，是不可能实现的。但是，你要知道，只要不放弃，这个世界上没有"不可能"这三个字，因为梦想不会因为困难而失去。

有志70后

韩卓

才能成就梦想

只有勤奋付出，

有志70后

　　他，1978年出生于黑龙江省哈尔滨市一个普通的工人家庭。作为全家不可多得、独一无二的一个男孩，简直就是家里的"小皇上"，过着幸福快乐的童年。但他从小到大，却不以一个独生子女惯有的"依赖、任性、娇惯、自私"的天性而自处，总是以一个"独立、懂事、坚强、慷慨"的大男人性格而行事。

　　他，少年时期是伴随着改革开放一起成长的，也享受着改革开放所带来的美好生活，与父母一起享受着衣食无忧的日子。想吃什么、玩什么、穿什么、用什么，都会轻易得到。但他却从小有一种励志好强的精神，不想坐享父母奋斗而来的甜蜜生活，更不想啃老、靠老，而是坚持用自己的拼搏奋斗，去创造更大的财富。

　　他，从小学到大学，一直勤奋努力，励志成才，多次获得"三好学生""优秀团干部"。18岁就光荣地成为了一名中共党员。

　　他，大学毕业后，励志像爸爸一样，成为一名优秀的共产党员。经过多年的打拼，他不但实现了自己的人生梦想，而且还获得了哈尔滨市创业者标兵，黑龙江省最具成长性、新锐青年企业家，黑龙江省青年创业奖，全国向上向善好青年,哈尔滨青年创业之星等诸多荣誉。同时,2017年,他被列为黑龙江电视台新闻联播"青春梦想·国家力量"展播人物。

他,现在的客户已经遍布祖国的大江南北,产品已销售到我国台湾及东南亚等地区。对于现在的成绩,他并不满足,他立志将创博产品销往世界各个地区,希望只要有齿轮的地方,就能够看到中国的创博产品。他用实际行动实现了心中的工业强国梦!

韩卓,出生于1978年夏天,在那个刚刚实行计划生育的年代,他成为了家中的独生子。他的降生给家人带来了无穷的欢乐。全家翻查字典,最终给他取名"卓"字,希望他的人生卓越、超越、不平凡。从他刚刚开始记事儿起,就经常听父母说,你们这一代人可是"小皇帝""小公主""掌上明珠"啊!之所以说他们是"小皇帝""小公主""掌上明珠",是因为他们是"独生子女",是父母唯一的宝贝儿。没有经历过战争年代的残酷,没有经历过十年"文化大革命"的浪潮,更没有经历过经济拮据的苦日子,可以说是集万千宠爱于一身。

1985年,他到了上学的年龄,父母也开始有了望子成龙的心情。"望子成龙"几乎是所有的父母对孩子的一种超值期待。所以,对孩子的付出和牺牲精神也是罕见的。当然,对孩子的专制、武断、纵容和溺爱也是罕见的。父母的切身经历,让他们深知,知识不但可以改变命运,更可以改变身份,这是教育的根本所在。从父亲身上他看到,一个有知识的人,就会寻求到比较好一点的工作,家人也可以过无忧无虑的生活。但他的父亲却没有读过大学,父亲不想再让这个独生子也缺少知识,所以,倍加地让他珍惜时间,珍惜学习机会。正因为有了父母的鼓励,让他憋足了劲儿,铆足了精神,挺起了胸膛,立志好好学习,自立自强。他抓紧时间勤奋学习,很少让父母为自己过多操心。

1989年,他小学毕业,开始进入了中学生活,不但知识有了增长,而且也懂得了很多道理,逐渐由一个幼稚的孩子,变成了勤奋学习的青少年。他每天不但独立完成作业,而且还会刻苦努力学习。为了不给父母带来麻烦,他每天都会自己背着沉重的书包去上学,并养成了从来不用父母接送的好习惯。再苦再累,也从来不向父母喊一声,更不会流下心酸而委屈的泪水。从小到大,在他身上,从来没让人看到过一个独生子女惯有的娇惯、依赖,却让人看到的是一个独立、懂事的"小大人儿"。

韩卓的父母虽说是普普通通的工人，但他们都曾多次获得过厂里的劳动模范称号。父母爱国爱党、踏实工作的态度对他的影响颇为深远，让刚刚懂事的韩卓看在眼里，记在心上，也让他明确了自己未来的方向。同时，父母的勤劳和人品，也给了他人生的启迪，让他学会了如何去励志，如何去做人，如何去担当起一个男人的责任和义务。因此，他从小就特别自立自强，无论做什么事情，都要做到最好，做到最优秀。从小学到中学，他一直是学校的"三好学生"、少年先锋队队长、班级干部，是一个品学兼优的好学生。

功夫不负有心人，经过多年的勤奋学习，刻苦努力，他以优异的成绩考上了中国人民大学法律系，实现了自己人生的第一个理想，也圆了自己的一个大学梦。到了大学后，他依旧自信，相信凭自己的励志精神，在这短短几年里，通过自己不懈的努力和拼搏，一定会取得好成绩，并成为一个有用的人才，将来好好回报生他养他的父母。

在大学期间，他更加刻苦学习，不断丰富自己的知识，不断提高自己的技能，付出了比以往更多的努力，更多的勤奋，更多的刻苦。每天起早贪黑，废寝忘食，图书馆阅览室是他常去的地方。自从进入大学校园，他就没再要过父母的资助，而是靠自己兼职打工勤工俭学，供自己读书和生活。他不但学习刻苦努力，而且政治坚定不移，要求进步，18岁那年他光荣地加入了中国共产党，而且成为了一名优秀的共产党员。

他当初选择法律专业时，就是认准了法律是正义的，是公平的、公正的。他心中一直有着热血男儿志在四方的激情，希望用所学知识帮助更多的人。大学毕业后，韩卓进入了隶属于中央的大型国有企业，做法律顾问工作。有一次在工厂处理案件时，因为涉及许多与工业相关的知识，他就每天最早一个来到车间，向工人师傅请教，最晚一个离开自己的办公室。功夫不负有心人，经过一个多月认真细致的调查走访，他找到了对案件极为有力的证据，并最终为企业赢得了这场法律官司。当厂里给他颁发奖励时，小伙子笑着将功劳归给了工人师傅的专业知识，他认为奖励应该给车间的师傅们。当时负责工厂法律工作的副总经理在和韩卓谈话时，首先肯定了他对工作一丝不苟的精神，同时还送给了他一句话："只有工业才能救中国，工业的强大才是这个国家真正的强大。"正是这句话，深深地触动了他的内心，也为他日后跨界创业埋下了一颗坚定的种子。

有志70后

励 志 · 故 事

　　2014 年对于韩卓来说，注定是不平凡的一年，时年 36 岁的他，放弃了稳定和优越的生活，毅然决然地投身创业大潮中，去实现自己的人生梦想。创业是辛苦的，更是艰难的。刚开始，他与四个志同道合的伙伴，共同建立起一家专业制造齿轮量仪的高科技企业。由于当时资金紧张，他们只得租了一个不足十平方米的二楼小屋。但这个小屋却开启了他们创业的梦想之门，在他心中深藏多年的"工业强国梦"，在这十平方米的小屋里开始"发芽"了。

　　哈尔滨的冬天是寒冷的，小屋连基本的供暖设施都没有，从外面回来沾在鞋上的雪，即使进屋后两个小时都不会融化，大家每天要工作十五六个小时。为了节省时间，早日制造出设备产品，他买了许多箱方便面和榨菜堆到了室内，困了就到一楼的值班室借地方睡一会儿，醒了继续工作……即使是这样艰苦的条件，依然没有阻挡住他创业的脚步，团队中也没有一个人退缩。他用青春和激情为创业找准了方向。经过数月的打拼，他创办了哈尔滨创博科技有限公司，第一台产品也随即诞生了。试验成功的那天，大家都特别高兴，他们一起吃了创业以来的第一顿大餐，回想几个月来的艰辛，韩卓眼中含着热泪。

　　初试成功后，各种各样的困难也接踵而至，但这四个志同道合的伙伴一路披荆斩棘。原以为产品制造出来了就应该有销路，但创业这条路远没有他们想象中那么容易走，找订单的过程至今还让他们刻骨铭心。当时，他和伙伴们带着产品资料，每天马不停蹄地跑市场。由于我国齿轮厂家大部分集中在江浙及重庆地区，他们第一站便先来到了浙江，他每天至少要坐几十公里的公交车，并走上十多公里的路，因为南方的工业园区内不通公交车，厂区与厂区之间距离较远。当时几乎在浙江省主要分布的齿轮厂家中都能看到他的身影。几个星期下来，他和伙伴们的鞋底都磨坏了，可即便功夫到了，他们的结果也是一无所获。

　　后来，他们不得不转战中国齿轮的大后方——重庆，对于当时韩卓的处境来讲，那里也是他最后的希望所在地。来到重庆的当天，他们连午饭都没顾得上吃，就直接奔到厂家，并跟厂家的技术副总约好了见面时间，正当他们准备好资料想与该厂的技术副总介绍产品时，他们发现客户的身边正是竞争对手，此时的竞争对手也看到了他们。当时对手有点惊讶，但马上又表现出很自信的样子，因为对方手中拿着的是厂家采购设备的合同。这对于刚到重庆的他来说，犹如一盆冷水当头浇下。硬着头皮往前冲，绝对是他当时没有办法的办法了。由于约见的技术副总是初次见面，他只是礼貌地打了个招呼，可竞争对手却对韩卓说："你们创博开发的小仪器不挣钱，大设备的市场已经是我们的了！"

在这种情况下，他与销售副总吴程亮先行离开了客户单位。回到住处后，天色已经渐黑，为了赶时间与客户交流，两人已经一天水米未进了，可此刻他的内心万分焦急，哪还有心情吃饭啊！重庆可是他们的最后一个阵地了，如何抉择，是摆在他面前的最大课题。经过几番思想斗争和伙伴之间的商量，当晚他做出了一个重大决定，决定兵分两路进行下一步工作，一是让公司销售副总吴程亮发挥技术及销售优势，用最大的诚意将创博量仪产品真实地展现给客户，并下死命令，如果在重庆不销售出去一台，就别回哈尔滨了；二是他本人发挥资源整合优势，立即返回哈尔滨进行企业融资，以解决企业资金链即将断裂的问题。也许创业也需要一点幸运，返哈后，韩卓正遇上 2015 年共青团哈尔滨市委举办的全市《青年创新创业大赛》，他立即组织材料进行申报，一周后进入初赛。这时，重庆地区也传来喜讯，客户终于同意试用他们的产品，这个利好消息极大地促进了他今后的参赛表现，经过两个月的比拼，他从全市参赛的 689 名选手中，一路杀进决赛，最终以一票之差取得了此次大赛的亚军，但他的表现却赢得了在场投资人的好评与青睐。很多创投公司有意向对他这个在线齿轮量仪项目进行投资。

他的公司自创办以来，所有资金都用于开发产品，八个月没有一分工资的收入，创业伙伴孩子的奶粉钱都得向父母伸手求援。企业资金链已经到断裂边缘，创业随时有失败的危险。他又一次做了一个决定，将自己汽车卖掉挽救企业。当投资人知道此事后，被他及其团队的这种创业精神所感动，决定特事特办，一周之内决定投资 500 万元，并且资金全部准时到位。

有了资金的支持加上他们技术的创新性及产品的稳定性，他们的公司渐渐打开了中国齿轮量仪的市场，经过三年的打拼，他们不但拥有了自己的品牌，还取得了自主知识产权专利 20 余项，成为了哈尔滨首批展示性挂牌企业，企业现销售收入已超过 2000 万元人民币。同时，他个人及他的企业积极奉献爱心，连续两年参加黑龙江交通广播爱心送考，捐助爱心物资及善款十几万元。

他的企业也通过招商进入了哈尔滨高新技术产业开发区加速器，现在他们的客户遍布祖国的大江南北，如长城汽车、比亚迪、奇瑞、中车集团、浙

有志 70 后

95

江双环、浙江中马、重庆上市公司蓝黛传动等知名企业。他们的产品也已销售到我国台湾及东南亚等地区。对于现在的成绩,他并不满足,他立志将创博产品销往世界各个地区,希望只要有齿轮的地方,就能够看到中国的创博产品。

未来,他想进一步整合齿轮量仪行业的上下游,完成公司上市目标,为中国齿轮量仪行业贡献自己的力量。

创业感悟: 任何的成功都不是偶然的,都需要不懈的努力及坚定的信念,创业是一条单行道,没创业之前想得很简单,走上创业的道路才发现,不可能再回头,只能拼尽全力团结队伍。"在没钱的时候咬咬牙,在有钱的时候努力",这是韩卓经常对团队说的一句话,付出不一定成功,但不付出就绝不可能成功!成功在于坚持,有能力就要去拼搏。

智慧启迪: 苏东坡说:"古之立大事者,不唯有超世之才,亦必有坚忍不拔之志。"细数那些有志成功人物,莫不与此论相吻合。拼搏对于成就梦想来说,之所以重要,究其缘由,在于"此事难为"。有些人"一曝十寒",有些人"半途而废",常常是一把钥匙打开了门,却因为没有耐心和执着,而没有收获最终的成功。有很多人非常羡慕那些功成名就的人士,向往他们的光环和掌声,但我们却没注意到他们背后的承担和坚韧。

李广成

可羞的是贫而无志
贫不足羞,

有志70后

他,1973年出生于黑龙江省肇东市向阳乡五星村,一个贫苦的农民家庭,全家6口人,兄妹4个,他排行老二。回想起童年的家,他只有一种感觉——穷。

他,刚刚12岁,正因为这个"穷",让他早早地励志,开始帮助父母减轻生活的压力:劈柴、喂猪、干农活、卖冰棍……本应拥有幸福童年的他,每天就利用放学或放假,挎着篮子走街串巷卖冰棍;握着镰刀为牲口割草料;小小年龄就学会了开拖拉机,帮着父母种地收割。

他,刚刚16岁,还是因为家里"穷",他早早就辍学,到建筑工地当力工、学瓦工,搬砖弄瓦,干泥水活。艰苦的成长环境锤炼了他自强、自立、永不服输的个性,也更加坚定了他挑战贫困、立志成才的决心!

他,刚刚20岁,就有了励志创业的梦想。清贫而艰苦的生活,磨炼了他吃苦耐劳的意志。他从小就有要摆脱贫苦,让全家人过上幸福生活的梦想,立志要在自己长大后,创出一份自己的事业。

他,刚刚三十几岁,就经过自己的勤奋努力、艰苦奋斗,从一个农村土娃,变成了一个城市精英;从一个小打工仔,变成了一个大老板;不但实现了自己的创业梦,而且还创造了省内企业销售产值过亿元的佳话;不但取得了事业上的成功,随之而来的各种荣誉也纷至沓来。

励 志 · 故 事

　　他，在短短的十几年里，不但通过自己的拼搏成就了梦想，而且还让自己的企业获得了很多荣誉，让自己的产品荣获知名品牌的称号。先后荣获"中国名优家居协会会员""哈尔滨家具行业协会常务理事会会员"。金凯莱床垫连续多年获得"最受哈尔滨百姓欢迎的家具品牌""龙江先进企业"等多项企业殊荣。他的励志故事精彩感人，他的励志精神催人奋进！

　　1994年，刚刚21岁的李广成，连个初中的毕业文凭都没有，就怀揣着梦想，开始了他独立创业的生涯。他离开农村的田园来到省城哈尔滨，决心在城市里闯一番天下。可是，当时的他，既没钱，又无门路，说起创业谈何容易，闯起来难啊！但人活在世上总要生存，总要闯出一条路来。他坚信"万丈高楼平地起，脚踏实地干事业"的道理，可是，对于一个既没有太高的文化水平，又没有创业经验，更没有创业资本和能力的农村小青年，往哪里闯？怎么闯？从那个偏僻的村庄，走进这灯红酒绿、繁花似锦、令人流连忘返的大都市，真是蒙啊！更何况要闯？没办法，刚刚进城的他，只好求亲靠友，在亲戚的帮助和指点下，他首先来到旧物市场，花了几十块钱买了一辆破旧的自行车，又准备好一个薄被加纸箱，就在道里顾乡一带走街串巷卖冰棍。

　　这也是他第一次出来闯，更是他的第一次创业。离开了家乡的亲人，独自踏上生意路，他心中无比惶恐和孤独。一开始只是骑着自行车在小街背巷兜弯，决然不好意思开口叫卖，时间一分一秒过去，冰棍一点一滴融化，销量甚为不尽如人意。最令人忧虑的是温度的变化和时间之久，冰棍的质量大打折扣，原本有形状的冰棍变得面目全非。

　　豁上了！"冰棍！——"当第一嗓子喊出的时候，自己都觉得惊讶，仿佛那声音不是从自己嘴里发出的。当第一声喊出之后，后边的叫卖就顺利多了，顾客也循声而来，但大多又都失望而去，因为冰棍已经开始融化了。比顾客更失望的是初来乍到的他，那滋味，比冰棍融化还要心痛百倍。

　　也有不走并最终掏钱购买的，却往往以冰棍已化相要挟，将价格压到极低，一毛五两根，甚至二毛钱三根是通常的价格。想买这样冰棍的人往往还需要回家一趟，回去取碗，用来盛放已经无法手持的冰棍。盛夏酷暑，烈日当头，在一番讨价还价中，冰棍融化的速度惊人，有的甚至已成粥样。

　　但他深知，这样的冰棍即使再便宜，销路也不会太理想，所谓"货卖一张皮"。时已过午,街上已经没有人来问津,他只好悻悻地驮着十几根融化的冰棍回家。冰棍汁渗透了被子和纸箱,不紧不慢地滴落到自行车轮胎和地面上。回到家他以最快的速度将残存的冰棍倒进小盆里,最后只好自己痛痛快快地把这些"残羹"吃了,冰爽的感觉的确不错,但最多只能吃两三根,毕竟太凉了。

吃完冰棍,开始算账,把兜里当天的所有收入掏出来,认真地抚平,摞起来,开始清点。除去本钱,尚有两毛三的盈利,居然没赔!正巧家中酱油醋用尽,便用盈利的钱去打了酱油醋。此后他又卖过许多次冰棍,都不算顺利,最多时盈利也不超过四毛钱,偶有一两次还险些赔本。亲友说他真的没有"生意头脑",他却一点也不服输、认死理儿,他不能接受这样的评价。后又经人介绍干起了"掏马葫芦"的活计。整天帮人掏下水道,身上总有一股异味,让人侧目,根本不敢往热闹人群里去。他倚墙角,吃冷饭。一个秋天的中午,天下起雨,淅淅沥沥下个不停,他没带雨具,家也回不了,就在附近的饭店窗檐下躲雨,从怀里掏出凉馒头吃起来。这时,他不禁回头隔着玻璃窗向里看了一眼,满屋子的热气和温暖,好多人在悠闲地就餐,真是让他羡慕极了。心想,这时候我若有一杯热水喝多好。可是,他却笑着对自己摇头,我怎么可能有那样的奢望啊!只好望着天空,等雨停了回家。

再后来,他又学别人弄了一条绳子、一个铁钩,到道外景阳街帮人拉车,俗称"拉小套",看见蹬三轮的上坡,赶忙跑过去铁钩一挂帮着拉,拉到坡上给一元钱。一天,一则雅慧床垫厂扩大生产的招工启事,吸引了李广成,不过招聘说明上是要女工。他厚着脸找到厂长,一阵央求之后,厂长同意收下他当作"半拉工"。干了二十多天后,他把肇东家里的媳妇喊到了哈尔滨,和厂长商量两口子一起缝床垫,给一份工钱就行,他就是想带着媳妇学点技术。当媳妇很快就掌握了技术时,李广成离开了床垫厂,买了一辆港田去拉活儿。就这样,两人起早贪黑地把赚的钱一分一分攒起来。

离家在外,厂里提供了住宿,吃饭就成了最大的花销。他想出了一个省钱的好办法,开港田三轮回肇东的一家方便面厂,买回两麻袋碎方便面,这些都是厂里切面块剩下的边角料,才几毛钱一斤。饿了就倒点开水泡一碗,非常节省时间。这一堆方便面,俩人吃了有大半年,直到现在他闻到方便面的味道还直想吐,发誓这辈子不再吃方便面。

经过几年的口挪肚攒,夫妻俩已经积累下了十几万元钱,李广成打算用这些钱买一辆出租车。一个先他几年来哈尔滨的老乡劝住了他。"车只有你一个人能开,你们两口子都会缝床垫,不如开个店做这个吧。"说干就干,他租了一间30平方米的小店面,又雇了2名工人,四个人就开工生产了。当时市场并不像如今这样规范,基本都是贴牌儿,看好谁家的货就照着缝。他刚刚入行,不懂的地方太多了,从生产到销售,每做一件事都是如履薄冰般。开工半个多月,却一份生意也没做成,这可把他急坏了。

于是,他就自己去站柜台卖床垫。当天便来了父子两人,儿子结婚装新房,相中了一个蓝花缎面床垫,他就把床垫摆在地上让父子俩上去蹦,并说蹦塌了不用赔。爷俩爽快地掏钱买下了。直到现在他还记得这爷俩的长相。自从这第一单卖出之后,店里的生意日益红火起来。

2000年的时候,他已经有四个床垫店面和一个家具加工厂。第二年,他揣着几千元钱,到广东去订货。经过对比自己产品与别人的差异,他觉得应该打造自己的品牌,想了好久他定下了金凯莱这个名字。2004年在全国家具展销会上,"金凯莱"的名字进入了消费者的视野。正是在这个时期,让他更多地了解了市场。以前一直定位在低端,存心赚快钱的打法其实是短期效益。要想瞄准市场必须锁定更宽的消费者阶层。打造自己的品牌,一定要有自己的厂、自己的店和自己的管理团队。

恰在此时,某大型企业的总经理来投奔他,科班出身的管理经验让他的事业如虎添翼。很快十几名工人发展到百余人,店面也开到了十几家。十几年的经营,他完成了企业的资本积累,金凯莱也在百姓心目中树立了良好的信誉和口碑。

2015年初,他在哈尔滨市郊靠山屯的加工厂已经规模宏大,订单如雪片一样来自于全国。就在这蒸蒸日上的节骨眼上,一场突如其来的大火将厂房付之一炬。床垫的胶棉最怕火星,可以说沾火就着,所以他从来不许员工在厂房50米以内抽烟,并在厂房设置了水罐和几十个盛满水的水桶。当天的火从哪来,现在都不知道,厂房烧得一点都不剩,损失将近1000万元。厂房没了,机器也毁了。订单却每天照常飞来。耽搁一天就损失一天的钱。凭借人脉和手里剩下的260万元,他在香坊区朝阳镇平安村买下了一块空地,2个月时间就建起了15 000平方米的厂房,恢复了生产。

"咱就是一个大老粗,从农村走出来,凭借的是踏实肯干,今后走下去,还靠这个。"他的言语很朴实,很真诚。2015年省内销售产值过亿元,各种荣誉伴随着事业的成功实至名归。他个人被选为"中国名优家居协会会员""哈

有志70后

尔滨家具行业协会常务理事会会员"。金凯莱床垫连续多年获得"最受哈尔滨百姓欢迎的家具品牌""3·15消费者信得过品牌"。他的企业获得了"龙江先进企业"等多项企业荣誉。但他却不忘初心,一如既往帮助那些和他一样从农村走出来的乡亲学习科学生产技术,解决在城市的工作、生活等问题。2016年李广成连续签下意大利曼利菲斯、美国金可儿两大进口床垫品牌,在哈尔滨的床垫市场大胆布局,强势入市,完成了企业的又一次腾飞。

企业的发展跟政府的支持、社会的关心是分不开的。他怀着一颗感恩的心反哺社会,作为中国民盟盟员,他从不落下每一次送温暖、送爱活动,不但出钱出力还每次都到场,常去帮扶孤寡老人和福利院的孩子们。

面对未来市场新的需求与更高的要求,他不断思索、不断求新、不断开拓,时刻以最严苛的标准不停地激励自己、鞭策自己,他要为公司、为社会做得更好。

创业感悟:创业之路不好走,但当你真正地走上了自己的创业之路,有了自己的创业感悟,相信离你的成功已经不远了。我一个贫苦农民出身的孩子,从一个小瓦匠,到一个打工仔,从一个打工仔又到一个企业家,一步步的艰辛努力,一天天的拼搏奋斗,真的很不容易。没有自身的锲而不舍永不放弃的精神,没有坚忍不拔勇于挑战的意志,就不会有我今天的成功,更不会有我今天的辉煌和荣耀。

创业梦的实现,也证实了诚信的重要性。古往今来,诚信一直是人们为人处世的道德信条。所谓诚信,就是诚实守信。诚信,可以使人受到尊重;诚信,能够拉近人与人之间的距离;诚信,是一个人为人正直的表现。如果没有诚信,就没有"金凯莱"的今天。

智慧启迪:贫不足羞,可羞的是贫而无志。实现梦想比睡在床上的梦想更灿烂。对所有创业者来说,永远告诉自己一句话:从创业的第一天起,你每天要面对的是困难和失败,而不是成功。应该想到,最困难的时候也许还没到。困难是不能躲避的,更不能让别人替你去扛,任何困难都必须你自己去面对。

左志会

有梦想就会有希望,只要努力终得成功

他,1975年出生于哈尔滨市平房区,父母都是普通工人,因家庭经济条件很不好,他从小的梦想是吃上一块蛋糕。

他,刚刚上了初中,还是因为家庭经济条件不好,让他有了立志赚钱的梦想,自立自强,不怕害羞,不怕丢面子,靠勤工俭学,减轻父母的负担。

他,大学毕业就考上了全国知名的国企,并先后担任过团委书记、工会主席,仕途发展前景广阔,然而,还是为了自己的人生梦想,他毅然砸掉铁饭碗,自主创业。

他,为着自己的梦想和追求、志向和目标,凭着自己的胆识和毅力、心血和汗水,敢为人先,艰苦打拼,实干苦干,走向成功,演绎了70后的创业传奇故事。

如今的他,通过自己多年的勤奋努力,已经实现了自己的人生梦想,成为了赫赫有名的黑龙江华联建筑装饰工程有限公司董事长、总经理,哈尔滨

励 志 · 故 事

- -

左志会成长的年代，逐渐步入了一个信息化时代，而这一代人，有人平步青云，有人怀才不遇，有人欢笑，也有人哭泣。他们在生活中承受着不同的压力，感受着不同的境遇。

左志会是一个有理想、有追求的新人，从小就胸怀大志，想干一番真正属于自己的事业，所以，从不听从命运的摆布。

1982年，只有十几岁的他，刚刚上初中，就遭遇到了困苦的考验，当时无论交通条件，还是经济条件，都特别差，既没有公交车，也没有钱买自行车，每天上学只能靠步行，走近半个小时的路，才能到学校。尽管那时社会普遍处于困难时期，但贫富的差别，在他和一些比较富裕的同学之间，还是显得过于悬殊了。

记得当时有一位同学的父亲出差，回来后给他买了一个很精美的生日蛋糕。第二天，同学把还没吃完的蛋糕带到了学校，和其他同学一起分享。眼见大家在一起品尝着美味有说有笑，而他却默默低下了头，因难为情而不去参与其中。是的，他害怕有钱人家孩子投来的鄙夷目光。比起他们体面而好看的衣服，他的穿着，就显得特别寒酸，简直就像一个"叫花子"。贫富的差距，让幼小的他更加坚定了好好读书、努力奋进的信念。

因为没钱，他没法去学校食堂，即使那份饭菜加在一起可能也不过一两毛钱。在别的同学相约去食堂吃饭的时候，他只能一个人溜到一边，偷偷地把冰凉的大楂粥，用免费的开水泡一下，一点点吃掉。用开水烫烫，还是勉强可以下咽的，但还是经常由于食量不够，在课堂上感到饥肠辘辘，饿得发慌。从那时起，他就立志一定要好好地学一门技术，有一身过硬的本领，去工作，去赚钱，早点让家里的经济条件得到改善，让日子逐渐好转起来。

1992年，他放弃了上高中、读大学的机会，直接由初中升入职业技校。在校期间，他一面勤奋努力，学好专业课程，一面勤工俭学，利用周末放假时间，他在同学间卖明信片、贺年卡，到夜市里卖水果，摆地摊，他用这个连小生意都算不上的收入，养活自己，补贴家用。也是从那时候起，他似乎再没有挨过饿。

他利用寒暑假和实习期间，做过小本买卖，搞过酒水营销。每天坐公交

有志70后

去上货,拿不动,就一点点挪,宁可多买一个人的车票,也舍不得雇车。有时因为他是学生,又没有社会经验,常常遇到一些不讲诚信的酒店老板,拖欠赖账,他去索要自己的血汗钱,有时被连打带骂地往出轰;他在建筑工地,当过力工,推过小车,与农民工一起,吃住在工地;他在劳务市场里,站过大岗,当过电气焊工;他在饭店里,当过服务生,端过盘子。他经受了市场风风雨雨的摔打,也经受了经商反反复复的历练,就像是,在游泳中学会了游泳。虽然在别人的眼里,感觉是没面子,被人瞧不起,但在他心目中,却感到无比自豪、无比高兴。他觉得尽管很辛苦,可是,每天却有着几十块钱的收入,只要能赚钱,就没有什么不好。

在这期间,他受过好心人的恩惠,也感受过势利之人的冷眼,领略到人世间的冷暖,也体味到市场竞争的无情。经过几年在职业技术学校的学习,又经过几年的实践历练和摔打,他锻炼了思想,磨炼了意志,锤炼了本领,积累了经验。

1995 年,他从职业技术学校毕业,品学兼优的他很轻松地考入了中国著名的大型航空企业。他从那一天起,感到自己的人生价值,在这里有所体现,这些年没有白努力、白奋斗,所以,他更加珍惜这份令人羡慕的工作,更加勤奋刻苦,虚心向老师傅学习,很快成为了企业的骨干力量。不久,他便当上了企业团委书记和工会主席,组织和带领青年开展各种社会活动,并得到了同事和领导们的一致好评。可是,他通过一段时间的工作,发觉这并不是自己所追求的梦想,虽然这里各方面条件都很优越,既有独立宽敞的办公环境,又有丰厚的薪资待遇,更有广阔的仕途发展前景,但这一切实现不了自己的人生目标。这时,他就偷偷地跟妻子商量,决定辞去这份工作,干自己想要干的事业。妻子刚刚听到他的这个想法时,感到特别惊讶,毕竟这是一个铁饭碗,多少人梦想着这份工作啊!所以,不同意让他放弃这么好端端的工作。他就耐心地跟妻子讲解分析,从现在创业的优惠政策,到创业的时代背景,以及创业的市场环境,他都跟妻子讲得头头是道,句句在理。妻子感觉到他对这些不但已经有了充分的把握,而且也有了深刻的理解,于是迅速转变了自己的思想,改变了主意,积极地支持他、鼓励他,不想让他留下遗憾。妻子的工作是做通了,可是父母的工作是很难做的,毕竟他们的年龄大,思想意识还跟不上时代的发展,比较保守和传统。他为了暂时不让父母知道此事,担心他们跟自己着急上火,于是,就采取了迂回战略,避开父母的视线,天天偷偷摸摸正常上下班,这样大约坚持了近两年的时间。

他辞去公职后不久,一个偶然的机会,他结识了一家立体停车泊位开发企业,由于他懂技术,有经验,所以,很被老板看重和赏识,并很快帮助企业把这项工程顺利实施开展了起来。在项目的施工过程中,他从来没有把自己的利益放在首位,而是把做人做事放在第一。他风里来雨里去,兢兢业业,废寝忘食,不辞辛苦,每天都是以勤奋的工作态度,认真负责的精神,战斗在施工第一线上。特别是在混凝土施工过程中,更是辛苦得很,春节都不能休息,也不能回家与亲人吃个团圆饭。就这样,在短短的几个月施工中,他每天既要搞设计,又要做配套设施,还要进行养护。他不但注重技术,而且更注重品质。在他带领下的团队,创下了黑龙江省混凝土地面施工和表层工艺的最佳纪录,并填补了这项施工的空白,也得到了甲方的认可。

由于他对创业的市场环境有了全面的了解和掌握,逐步实现由散游单打向正规军转变和发展。他在施工开发的过程中,敏锐地察觉到建筑装饰产业的潜在商机。

2010年,他不失时机地筹措资金,创建了黑龙江华联建筑装饰工程有限公司。从此,他为实现自己的人生目标和梦想,大踏步地迈上了创业之路,大手笔地书写着他的创业传奇。他以诚信赢得客户,以质量占领市场,以品牌树立形象,坚持"客户第一、服务至上"的原则,很快赢得了客户,占领了市场。几年来,他的工程已经遍布哈尔滨的中高端小区和企业,他的身影也不断地出现在各个工地上,每一道工序,他都了如指掌。每天都要与工人一起吃,一起干,他一如既往地付出着艰辛和汗水。他做生意讲诚信,他做人重情义、敢担当,具有强烈的社会责任感。他作为新时代的民营青年企业家,既有实干精神和拼搏精神,又有胆识和毅力,加之他的聪慧,对发展与市场之间的相互依附性,产业链与经营链、价值链之间的内在关联性,以及经营战略与转型升级之间的相互共振性,都有了比较清晰的认识和把握。他现在正开始酝酿和实施新的发展链条和战略,以创新驱动,打造商业品牌新形象。

创业感悟:人因为有了梦想,而拥有了生活,拥有了亲人和朋友。在通往成功的路上充满艰辛,在我摔倒时告诉我赶快爬起来的是梦想;在我遇到风雨时告诉我勇往直前的是梦想;是梦想在我失败时告诉我永不言弃也是梦想。

有志70后

梦想让我在黑暗中看到了光明,看到了明天的希望。人有了梦想,就会去努力,而且为了心中的梦想,我会不畏艰险地向前冲。

智慧启迪:世界上最美妙的东西是什么?是七色的彩虹,是幽深的大海,还是无垠的天空?不,都不是,是梦想。梦想如清风,在你迷茫时吹醒你昏睡的大脑,将远航的船儿吹向成功的彼岸;梦想似烈火,在你无助时给予你无限的温暖,将智慧燃烧化作成功的种子;梦想若甘露,在你绝望时滋润你干燥的咽喉,将汗水化为成功的源泉;梦想是一把钥匙,用心把握,便可开启成功的大门;梦想是一盏明灯,用心点燃,便可照亮成功的大道;梦想是最忠诚的朋友,用心呵护,便可了解成功的奥秘。左志会的创业经验告诉我们,一个人如果拥有了梦想,就拥有了成功的一半,因为梦想是前进的动力。创业目标和梦想从来不会一蹴而就,只有志存高远、脚踏实地去追求的人才有未来,才会把事业推向新的巅峰。

徐刚

只有经得住苦难，才能撑得起未来

他，1979年出生于中国大米之乡五常市的一个农村，从出生到成年，他的家境一直贫苦。

他，儿时就很喜欢动脑、勤奋学习，为人义气、敢担当，在幼小的年龄，就显示出一种领导风范。

他，十几岁，刚刚高中毕业，就与父亲一起撑起家，上山养蜂、下田种地。

他，二十几岁，就通过自己勤奋努力和拼搏，让家里的日子一天天地好起来，生活一天天地富裕起来。

他，三十几岁，就由一个农村的高中生，摇身一变成了黑龙江省龙凤娃生物科技有限公司总经理，固定资产过千万元。

他，如今已经荣获五常市政协第四届委员、市青联副主席、五常市十大杰出青年等光荣称号。

他，事业小成，看着日子过得还不宽裕的乡亲们，产生了强烈的社会责任感和使命感，每年都要拿出几十万来扶持贫困家庭，形成了墙内开花墙外红的喜人局面。

改革开放初期，中国东北的许多农村，还依然是"面朝黄土、背朝天"的生活。十几岁的徐刚，看着父亲头上的皱纹，看着母亲额头的白发，徐刚沉默了:"父亲母亲还不够勤劳吗?"可是,就这么辛勤劳作,结果还是无法让全家生活水平得到提高,为什么呢? 他开始思考:要生存,要改变生活,要与命运挑战,单单靠身体勤劳是不够的,脑子也要活跃。国家在改革开放,我徐刚的致富方式也要改革开放! 我要自主创业,我要用我的勤劳双手,去解决家庭的温饱,去改变家庭的贫穷。

那么,怎么去创业啊? 创业不是纸上空谈,不是靠一腔热血,创业需要投资,创业需要辛苦。要去开创什么样的事业? 钱从何处来? 项目怎么找? 经过好长一段时间的思想准备,以及对家乡周边环境的考察,最后他把思维和观念转到了"我应该干什么? 我的家乡有什么?"这个点上。

随后,他开始研究创业项目:五常坐落在长白山张广才岭脚下,这里山清水碧,风景秀丽,景色宜人。在 7512 平方公里的土地上,有着"六山一水半草二分半田"的说法,土地肥沃,水力资源丰富。这里群山环绕,大小山峰 271 座,林、牧、副、渔资源丰富。同时,这里山区还有貂、猞猁、人参、鹿茸、平贝、五味子、蘑菇、木耳、榛子等丰富的山特产品,极其有利于特色农业发展,觉得特色东北产品的开发可行性很大。

说干就干,他在研究分析好创业的基本条件后,根据自己人缘好、朋友多、能力强这些自身的长处,马上找朋友、靠亲戚筹集资金,并利用自家资源和附近地理优势,迅速地在镇里开了一个农产品经销点,同时动员周边的农户一起搞起了蜂产品合作社,开始做起经营土特山珍产品生意。

但是,创业发展并不乐观,他遭遇了"酒香也怕巷子深"的困惑,由于当地交通不便,同时又缺少必要的广告宣传,也没有形成品牌,他的经销点根本没有客流量。偶尔来个客商,却又挑肥拣瘦,变着法儿地压低价格,低价卖吧,赔钱,不卖吧,可能赔得更多。看着地里优质的稻米、满山丰产的山珍堆积着一天天贬值,他的团队也无精打采了。

而此时的他,却表现得与众不同,越是没钱的时候,越是敢花钱,他向朋友借了点钱,请团队里的人吃饭,带他们出去郊游。别人以为他在败家,他却说:"要做大事儿,就要有大心胸,每天保持一种高兴的心态,才会积极地捕捉到每一个机会!"就是靠这种乐观自信的精神,他度过了创业史上的寒冬。

2002 年的冬末,他的心中萌发了春意生机——既然不能把客人引进来,那么我们就走出去闯! 雪很大,路很滑,天很冷,衣很薄,资金既缺乏,人脉又

有志70后

空白,街道既不熟,城市又陌生,但是,他的眼睛兴奋得发亮,他的脚步迈得那么矫健,他就这么自信地出来闯了。怀揣着仅有的一点积蓄,他走出了山村,进驻了城区,来到了五常市,土特山珍行业领军企业也就是从这时开始崛起的。

早在进军五常市区之前,他就常常进城考察商机。他有意多接触农产品经销商,有时宁可买一些质量还不如自家的产品,也要借机和老板说上几句话。他经常随身带着好烟,进城时是一包,回村时是一根也不剩,他自己几乎舍不得抽,全都敬给了新认识的朋友。他细细品味着与别人交谈的每一句话,甚至每一个字儿,把一些零散的购销知识掌握在心里,印记在脑海里,让它组建成一个系统,再与自身的优势相结合。从产品优劣的鉴别,到市场商情的研判,都有了自己独特的思想,他把这些经典理念,整理成经商发展蓝图后,对团队说了一个字:"干!"

于是,五常市区的主干道雅臣路上,很快就出现了大气喜庆的农副产品店面——黑龙江省龙凤娃商贸有限公司,里面经营的不再是散装的土特山珍,进店的人看到的,是一个全新且又很有活力的新锐品牌——"龙凤娃"。市场的消费需求在这里得到了满足,消费者们陆续看到了精品包装的"龙凤娃"粮油系列、蜂产品系列。同时,这里也不再是小打小闹的小店形象了,"重质量、精包装、广交友、寻商机",靠着这一整套从调研中得出的经营理念,他的企业开始异常红火。

"满足过去,就是停止追求,我要追求并且实现自身的价值。"这是徐刚常说的一句话。已有了经验的他开始深入了解市场,把事业的目光投向农副产品深加工方面。

2011年初,他又把自己的加工厂,设在全国著名的黑龙江第一高峰神奇的凤凰山脚下,建立了专营参茸、林特珍品、土特产品研发中心。机会永远属于那些努力拼搏、寻求改变命运的人,他没有停下前进的脚步,又开始了新的征程。历经几年商场风雨,他认识到,单一品种很难抵御市场风险,也就是从这一年起,他开始进军农副产品的各种领域,多产业齐头并进,下设养鹿场,养蜂场,山特产品加工厂,并分类包装销售,开始由单纯的收购向精深加工过度,还拥有了以"龙凤娃"为注册商标的鹿产品、林蛙油饮品、食用菌、优质大米、五谷杂粮、蜂产品及各种山特珍品等近百个系列。经过十年的发展,他终于建立起了集研发、生产、销售为一体的集团公司。他本人也当选为五

有志70后

常政协第四届委员、青联副主席、第八届"五常市十大杰出青年"。

"一花独放不是春,百花齐放春满园。"赚钱的确能让他快乐,能够带领别人赚钱,才是他最大的快乐。徐刚这样想着。而想法一出,说干就干,对于家庭经济不算富裕的村民,他就和这些农户家庭签订订单农业,春天拿出资金,给农户用来生产投入,然后秋收后将产品买到公司。每一年他都要拿出几十万元来扶持这样的贫困家庭,累计达到了 140 余户。他不但让自己的家人富裕了,过上了好日子,还带领着乡亲们共同致富。村民们富裕了,形成了墙内开花墙外红的喜人局面。

共同创富,做有责任心的企业家,徐刚没有让父母和乡亲们失望。而他的创业之路,也一定会仁者通达,越走越广。如今,公司固定资产已过千万元,每年纯利润几百万元,安排 30 多个剩余劳动力在他的企业里打工。

创业感悟:通过短短几年的打拼,我基本上完成了创业、创牌的任务。创业的实践再一次让我深深地感悟到,独木难成林,合作联动才是当代经济的主题。龙凤娃还要走得更远,联合经营、连锁加盟经营、网络经营是未来的发展趋势。"五常人都是龙凤娃,龙凤娃就是中国娃"。创业阶段,我们需要的主要是人手,发展阶段,我们需要的是人才。人才不是天生的,都是培养出来的。

智慧启迪:徐刚创业不怕苦和累,把创业看成自身生存和发展的平台,尽心尽力地去面对。自己的生活条件改善了,家庭的经济条件好转了,他不但知道感恩,更知道回报,他不但帮助贫困户脱贫,还吸纳大批大学生一起创业;他不但把生意从农村做到城市,而且还做到了北京,做到全国。他的公司有一首企业歌曲,其中有两句这样的话:"五常人都是龙凤娃,龙凤娃就是中国娃。"公司从小到大,做出了卓越的业绩,员工们都很欣赏他。从他的身上我们可以看出,只有经得住苦难,才能撑得起未来,只有真正深入地剖析和了解自己创业的优势及特长,才能更清楚地认识自己,找到与自身特点相对应的人生目标,才能用自身所长攻其一点,并攻出成果,由此及彼,不断扩大。认清自身的特长,找到适合自己的发展目标和发展方向,开发属于你的领域,这才是通往成功的一条捷径。

有志70后

姜春燕

有了成就梦想的可能

有了勇气和智慧，就

她，1973年出生于黑龙江宝泉岭江滨农场一个普通的职工家庭。父母在这片黑土地上辛勤劳作、艰苦奋斗、勇于克服困难的拼搏精神，一直在感染着她，激励着她成长。

她，刚刚记事，就从书本中、从影视节目中、从美丽的画卷中、从长辈的口口相传中，接受了很多关于北大荒精神的熏陶。并让她很早就知道，北大荒精神的核心就是"艰苦奋斗、勇于开拓、顾全大局、无私奉献"。而且，这十六个字，让她一直铭记在心中。

她，从小到大，不仅知道北大荒精神，还知道北大荒人在创造丰硕的物质文明成果的同时，在把"北大荒"打造成"北大仓"的同时，更用他们的青春和生命、忠诚与坚韧为后人留下了无比宝贵且名传千古的佳话。

她，从小学到中学，从口学到大学，一直不忘初衷，牢记使命，始终记住自己是一个北大荒人，更是一个拓荒者的女儿，励志要用自己的知识去建设北大荒，让昔日落后的家乡变成高科技现代化农场。

她，为了圆自己的梦想，大学报考了中国著名的农业学府：八一农垦大学。不但把自己的大学梦与服务北大荒的梦想联系在一起，而且还将自己的创业梦与人生梦联系到一起。她如今已经成为一个北大荒新时代创业的代表人物。

20世纪50年代初,我国十万转业官兵,在东北三江平原的荒原上发起了"向地球开战,向荒原要粮"的活动。半个世纪以来,几代拓荒人承受了难以想象的艰难困苦,用火热的激情、青春和汗水,战天斗地,百折不挠,甚至有很多人把人生道路上的句号画在了祖国边陲那曾经荒芜凄凉的土地上。他们以"艰苦奋斗、勇于开拓、顾全大局、无私奉献"的北大荒精神,跋山涉水、勇往直前,把美好的青春融入到了这片荒原上。

姜春燕的父辈就在这其中。从二十几岁就从山东来到了这荒无人烟的北大荒。刚刚下车,他们就被蚊子、小虫、牛虻给咬得面露难色。住的是草棚平房,没有电灯,只能点柴油灯,第二天鼻孔吸进的全是黑灰。水是黄黄的,洗完脚趾甲周围全是黄的;水中捞麦、割大豆把他们的雨鞋扎得和凉鞋差不多了,在冰冷的水里泡上一天,泡发的脚丫提多难受。冬天挖渠刨冻土方,在冰天雪地里一干就是一天,中午饭食堂送的是馒头加大酱,每人能吃三四个馒头,一咬一口霜。下工回家累得根本顾不上洗漱,倒在炕上就睡着了。

父母在艰苦岁月中生活的情景,不但给她从小就留下了深深的记忆,而且也让从小在这样环境里长大的她得到了磨炼。她从小就具有北大荒姑娘的性格和模样:大大咧咧泼辣豪爽的性格,以及战天斗地不怕艰苦、勇敢闯天下的拼搏精神。

正因如此,从小她就像一个野丫头,特别顽皮,却也特别懂事,刚刚几岁就开始帮助父母干家务活,劈柴架火,常常弄得小手黑乎乎的、小脸脏兮兮的。她还爬上灶台刷锅洗碗。她非常有好奇心,什么事儿都想体验体验,总有一种不服输的性格,总有一种不罢休的犟劲儿。如果大人不让做,她就会反复地请求和争取。

十岁那年一个骄阳似火的夏天,父母要去田间拔草,她非得要跟着一起去体验体验。为了避免火辣辣的太阳把皮肤晒黑,为了保护小脑袋瓜和小脸蛋,妈妈给她的头上戴上了一个小头巾,还特意换上了劳动服。她穿着一双小白袜,像模像样地卖着力气跟着大人共同拔杂草。路上熙熙攘攘的行人去场部赶集,有的人压低声音说:"看看人家这孩子,这么小就这么懂事,从小就这么不怕苦,就知道心疼父母,将来肯定会有出息的。"路人的小声夸赞,却也飘到了她的耳边。此时此刻,她感到非常自豪,非常骄傲,小脸上露出了甜美的微笑。可是,当跟父母劳动一天回到家时,看看父母疲惫的样子,看看自己小脸儿红红的样子,再看看自己小白袜黑黑的样子,心里的感触却是酸酸的,怎么也高兴不起来。觉得父母常年这样风吹日晒太辛苦了,为了一家人的幸福生活,长年累月艰苦奋斗,他们太不容易了。从此,激发了她努力奋斗的热情,也激起了她勤奋学习的决心。那一刻,她认识到,要改变命运,就要读书;要改变生活,就要勤劳。她立志一定要自强,一定要努力,一定要好好学习,做一个让人对她刮目相看的青年。

从小学到高中她一直品学兼优,一直是班干部。她也一直告诉自己一定行的。她每天起早贪黑,废寝忘食,勤奋学习。她常常想,我要跳出农场,离开北大荒,不管上天给我多少磨难,只要考上大学就可以有出路。

经过多年的勤奋学习,刻苦努力,她终于实现了自己的梦想,考上了理想的大学。接到通知书的那一天,内心的激动无法用言语表达,她告诉自己功夫不负有心人!

在大学期间,学习上她仍然非常刻苦,常常很早就起来早读,很晚才回到寝室休息。每天都会给自己制订学习计划,无论如何,都会坚持完成当天的学习任务。她相信,通过自己的学习和努力,一定会有个美好的明天。在八一农垦大学的校园里,常常有她勤奋学习的身影,常常有她拼搏进取的点赞。

经过四年的学习努力,她成熟了很多,见识了很多,懂得了很多,更丰富了很多,不但获得了学业上的成绩,而且还获得了各种荣誉,更获得了创业的资本——掌握了一定的技能基础。

大学毕业后,她本可以得到了一份计财科科员的理想工作,但她偏偏不想吃皇粮,不想做比较平庸的工作。她要靠自己的能力去发展自己,磨炼自己,改变自己。但初入社会的她,还是感到一片茫然,不知所措。恰好此时,首届黑龙江双向人才交流会,正在哈尔滨举行,她决定去了解一番。在她看来,哪个展位的人多,就应该是哪个单位最好。于是,她首先来到了光明家具有限公司的招聘展台前,并主动向在场的主管递交了自己的简历。可是,当招聘主管看了她的简历后,却感觉太简单,不过是一个普普通通的毕业生而已。因为光明家具是当时很有名气的大企业,公司正规且有规模,用人要求也很严格。一直不服输的姜春燕,感觉不公平,就问招聘主管:"你们是招聘人才,还是招聘简历,简历能代表她的能力吗?"就是这么一句很简单的话,顿时引起了招聘主管的重视,他觉得小姑娘很有想法也积极主动,就重新安排面试,并让她到公司试岗。就这样,姜春燕靠自己的争取,靠自己的努力,找到了毕业后的第一份工作。她求职的经历和故事,不久便传到了母校,学校还常常把她的求职故事,讲给其他同学,让那些正在求职路上的同学,学习她的勇敢精神,分享她的成功求职故事。

姜春燕求职经历告诉我们,大学生在寻找工作时,不但应该具有自己的主张,更应该有一种自信和勇气,不但有自己的实际能力,更需要有机会来锻炼自己、展示自己。求职过程的本身,就是一个能力释放的过程,也是一个能力完善的过程。

家具厂的工作,并不是想象的那么简单,她被分配到了一个板式车间,每天的工作就是修边、封边到修配,很零碎。因为她还是一个新兵,一个大学生,一个小女孩,所以只能做一些超级简单的活。她刚来这里时,每天都是一站就是一天。在车间里,机器轰鸣,震耳欲聋,粉尘飞扬,满身灰土。她由一个大学生一下变成了一个普通工人,而且还这么累、这么脏、这么苦,简直让她觉得受到了莫大的委屈。她给母亲打电话诉苦,妈妈在那边流泪,她在这边哭。

她刚到工厂什么都不懂,而且人生地不熟的。工人们看她是一个大学生,都不喜欢跟她接触,你不主动说话,那些员工也不跟你说,每个人自顾自地。她想总不能天天这样过吧,于是她壮胆跟那些员工搭话,不搭还不知道,搭上了才发现那些员工个个都挺好客的。当他们知道这个女孩还真不错,没有架子,又很随和,也很能吃辛苦时,个个抢着跟她介绍这介绍那的,教她这些该怎么做,那些又该怎么做,不会的他们都很耐心地教她。虽然干活时很累,但她发觉其实在工作中也能得到很多乐趣,这种乐趣在学校是体会不到的,只有亲身经历过了,才能体会到其中的乐趣。

经过在车间里一年多的磨炼,以及她的辛勤劳动和努力学习做人做事,使她在短短的时间内,不论是个人素质,还是工作能力、业务水平都有了提升,而且也得到了领导的欣赏和认可。不久,她就由一个车间工人转变成了一个技术骨干,还经常以一个业务能手的身份参与策划企业的各种庆典、展销活动。特别是当她代表企业进入国家钓鱼台国宾馆做产品展销的那一刻,她接触到了一些国家政要、中外来宾。这让她不但开阔了视野,更让她增长了知识,而且也使她感到特别自豪和荣耀。这时的她意识到:只有去面对从未面对过的一切,才能更加锻炼自己,提高自己。

2000年,因工作变动,她被调到光明家具哈尔滨分公司工作。她又由业务员进入到了企业的管理层,又由出纳提到会计。开始涉足企业的经营管理、广告营销、科技信息等领域。工作也开始复杂化,而且是多方面的,几乎是面面俱到。在实际工作中,她常常会遇到书本上没学到的,也有书本上的知识一点都用不上的情况。企业果然是一个磨炼人的大熔炉,她不懂就学,不会就问。她在心里始终默默地告诉自己,我一定要努力,我一定要勤奋,坚信经过各种风雨之后,必将看到美丽的彩虹。在工作实践中,她不断培养自己独立思考、独立工作和独立解决问题的能力。一向喜欢挑战的她,开始借助这个平台,努力锻炼自己、发展自己。经过一年的努力,她的客户量逐步上升,人脉也越来越广。

在这期间,她曾经负责一个上千万额度的大项目,并取得了令人满意的效果。但由于企业还没有完全走入市场经济体制,在利益分配上是有失公允的。感觉企业还是受传统体制制约,无论家具款式,还是经营理念都很落后,远远落后于南方发达地区,存在着很大的风险。所以,她一方面感觉压力越来越大,企业与自己的思想意识有了一定的差别,另一方面她也感觉到自己应该抓紧时间,用自己的青春年华,去干一份真正属于自己的事业。

2005 年,她毅然辞去工作了十几年的企业,决定自己创业发展。可是,创什么业? 做什么项目? 经过一段时间的思考和准备,她觉得自己出生在北大荒,成长在北大荒,就读的又是农学方面的高等学府,创业必须选好自己的定位,找准自己的目标。于是,她组建了黑龙江致格科技开发有限公司,不忘初衷,服务家乡,服务北大荒,做智能科技开发服务项目。她不忘初心,北大荒集团是一个很大的财源,企业大,面积广,需要安装监控的客户多,有很大发展空间,更有很大的开发潜力。方向有了,目标定了。可是,技术从哪里找? 资金从哪里弄? 客户从哪里来? 问题接踵而来。

由于她一直在打工,以至于对自主创业的思路还不是很清晰,关于市场策略和渠道更是茫然。但她深知,创业是条艰辛的路,而且很苦,如果吃不了这份苦,不能坚持,还是趁早放弃,因为没有背景、没有资金、没有市场的创业,存活的概率将会很低。但也不是一点机会都没有,感受创业过程中和成功后的快感,将会是人生一大快事!

所以,她坚定了信念,大胆去拼,大胆去努力。没资金,求亲靠友、东挪西借;没技术,寻求合作,共同发展;没客源,东跑西颠,寻找商机。她开始学着拓展人脉,并尝试着和不同领域的人去沟通。人脉积累是一点一滴地慢慢树立自己的人格魅力。她首先从自己熟悉的领域着手,把整个北大荒的企业都列入了计划,每四五个人一组,一个农场一个农场地跑。没有轿车,就坐公交

有志 70 后

115

车。他们日夜兼程,贪黑起早,每跑一圈就得三四千公里。北大荒的冬天特别冷,在冰天雪地的寒冷天气里,一干就是一天,为了完成任务,她不怕苦和累,渴了,就吃点大山上白晶晶的雪;饿了,就嚼几口硬邦邦随身带的干粮;冷了,就穿上羽绒服;特别冷时,就在羽绒服上再套上羽绒服,就像一个圆鼓鼓的大熊猫。在人手不够用的时候,她既是指挥员,又是战斗员,既是炊事员,又是采购员。就这样,她一天天在开发,一天天在努力,一天天在奋斗,经过长期潜移默化的影响,吸引了更多的客户。在整个北大荒布满了她的足迹,她的努力令人叫好,她为家乡所贡献出的力量,赢得了家乡人的称赞。

目前,她在过去单一的网络监控项目基础上,已经与国家信息中心、中国农机科学院合作,开展农业信息化推广工作。为适应社会的进步和科技的发展,她将在北大荒继续开展低空旅游,航空旅游体验等一系列前瞻的项目。

有志70后

创业感悟:多年的创业及人生经历告诉我,一个人只要你有了勇气和智慧,你就会有成就梦想的可能,因为这是一个人战胜困难和挫折的法宝。奋斗,是为一个目标去战胜各种困难的过程,这个过程,会充满压力、痛苦、挫折。奋斗的目的,是为了享受这个过程,而这个过程带给我们的各种快乐、悲伤、愁苦,都会成为我们心智更加成熟的养料。当我们成熟之后,再次回过头来,看这些压力、这些痛苦、这些挫折时,只会心满意足地微笑着面对,因为你至少经历过,而相对于那些父母为其铺好了路,走得一帆风顺的人来说,我们无疑都是幸运者,因为温室中的花朵,是永远无法接受暴风雨的洗礼的。

智慧启迪:成功的花,人们只美慕它现在的明艳,而不知道当初的芽,无不浸透了她奋斗的泪泉,洒满了勤劳的汗水。我们每个人都渴望成功,那么就应该在刚刚起步的时候,用我们充分的准备,去面对不知的过程,迎接满意的结果。面对生活,我们应该勇敢。不要被生活中的挫折、困难打败。面临困难,我们要勇敢向前走,不畏艰巨,因为希望在前面!狭路相逢勇者胜,只有战胜了困难,才能到达成功的顶峰。姜春燕的创业人生再一次地告诉我们,要想成功,离不开勇气,更离不开胆量。没有勇气,没有胆量,姜春燕就不会走出去,更不会迈出她的创业第一步。要大的成功就需要大的动力、大的压力和大的竞争。因为有了对手的存在,就有了不服输的决心,才会努力地去拼搏。有时候,人最大的敌人就是自己,人没有比战胜自我更困难的了。只有战胜自我,才可以取得巨大的胜利!

有志70后

王新梅

眼视光界的新晋『顽主』

有志70后

初见王新梅博士，她跨坐在一辆硕大的"专业级"山地自行车上，头上歪戴着一顶棒球帽，一身"西山彻"的军事风穿搭透露出浓重的街头感与机车范儿。"广州中山大学眼视光学博士、黑龙江新梅视光创始人和董事长"，眼前的人看起来无论如何都很难与她的身份头衔相对应。

"我现在玩骑行。"她一边摘下骑行手套丢在桌子上一边说。谈及业余爱好，她说："我很贪玩儿，健身、玩乒乓球、游泳……就连考到中山大学读博士也是为了校园里的网球场。"她玩什么都很认真，都要玩到极致，玩健身要请私人健身教练练出八块腹肌；玩网球会连续半年每天早晨四点钟起床，对着球场墙上画的一个圈练接球；玩骑行她会备齐全套装备独自去海南环岛。

谈及学业和事业，她也三句话离不开"玩"。对她来说考硕士、考博士也是一种"玩儿"，了解她的朋友都大呼"没天理"！她首创的很多眼科诊疗方法也都是出于一颗永远追求探索的"好奇心"。每碰到棘手的特殊病例，她全身的每一个细胞都会兴奋起来，传统医疗方法认为不可治，她却总能想出奇特的方法去解决掉它。十余年临床工作，她也积累出自己的一套特色诊疗系统。永远好奇、永远追求似乎正是她人生的信条。

两次炒了"公立三甲医院"的稳定工作。她笑言："玩儿的就是心跳！"不站在悬崖边上你怎么知道自己有多大潜能。谈及创业，这位"顽主"说："这次玩得有点大。"把欧美高端预约就诊模式引入黑龙江，首创专业医疗型整体化眼视光门诊，创建全国眼视光专家会诊平台，全国范围推广创新诊疗模式。各地同行都来新梅视光观摩、取经，她却云淡风轻地说："我不喜欢玩别人玩剩下的。"

"我希望我的墓志铭可以写：乘兴而来，兴尽而返。"永远好奇，永远追求，人生但求尽兴！眼视光行业的这位新晋"顽主"又兴致勃勃地开始了她的一轮新玩法！

王新梅生长在书香门第，父亲毕业于吉林工业大学机械制造专业，母亲是东北师范大学外国文学专业的高才生。在她的记忆中，幼年时候父亲认真研学的态度、母亲知书达理的形象，两个人在生活上总是保有积极、互爱又平和的样子，为她的成长带来了良好的熏陶和引导。

20世纪70年代初，父母双双被下放到农村，父亲写大字报，母亲则在农村里的小学校里教书，她和哥哥一直跟随着父母生活。在这样艰苦的环境中一待就是七年。王新梅五岁的时候，举家迁回了哈尔滨。孩提时的她，每天都快乐无比且无拘无束，有着强烈的好奇心，什么事情都要缠着大人，多问几个"为什么"，比大多数的小女孩都活泼好动得多。生活在农村的环境，小小的她就学会了拾掇柴火，也会学着大人的模样点火烤土豆吃。明明是女孩子俊俏的小脸、乌黑发亮的马尾辫儿，却怎么看都多了些许男孩子的英气。有一次，母亲没在家，父亲又在忙着家事，她自己照着镜子梳头发。平日里吊在快接近头顶的那个高高的小辫儿，却怎样都打理不好，左看看、右看看还是不平整显得别扭。她找来剪刀，紧贴着发带系住的位置，一只手握住头发，另一只手毫不犹豫地操作起剪刀。只听咔嚓一声，一剪子下去仅仅几秒钟的工夫，原本好看的小辫儿被突然齐根剪掉，再一看头上只剩下一个突兀的小"疙瘩"。看着镜中的自己，她调皮而有成就感地摇晃着头笑了。

那个时候，小孩子的游戏似乎特别单一，放了学丢下书包就会开启快乐的课余时光。爬树和上房，这在王新梅看来，根本不在话下。在两米高的院墙上，顺着狭窄的墙沿来来回回地走啊走，别提有多快乐了。可能是因为这样的好动开朗,刚入学的时候,一点儿都坐不住板凳。即便是后来,课堂上集中精力学习的时间,也只不过十几分钟。忙于工作的父母,也听老师提起过这事,也曾拿着她的"不懂事"和乖巧沉稳的哥哥做过对比,但每每考试成绩出来,王新梅都会小小地炫耀一番,她的学习成绩,在全学年是名列前茅的,在各学校的横向比较下,也是数一数二的,特别是作文水平格外突出。原来,她是一个自学能力强、对学习有着浓厚兴趣的人。

男孩子性格的她,也同样有女孩子安静的一面。家里一面墙的书柜,伴随着她整个青少年时期。周末的时间,她会像模像样地定期"整理"书柜里的书籍。父母加班回来,看到书柜几乎被她翻了个底朝天。说是擦拭整理,其实就是坐在书中间,拿起一本就爱不释手地读起来,有的精读,有的略读,有的就是温故知新。从早到晚不吃也不喝,一个小大人埋在一堆书的中间。看着锅里一动未动的饭菜,父亲和母亲哭笑不得,赶忙转移她的注意力,尽快让孩子吃上一口热的饭菜。

那时候的她,酷爱文学,喜欢读繁体字版的《红楼梦》,喜欢莫泊桑和海明威的小说,对外国文学的研读几乎贯穿了她的年少时代。对侦探小说的追捧,更是让这个古灵精怪的小丫头格外招人喜爱。对于学习和考试,她从来都是有自己的一套方法,当别的学生还在考场上左思右想、奋笔疾书的时候,她早已经答题完毕并在答卷的背面画着圈圈打发时间。初中升高中,她估分可以考上市重点学校,如果是普通高中或是职业高中,她愿意主动放弃学业。成绩出来,她如愿以偿。高中期间,学校实行了"分班制",每个班级抽调 10 人,组成"尖子班"。她认为老师讲得"不好",便回家自学,用自己的方法去复习和冲刺,经历和体会了"黑色七月",她再次如愿,以良好的成绩考入医科大学临床医学专业。

在大学校园里,儿时的乐趣在这一刻再次得到发挥,甚至可以说是才能的施展。优秀的人都是肯下功夫的人,也都是"早起的鸟"。学校里偌大的操场,早起练习网球的北方姑娘,被同学说成是"小闹钟"的精力旺盛者,那个把睡觉看成是浪费时间的象牙塔里夜读的人,王新梅被看成是特别的女生,却也用爱好和兴趣,为豆蔻青春涂画了更多的精彩。她网球练习得越来越好,从学校的比赛一直拓展到行业俱乐部。

一个人对兴趣的钻研,可以废寝忘食,也可以突破阻力、勇往直前。大学毕业后,她回到哈尔滨,分配在省级三甲医院工作。身为女孩的她却立志要做手术医生。眼科,她给自己定了目标。为此,在面试之前,她找关系到其他医院眼科去学习掌握基本的专科诊疗工作。然而面试时却得到消息,眼科主任不要女医生。初生牛犊不怕虎,她和院长申请,要和眼科主任谈谈,也争取到了机会。可她见面第一句话说的是:主任,听说您不要女医生? 此言一出,主任和院长都愣住了,她侃侃而谈,自己的理想、工作基础、专业知识。最终眼科主任只说了一句:"你哪天上班?"

机会总是留给做好准备和努力争取的人, 第二天她就穿着白服到眼科上班了。短期内作为住院医生, 王新梅便能和主治医师一样独立带组工作了,每天手术、换药、写病历、管病人,工作繁忙却充满乐趣。时间久了,深受领导和同事的认可。

21 世纪之初,国家政策放开,医疗卫生体制改革,医保可以不再定点,到医院就医的患者数量不断减少。同事中的很多人,茶余饭后的聊天话题,清一色的是懈怠的工作状态、对未来工作的担忧甚至是辞职的想法,负能量不少。此时一向果敢、好奇的王新梅,给出自己这样的规划:趁工作不太繁忙,请假去进修学习,也有了读研的想法。眼科主任一直在培养她,也十分信任她,当然不能允许她请假的申请。请假不给,她就直接提出了辞职,这样的决定竟然都没有与父母亲商量。当初自己争取来的三甲医院国营编制工作,就这样被她放弃了,不免可惜。2001 年,她顺利考取了哈尔滨医科大学附属第一医院眼视光学硕士。人生,她又一次为自己重新选定了方向。她确确实实地发现:自己是爱上了这个行业,为了这份职业而学习努力,是技术发展的趋势,也是兴趣之路更远的延展。硕士毕业,她在众多竞争者中脱颖而出,以第一名的成绩考取著名的广州中山大学眼科继续深造。

2007 年博士毕业,她作为引进人才回到哈尔滨医科大学附属第四医院眼科。2007—2017 年期间,她在医大四院眼视光门诊工作,学以致用地将新型眼视光诊疗技术

应用于临床,也越来越多地受到广大眼病患者的信赖。同时也承担了全省眼视光行业的规范化培训工作。

一次偶然的机会,做外地视保健的朋友邀请她讲课。她从来没有想过,一次中小规模的讲课,这样的"初试啼音"竟成为了她在授课之路上最有益的一次尝试。在课间的时候,她听见有学生在走廊里打电话,找其他的同学也过来听课。结果第二天的课堂上,就比前一天又多了十几个没见过的学员。无独有偶,某位行业内资深的视光学院院长甚至更改了本来的行程,一直坐在下面听她的讲座,在会后与她交流并探讨起来。这位前辈在她的讲座中记录了46个知识点,他把王新梅称作是"眼视光实战第一人"。从2014年接触眼视光专业培训,到2015年3—4月间,她成为有着500人之多的3个微信交流群的主讲老师,王新梅一时间成为一匹"黑马"。她同时主办了"中国眼镜公益课程"落地活动。郑州的"名医大讲堂"、长春的"东北眼镜联盟培训",授课与会诊相结合的新型现场教学,她为更多的眼视光机构从业人员带来了实用的指导。医疗型的眼视光学诊疗模式,是她认为更适用于当下,也会在未来长远时期实用的。什么时候能打造一个自己的眼视光中心,创造力和好奇心让她为了这个构想,连续几个夜晚陷入思考而未眠。

2017年,她被黑龙江省总工会医院眼科聘请。在这里工作,每天接触大量眼病患者,更加坚定了她创立专业眼视光中心的愿望。医生的使命感和极强的行动力,从小就高标准的自我要求,让她在极短的时间内就组建了权威的医生团队,有眼视光博士、硕士、二十余年验配经验的专业验光师,黑龙江新梅视光中心应运而生。青少年近视筛查、防控闭环系统,青少年斜视手术、弱视治疗,青少年低视力全面康复训练,医学验配RGP、角膜塑形镜,医学验配疑难配镜,老年青光眼、白内障、黄斑变性防治,他们全力打造专业眼视光中心金牌诊疗体验。

她将欧美发达国家一对一诊疗模式首先引入龙江,开辟了集体验、检查、治疗、康复一体化全新诊疗模式。优雅、舒适的诊疗环境,会所式私属定制服务,能够在为眼病患者排解困扰的同时,提供全方位的人性化服务。

X-MAY,是王新梅给自己的事业构想,更是人生的一种坚守和信仰。探索一切未知,相信一切皆有可能。做医生,要有上善若水的情怀,有责任有担当。做眼科医生,更要关注眼病患者的后续康复和一生健康。新梅视光,正在通过时间的沉淀、患者的考量和专业的提升,日益完善实现蜕变,成就着自己的品牌美誉度。王新梅说，一生只做一件事，有兴趣有学识，肯付出终会有回报！

创业感悟: 人生很多事情，并没有约定俗成，就像"二八定律"，那些少数敢为人先的头脑，才可以获得勇攀巅峰的机会。因为爱好而去坚持一件事，总是好于因为功利和财富去做一件事。兴趣和爱好，是事业成就的最佳起点。关于眼视光，是做梦都想去做好的事业。为此要考虑的是"玩好"并"玩转"，是在传统医疗优势之上的兼收并蓄，然后可以无往不胜。

智慧启迪: 热情、乐观、好奇和信念，成功之路的众多因素中，好奇成为她持之以恒的信条。"玩"出新花样，"玩"出新高度，"玩"的就是心跳。忽略创业路上的艰辛笑看过往，拍拍身上的灰尘继续赶路，把每一次新的尝试，都当作是一种乐趣、一分收获。真正的人生赢家，往往都是赢在心态，赢在思维，也赢在行动上的。

有志70后

汤长明

永远不会倒下，人只要有志，

有志80后

他，1982年出生于黑龙江省五常市背阴河镇一个偏僻的村落，自幼家贫。

他，9岁替父亲放牛放马，替母亲干家务，替家庭分忧愁。

他，12岁，刚刚小学三年级，就为了妹妹能够安心上学读书，也为了全家过上幸福生活，毅然选择放弃学业，只身到城市里的饭店当勤杂工，靠刷碗洗菜，来养家糊口。

他，15岁，开始跟伯父学厨艺，传承东北饮食文化，一路上酸甜苦辣都品尝过。曾经挨过打，受过骂，受过欺，也受过骗。被骂得狗血喷头，被打得蒙头转向，被骗得锁子皆无，甚至回不去家。

他，二十几岁就由个小师傅变成大师傅，后来大师傅变成带师傅，带师傅变成管师傅，管师傅变成总经理。职位在一步步上升，身价一步步提高，工资也由最初的几百块钱上升到超万元。

他，三十几岁，先后四次创业，历经两次大火，却压不垮，烧不毁，更打不断。一路拼搏，一路奋斗，成就了他的人生梦想。如今，他已经成为东北关东大院餐饮投资集团董事长、黑龙江省工商联餐饮商会副会长、黑龙江省烹饪协会最年轻的副会长、哈尔滨市南岗区政协委员、哈尔滨市南岗区工商联副

励 志 · 故 事

主席、哈尔滨市青年企业家协会常务理事。龙江菜新时代唯一饮食品牌代表、黑龙江"龙菜"系传承领军人物,中国烹饪大师。他的创业故事已经成为传奇——

1989年,刚刚读小学的他,因他所在的村屯比较小,没有学校,小小的年龄,每天就要背着很重的书包,去距离家很远的地方读书,而且,每天还要自带午饭,风里来雨里去。特别是到了冬天就更难了,外面特别冷,寒风凛冽,走起路特别费劲,遇到大雪天,不但路滑,而且棉鞋底都粘上了厚厚的雪,走起来不稳,有时就会摔倒。一路上跌跌撞撞,到了学校,小手冻得通红,小脸冻得发紫。教室里不但没有暖气,就是炉子也是冰凉的。进了教室,衣服里面是热气,外面是冰雪,待一会儿,里面的热气没了,外面的冰雪也化了,穿在身上潮湿得很,也没有替换的衣服,没办法,完全靠自己小小的身体,把穿在身上的潮湿衣服一点点"烤干",一点点"烘干"! 到了中午,离家远的同学开始用火炉子热饭,热完之后,当同学们都打开自己的饭盒,看见他们里面是白晶晶的大米饭,而自己的却是稀了晄汤的大糙粥时,心里是一阵酸痛,脸上是一片通红,嘴上是一口涎水,感到特别难为情!

从那时起,他就立志要让父母过上好日子,要替父母分担困难,分担家务,不但要让全家人也能吃上大米饭,而且,还要将东北的关东饮食文化传承到大江南北。

刚刚9岁的他,就有了经商的意识,就有了独立创业的理念。记得在他10岁的那个冬天,他放寒假在家玩,这时候外面传来了叫卖冰棍的声音,妹妹用祈求的目光看着妈妈,可是,妈妈摸摸衣服兜,左寻思右寻思,怎么也没舍得给妹妹买一根5分钱的冰棍。卖冰棍的走了,想要买冰棍的妹妹却流下了委屈的泪水。作为哥哥,他的心里难受极了。心想,家里太穷了,连一根5分钱的冰棍都没让妹妹吃到嘴啊! 要争气,我一定要满足妹妹小小的愿望。第二天,他趁妈妈不在家之机,在家里的柜子里,偷偷地找出5元钱,顶着寒风跑到五常县里,东打听西问问,找到批发冰棍的地方,以每根2分钱的价格,批发了200多根冰棍。回到家里,他跟妹妹偷偷地跑到下屋里美餐了一顿。还让他们兄妹俩好顿解馋,也让他们兄妹俩好顿兴奋。吃完后,他把剩下的冰棍放到冰冷的下屋里,第二天他吃完早饭,偷偷地用纸箱装好,放到小爬犁上，到外村去卖。不到一天的工夫，把一百多根冰棍全部卖光，结果，还让他赚了3元多。

11岁的他，刚刚尝到"创业甜头"，就毅然要放弃只有三年的学业，要出去闯，要出去干，要出去拼。可是，父母又怎能舍得让他在小小的年纪，不读书啊！又怎么敢让他单独走入社会？毕竟他还是一个刚刚懂事的孩子。父母说妹妹劝，他就是不听，也不去上学。没办法，父母只好硬着头皮按照他的意愿去做，他想干啥就干啥吧。

就这样，他开始了"不务正业"，一天小倒腾，今天卖几台小收音机，明天卖几台录音机，后天又卖几件窗帘，有时候还用哄孩子玩的方式销售商品。他用自己团好的泥球蛋换打火机，觉得什么东西销路好就去小量进货。由于他走入社会早，所以看得多、懂得多、学得快。他人小志大，附近村屯大人小孩，没有不认识他的，也非常佩服他，喜欢买他的货。

1994年，12岁的他，随着年龄的增长，对自己的人生目标和梦想更加清晰。他祖父是东北菜名师，伯父也是名厨，所以，他就有跟伯父学厨艺的想法。于是，父母就将他送到了哈尔滨，待在伯父身边。从农村走进城市，当他一下火车，看到城市这么大，人这么多，真是让他眼花缭乱啊！

他的第一份工作就是在饭馆里当勤杂工，整天就是刷碗摘菜。因为他刚刚从偏僻的农村出来，走进大城市闯，特别是像他这样还很幼稚的娃，见识短，懂得少，看啥啥好，见啥啥怪，所以，刚刚到饭店里让他吃尽了苦头，笑话也不断出现。记得有一次，一桌顾客吃完饭就走了，他看见剩下的白晶晶的大米饭，香喷喷的大鱼大肉，真的是让他感觉很痛心，扔了太可惜了，吃了太硌碜，害怕让人见到笑话，不扔吧，还感觉挺馋的。最终由于他在农村苦熬干休，长时间见不到油水，馋的滋味还是顾忌不到脸面了，偷偷找了一个避人的地方，狼吞虎咽、大快朵颐，撑得他之后的几天都没吃得下饭。

因为年龄小，在饭店也没人把他当回事，也没有个住处，晚上就住在饭店的大厅里，每天等客人都走了，服务员收拾好了，他就临时摆放几个凳子当床用。干活时，同行欺负，师傅打骂，脏活累活，基本全让他包了。每天早上，师傅们还睡在梦里呢，他就得早早起来掏煤灰，劈柴架炉子。记得有一次，因为夜里客人走的晚，休息的也晚了，结果，第二天早上他就没起来，眼看着就要到八点了，炉子的火一直没上来，这时师傅火冒三丈，连损带骂，顺手抄起大马勺，砸到他的头上，他顿时眼睛冒金花，蒙头转向。这也是他人生第一次受这么大的委屈,眼泪就在眼圈里,但他咬着牙根挺下来了。

春节放假了,他回到家里,跟父母说起这一年自己所受的苦和遭的罪,委屈的泪水情不自禁地流了下来,他从内心深处不想再干了。可是,父母都坚持,并告诫他:"今天你是一棵小树,在你成长的过程中,需要去培养、去修理,你将来肯定会成为一棵大树,或者成为一片森林的。"

父辈们的劝说,再想想祖辈们为他留下的厨艺,以及传统的、宝贵的关东餐饮文化,他决定一定要继承下来,所以,又继续回到饭店干杂工,再苦再累依然坚持。

15 岁的他,经过近两年的学习和磨炼,人逐渐成熟了,技术逐渐提高了,干了一段杂工后,他就觉得这份工作既没啥出息,也挣不了多少钱,于是,就跟主管商量要求干菜墩。主管感觉他的技术水平可以再提高一步了,就同意了他的要求。

由杂工到菜墩,这既是他人生的一个转折,也是他身份的一个转变,更是他厨艺的一个提升,让他兴奋,让他自豪!

他记得,第一天师傅告诉他明天需要做的是剁排骨,所以,第二天他没等别人上班,就早早来到了厨房备料。他首先把排骨放到菜墩上,只顾高兴了,也不太熟悉切菜和剁肉的技巧,一刀、两刀、三刀下去,只听到啪的一声,他的食指和排骨一起剁烂了。这时他手指的血和排骨混在一起,手指的痛和心情绞在一起。他怕师傅一会儿来看见,便忍着疼痛,首先从案子上找到花椒面,再随手撕下一块布,把血堵住了。然后,把排骨用右手洗洗,偷偷摸摸地干起来。这一天,他怕师傅看见说他,就东躲西藏,一直到了晚上才被后厨的人发现,发现时手指已经肿得不得了了。师傅赶紧把他带到了医院,手指被缝了好几针。如今他的食指已经落下了残疾,无法动弹。

后来,他感觉在饭店住得太苦了,衣服几天都不能换一次,于是就跟伙伴们合租了一个屋子。在打工学徒的过程中,他苦没少吃,罪也没少遭。工资低不说,还不及时给,有的时候,连续几个月都看不见一分钱。这边干着活,挨着累,那边租着房,拖着费。他经常连每月 200 多元的房租都交不起,有时候甚至连一袋方便面也买不起。记得有一天半夜,几个人饿得简直不行了,大家的兜里还没有一分钱,他们就在房东的橱柜里翻找,结果找到了半袋挂面。要煮面,有水没有锅,这时,没有办法了,就用水壶煮。可是,面煮好了又没有酱,就用盐来代替,终归是解决了饿的问题!

就这样,一天天地熬,一天天地盼啊!到后来他们实在是挺不住了,回家怕碰碴,身无分文,怎么跟父母交代?于是,他们几个伙伴有的说砸老板的饭店,有的说出去求亲戚找朋友借,甚至有的人还一度冒出了抢劫的想法。

他冷静地想了想,出门时父母对他的嘱咐,祖辈对他的期盼,妹妹对他的祈求,还有自己的梦想,不能就这样废弃了,再大的困难也要挺住。他对伙伴们说:我们还年轻,我们还有两只手,只有我们去努力,去奋斗,去拼搏,我们就不会饿死,我们就会苦尽甘来的。

就这样,他及时地制止了这一犯罪行为,打消了他们这种违法的念头。他们辞去了饭店的工作,一起跑到人才市场,找到一家建筑工地,供吃供住,最起码能有口饭吃了。就这样,他们又临时干起了力气活,往楼上背沙子和水泥,七天一结账。可是,辛苦干了七天,分文没捞着,还挨了一顿打。

通过几次的磨炼和摔打,他的意志更坚强,拼搏更加努力,奋斗更加勤奋。从那时起,他就暗暗地下决心,人一定要有志,人一定要活出骨气,一定要在哈尔滨站住脚,不但要买得起房,还要买得起大房,开得起饭店,更要开得起大饭店,让关东餐饮文化响遍龙江、响遍东北、响遍全国。

回过头来,他又找到师傅,跟他学起了拌关东特色凉菜。从此以后,他更加勤奋,更加刻苦,更加努力,比别人付出得更多。由于他不断学习,不断钻研,不懂就问,不会就学,他得到了长足的进步。不但凉菜拌得好,而且水台、打荷、切墩也相当不错,以致最后在饭店里成为小有名气的勤行师傅。在餐饮行业中,他如履薄冰、夜以继日地始终坚持着,收获了人生阅历的最为重要的经验。几个月后,他就出徒了,还可以带徒弟了。

1998年10月,也是我国百年不遇的洪水之年,他带着几个小徒弟,来到齐齐哈尔市一家规模较大的饭店,当起凉菜师傅,在那里,他一干就是三个月,结果也没挣到一分钱。让他万万没有想到的是,这家饭店的老板,是当地有名的地赖子,干活不给钱是常有的事。三个月的时间,他身上带的几百块钱也花光了,想走连个路费也没有。这时,已经是数九寒天了,他去的时候穿的是线衣线裤,现在仍然还是线衣线裤,他真的是没办法了,自己身上唯一能换钱的,就是一部手机了,那是自己口挪肚攒买的。可是祸不单行,他又一次碰见了倒霉的事。当时,买手机的人说没带钱,让他跟着到一家饭店里取,去了之后,他在门口等了好久,也没有见到那个买手机的人出来,结果他进屋里一问,饭店没有这个人,那个人已经从后门跑了。最后,通过朋友在当地的亲戚那里借了路费,穿着薄薄的秋装返回了哈尔滨。

几天后,身体恢复了,他又找当时在饭店里一起打拼的小师兄,在南岗区找到了一个规模比较大的饭店,继续做他的凉菜师傅。为了让老板满意,为了能在此站住脚,他连续几天跑到几十里外的蔬菜市场,选食材,编菜谱。到了第三天,他就给老板拿出了新颖独特的菜谱,什么"怪味蛤蟆腿",什么"塔拉哈拌鸡块"等等,一个又一个具有关东特色的菜谱,令老板眼前一亮,连连举起拇指称赞。同时,他也得到了顾客的好评、老板的重视,地位也在逐渐地提高,由小师傅变成大师傅,大师傅变成领师傅,领师傅变成主管,主管变成经理,职位在一步步上升,身价也一点点提高了。这一干就是四年,工资也由最初的几百块钱上升到过万元。

在积累了一定社会经验和专业知识后,他大胆地选择了自己去创业。他没忘初心,更没忘祖业,爷爷临行前给他做的小鸡炖蘑菇,时刻让他在舌尖上品味,关东饮食文化时刻记在脑海里。这就是汤家的根、关东的情。在他这里也更有责任传承下去。于是,他开始积累经验,熟悉和掌握传承关东餐饮文化的本领,他首先来到当时东北比较有名的关东特色饭店,木兰"塞北生态园",跟伯父一起包厨房,学炒菜。每天早五点左右就到饭店,努力经营,勤奋工作,踏实肯干,赢得了老板的赏识。他几次提出要走,老板都不肯放,但他最终还是选择了自主创业。

2007 年,他通过各个方面的积累,感到时机已经成熟,就来到河南省平顶山市开了第一家"东北关东大院"。在当地很受欢迎,有的时候座无虚席,非常热闹。可是,时间久了,就受到了一些饭店的嫉妒,时常电话线被掐、门被砸。同时还由于他从杂工到菜墩,从菜墩到拌菜师,从拌菜师到厨师,每一步,每一环节,都特别熟悉,再加之他出身寒门,苦日子过惯了,所以,在选择食材方面,总是舍不得花钱,总是精打细算,跟他合作的人也不愉快。时间长了,矛盾来了,问题多了,饭菜质量也大打折扣,生意也就越来越不好。干了半年多就实在干不下去了,结果,第一次创业以失败告终。

随后,他独自一人跑到广西北海,做东北菜厨师,又是干了半年,由于气候等原因,自己不适应那里的环境,不久就又返回了哈尔滨。2008 年初,他又开始重新创业,在香坊区通天街,先后开起了"大碗鹅小鱼馆""老厨房",干了大约两年多,由于是合伙生意,内部产生了分歧,结果,惨赔 90 多万元,为了还债,他把自己刚刚买的房子卖了,创业又一次宣告失败。房没了,钱也没

有志80后

了,只好再次出去打工。

2010年初,中国企业家年会即将在哈尔滨的亚布力召开,那里正需要各类人才,于是,他就勇敢地来到组委会的所在地——福顺天天大酒店报名,通过组委会严格筛选,严格考核,严格把关面试,他最后终于如愿以偿,来到中国滑雪之乡——亚布力地中海俱乐部,任中国厨房CEO(总经理)。当他第一天来到会议所在地的俱乐部餐厅,一看数百个外国人,数十个大咖、大佬,让他为之一震,好兴奋啊!他想:在我的人生里,能为这些人做菜,太荣幸了,太自豪了!我一定不辜负组委会的信任,不辜负祖辈们的期望,一定要干好,一定为亲人争气!

在这里,他每天废寝忘食,踏实肯干。不但为马云、马化腾、王建林、王石等数百位中外大咖、大佬、名人级人物,主灶做菜,而且还得到了他们的高度称赞和好评。

在这里,他不但干得出色,业绩突出,而且,名气大扬,先后上了八十多个国家的媒体。结果,事后地中海俱乐部的村长,特邀他去全世界做中国菜,并给出很多优惠条件,包括全家人的绿卡,但被他婉言谢绝了,并最终放弃了这份既有前途又有丰厚待遇的优越工作。

对于这些,有人曾经说他装,有人说他傻,更有人说他不知好歹。不管别人怎么说,怎么看,但他却始终认为,我是中国人,我是关东人的后代,东北哈尔滨是我的根,从哪里跌倒,就必须从哪里再次站起来,我必须继续做我的关东菜。

2011年,他在哈尔滨市南岗区永和街,正式创办了第一家关东大院(粗粮馆)。当时非常火爆,每天来吃饭的络绎不绝,常常是排队等号吃饭。不到半年,他紧接着又在保健路开了第二家关东大院。提起这个大院的往事,既让他开心快乐,又让他伤心落泪,开心快乐的是,因为这是他的旗舰店,无论规模还是装修档次都是很气派的。

也许,这次真的感动了上帝,感动了老天;也许,这次真的应了那句"天道酬勤"的名言;也许,这次真的要让他的饭店大火一把啊!老天爷跟他开起来了天大的玩笑,实实在在地对他考验了一把。第二天就在他的旗舰店即将开业的当天早上一点多,饭店突然着起大火,而且火势非常猛烈,整个大厅通红一片。他接到电话的刹那,他简直蒙了,无法想象他当时的复杂心情。房子和设备烧了都无所谓,可以重新买重新置办,可是屋子里还有四个大活人啊！人命关天啊！他赶紧打车忙三火四地跑到了现场，当时的情景是，外面几台消防车和消防员，在紧急地往屋子里喷水，几个被救出来的服务员横七竖八地躺在大街上！他心想，这可是彻底完了。老天爷啊！你为什么这样对我啊！为什么对我这样不公啊！可是，老天还是有眼的，经过近两个小时的奋力抢救，财产虽然受到了一定损失，但四个弟兄经过医护人员的抢救，都脱离了生命危险。

事情过去几天了，可是，复杂的心情仍笼罩着他，是继续休整开业，还是就地解散，宣告破产。不，不能啊！坚决不能啊！因为他是祖业的第四代传承人啊！他深深地陷入到了往事的回忆中，他清晰地记得，曾祖父汤寿齐，18岁时，就在山东郾城创办了"聚香斋"餐馆，是当地有名的鲁菜大师。祖父汤慧方，子承父业，从15岁起，开始做厨师，专攻包席套菜，20世纪五六十年代，五常县谁家办红白喜事，都要去祖父的饭店。伯父汤永贵继承祖父厨艺，在鹤岗多家大型酒店做总厨，伯父后来又将祖业的绝活，毫不保留地传承给了他。想起这些，让他为之一震，激起他重新奋斗的信心和勇于拼下去的决心。又经过近一个多月的整顿和重新装修，旗舰店终于又开业了，结果，这次真的让他大火了一把。自此他怀着感恩的心，不断努力提高自身的能力，厚积薄发，终于在餐饮行业挖掘出属于自己的"第一桶金"。

紧接着，他又不断地积累经营经验，刻苦学习管理知识。在增强自身能力之后，他又努力寻找有利商机。

2012年，他创办了关东大院连锁店，以闯关东为文化背景，打造文化主题餐厅——关东大院。

2013年，他又创办了汤鼎记餐饮咨询管理有限责任公司，公司本着扎根东三省，进军全中国的战略构想，稳步前进，展现闯关东那一段艰苦岁月，让食客感受老一辈的辛苦劳作结晶。

2014年，他又创办了名家火锅餐饮连锁品牌，并于同年3月荣膺黑龙江省餐饮烹饪协会年度十佳名厨、黑龙江省餐饮烹饪协会先进工作者、黑龙江省第十届职工职业技能竞赛中式烹调金奖。

2015年，整合所有店面资源，建立关东大院餐饮投资集团，担任关东大院餐饮投资集团董事长、汤鼎记餐饮咨询管理有限责任公司总经理。同年8月又被选为黑龙江省职工创业、创新、新标兵劳模。

2016年创立关东民俗村，任关东民俗村餐饮连锁品牌总经理，其品牌是黑龙江省首家以闯关东历史文化为背景的博物馆式的餐饮品牌。

汤长明建立的餐饮集团,现已发展为集餐饮运营管理、品牌营销、饮食文化研究、商务咨询顾问为一体的综合性餐饮企业。集团旗下拥有品牌关东大院、关东民俗村、汤鼎记铁锅炖、名家火锅、煮食代鲜羊火锅、"鱼当家鹅做主"等。

集团现立足闯关东的文化情怀、关东的风土人情、白山黑水的特色饮食,以东北三省为基地,现有百多家餐饮门店,辐射全中国。并且拥有科学的产品研发基地、完备的运营管理体系以及具有行业前瞻性的品牌营销团队。

目前,他在哈尔滨集团总部设有运营管理部、营销企划部、产品管控部、客户管理部、渠道市场部等,并在逐步完善中央厨房、餐饮培训中心等业务拓展领域。从无到有,从一家餐饮小铺,实现全国百余家直属餐饮店面,解决再就业万余人,每年公益事业投入近百万,是一个足以代表关东餐饮文化和关东人德才兼备的良心企业。

2017 年初,黑龙江省长陆昊、黑龙江省商务厅厅长孟祥军等莅临关东大院餐饮投资集团,参加"黑龙江省冰雪龙菜美食季系列活动"启动仪式,并在此表彰了关东餐饮集团,在立足关东文化发展和龙菜(龙江菜)的传承方面的业绩,充分肯定了关东大院餐饮品牌作为龙菜(龙江菜)唯一代表的行业地位,这与汤长明一直追求的理念不谋而合。

汤长明在传承关东饮食文化、弘扬关东品质餐饮的道路上,创造了更多的社会价值,作为龙菜(龙江菜)餐饮唯一代表人物、关东饮食文化餐饮唯一领军人物、关东大院餐饮品牌唯一先锋人物,他将自强不息,不忘初心,传承好关东饮食文化。

创业感悟:祖辈们的艰苦创业,造就了我如今的坚韧品质,志存高远与顺势而为冲突时,我选择了前者。不是傻,不是装,更不是看不到,而一种责任,一种担当,一种励志,驱使我要继承传播和践行祖业。正因如此,让我有了一腔拼搏进取的青春热血,让我有了想干一番伟大事业的决心,所以我们不后悔。

智慧启迪:坚持对于成功来说之所以重要,究其缘由,在于"此事难为"。有些人"一曝十寒",有些人"半途而废",好一点的"行百里者半九十",再好一点的"为山九仞,功亏一篑"。常常是最后一把钥匙打开了门,但很多人没有那个耐心和执着。我们多数人羡慕那些功成名就的人，向往他们的光环和掌声，但我们却没注意到他们背后的承受和坚韧。骐骥一跃，不能十步；驽马十驾，功在不舍。此非虚言。

第一代传承人:汤寿齐
（1880—1955 年）

山东济南人，年少时期师承光绪年间宫廷御厨，年少聪慧，18 岁时在山东郯城创办了"聚香斋"，深得当地人的喜爱。奇遇赴任山东巡抚长周馥，得到周馥的看重，跟随周馥赴任。1903 年，因连年灾荒，被逼无奈，汤寿齐带领全家一路闯关东。一路上虽然吃尽辛苦，却也看到了东北土地的丰饶，最后落脚在现黑龙江省五常市。1908 年，建立了"福星居"酒楼，一时名声躁动，乃至当时的省会齐齐哈尔也有人慕名而来。1945 年离世。

第二代传承人:汤慧方
（1908—1989 年）

生于五常，自小随父出入厨房，耳濡目染，15 岁就继承了父亲的衣钵，在厨艺上也是有所造诣。因东北沦陷，为了生计，他利用自己的一身厨艺，经常接红白喜事，根据当地的风俗习惯和原料，汤慧方经研究做出的小鸡炖蘑菇粉条、大锅炖菜、溜肉段非常受老百姓喜爱，时间一久，汤慧方的名气传遍方圆百里。1979 年离世。

第三代传承人:汤永贵
（1950—2013 年）

生于五常，受家庭影响，对厨艺很有天赋，继承祖父与父亲的厨艺，受当时社会动荡影响，利用所学的厨艺，在当地的饭店做厨师，后任过多家大型酒店的总厨职务。2013 年去世。

第四代传承人:汤长明
（1982 年）

出生在黑龙江省五常市背荫河镇一个偏僻的村落，自幼家贫。直到 13 岁，祖辈的厨艺传承造就了他对烹饪的天赋，在比别人更努力、付出更多辛勤的汗水，不断成长和学习的过程中，他得到了长足的进步。在积累了一定社会经验和专业知识后，汤长明大胆地选择了利用祖辈的厨艺及自身的能力重振关东菜，2012 年创立关东大院，是黑龙江省首家以闯关东历史文化背景的博物馆式的餐饮品牌。

有志 80 后

133

李浩楠

带着梦想出发，一路向南

有志80后

　　他，1983 年出生于黑龙江省绥化市一个普通工人家庭，刚刚 9 岁，父母就因下岗远去外地打工，他独自与外祖父母过着贫寒的生活。

　　他，从小到大的性格就像浩楠的名字一样，心胸宽广，品格高尚，内心坚强。既不嫌贫，又不嫌苦，而且还特别立志，特别勤奋。

　　他，大学毕业得到了一份令人美慕的省级电视台编导工作，但为了实现自己的影视拍摄梦想，他毅然辞去公职，创办了自己的向南科技有限公司。如今，已经成功为中国著名企业——万达旅游城等拍摄了近百部大型企业宣传片，并得到过商界大佬王健林及企事业要员等的高度赞赏。

- -

　　1992 年，他 9 岁那年，父母就下岗了，一夜之间，他们仿佛从天上掉到了地上，为了生存，为了养家糊口，父母携手踏上了打工之路，从东北去了江西。就这样，刚刚上小学的他，就只能留在外祖父母身边。外祖父母家住的是平房,夏天漏雨,冬天漏风,无论是居住环境,还是生活条件,都比较艰苦。但他从小到大就特别励志,特别孝顺,特别勤奋,不怕苦和累。

也正是从那时起,他慢慢地学得懂事了,知道怎样去帮外祖父母减轻负担。同外祖父母共同生活了不到两年,外祖父就因病去世了,家里的重担就落在了一老一幼的身上。刚刚十几岁的他,一面刻苦努力学习,一面勤奋帮助姥姥承担家务。他不但学到了外祖父母的勤劳和艰苦创业精神,而且也锻炼了他的刚强性格,磨炼了他的坚强意志,更让他学会了遇到问题自己找答案。

1996年,他上了中学,这时候的他,已经懂得了很多,通过从小在艰苦环境里的磨炼,让他早早就知道要立志,早早就知道要好好学习,早早就知道要感恩长辈。因为他在姥姥身边亲眼看到了她的辛苦,姥姥的言传身教,也深深地影响着他、激励着他,让他深深地懂得了,必须从小勤奋学习,才能励志成才。

刚刚上了中学,他的目标却格外明确,一定要使自己有个很好的未来。由于从小学习的环境就不好,父母又不能在他跟前辅导学习,所以,他的基础很差。为了能跟上同班同学的进度,争取取得好的学习成绩,他决定改变生活方式和节奏,每天废寝忘食地在自己的房间里,苦思冥想,专研读书,加倍努力。为了取得好的成绩,他每天只能睡三四个小时,有时候困得不得了,实在挺不住了,就自己咬自己的胳膊,咬着牙挺住!就这样,他一直坚持了半年多,学习成绩迅速提升,由刚刚入学的200多分猛增到500多分。"宝剑锋从磨砺出,梅花香自苦寒来。"古今中外,凡成大事者,无一例外是付出了艰辛的。他所取得的优异成绩,为他后来考入大学打下了坚实的基础。

2002年,他考入了哈尔滨师范大学电视编导专业,这也是他心目中理想的学校。可是,到了学校不久,他就发现自己身边的同学都比自己优秀,而且所学的专业也很复杂,这个专业涉及很广泛,策划、摄像、编剧、录音、剪辑、包装等等,多个流水线作业的职务集合于一个专业,他觉得晕头转向,不知道哪个才是重点。所以,不久他就给自己做了一个职业规划,向着自己最感兴趣、最向往的职业发展。平时注重专业课的学习,而淡化公共课的学习。大学的时候,虽然学习节奏松散,学的东西很杂,也不会每门都感兴趣去听,但一定要坚定自己的信念和目标。作为当代青年大学生的他,深深地体会到,只有认真合理地规划未来,才能认识到自己的优势与不足,才能不至于大学四年茫然虚度,才能认真学习到真本领,从而在四年以后的求职道路上畅通无阻,而不至于在人才济济的现代社会无立锥之地。

在这里,他充分利用大学四年的美好时光,珍惜每一刻,珍惜每一时,认真学习广播电视编导专业知识,不断拓展丰富实践活动能力,短短几年,他的专业化水平得到了提高,业务能力也得到了长足的发展。

在他大三时,黑龙江电视台少儿节目要在全国范围内征招一个编导,而且只有一个名额。在数百名候选征招的人中,经过严格的笔试、面试、口试等筛选,他被成功录取。这时的他,感到非常骄傲,非常自豪,终于圆了自己的人生梦。

2005年,大学毕业,他正式考入了黑龙江电视台新媒体栏目,在这里,一干就是十年。而且,这十年,他兢兢业业,任劳任怨,在单位的时间远远超过在家的时间;这十年,他没有休过一个年假,也没有一个完整的休息日;这十年,单位的人换了一批又一批,变了一茬一茬,他完全靠自己的技能和过硬的本领,靠自己的品德和人格,在电视台赢得了好评。

2013年底,黑龙江电视台要与北京、上海、河南、新疆五省区电视台,联动一档互动节目,电视台领导给他们团队一个任务,而且必须要在十五天内完成。他就带领团队连续奋战了十五个昼夜,每天只有几个小时的睡眠,队员累垮了一个又一个,可是,就在人少活儿重的情况下,他却仍然压不倒,拖不垮,并以顽强的毅力奋战在一线上。每天不管多远的距离,他都以雷厉风行的工作作风,下车跑,上车颠,快速跑步上下班,争取时间,争取进度,争取圆满。最后,他用了不到十五天的时间圆满完成任务,并取得令人满意的效果,也受到了台领导的高度赞赏。

2014年初,他已经在这个令人羡慕的电视台足足干了十年,但他却总觉得很难圆自己的人生梦,而且离自己的宏伟目标也越来越远。这个时候,一部电视纪录片《搭车去柏林》给了他深刻的影响和启发。这部影片见证了美籍青年谷岳(谷岳 KyleJohnson)穿越中国、中亚和欧洲,直达德国柏林的艰辛浪漫的旅程:谷岳只身搭上集装箱巨轮横渡太平洋,与纪录片导演刘畅(刘畅 ChangLiu)在阿拉斯加会合,开始了他们的美洲穿越计划。他们将从北极圈出发,以阿根廷最南端为目的地,三万三千公里的旅程,不同文化中的各种奇特职业,一位环球旅行者,一位纪录片导演,用最小的低碳足迹完成了世界上最长的陆地穿越。

　　他从这部影片中得到了智慧启迪，悟出了人生的路只有永远向南的道理，他要像大雁一样，穿过雨雪，傲过风霜，这就是他的目标和追求，更是他的信念激情绽放。所以，为了成就自己的梦想，他要自由翱翔。

　　2014 年夏，怀揣着更大的梦想，带着一个更大的希望，他选择离开黑龙江电视台，一路向南，自主创业，并成立了向南科技有限公司。

　　从国办到自创，无论是哪一方面，都是一个巨大的转变，都是一个严峻的挑战。曾经的"无冕之王"，早已不再耀眼，取而代之的光荣与梦想，则是创业。他毕竟不是屌丝创业，虽然他过去是国家媒体人，朋友比较多，办事比较仗义，但是，在一个全新的领域，想做一个创新度高的产品谈何容易。作为一个独立自主创业的新手，他只对内容有十足的把握，其他要学习的东西实在太多，包括产品设计、商务拓展、企业公关、编辑策划、品牌广告、融资……而他以前做了十年，其实只做了一件事，就是电视宣传片的摄制。现在真正自己做时，也就只知道个方向，所以他刚刚起步时，真的很艰难。他既是经理，又是策划，既是业务，又是杂工。让他心理压力最大的就是做媒体的要想做一个好的产品，非常注重一个好的形象、一个好的设备。没有好的拍摄设备，就拍不出来好的产品，没有好的产品，就抓不到好客户，没有客户，就等于没有市场，没有市场就对于没有效益。所以，他宁可晚一点住上新楼房，晚一点坐上高档车，也必须要先有一流的技术、一流的设备、一流的人才、一流的服务。每当有了钱，他就会投入到改善公司的硬件环境里，投入到改善职工的生活水平上。

　　创业之初，他每天都是绷紧神经，紧张工作，不分昼夜，与团队在交流，与客户在沟通，不断地进行商务拓展，耗尽了不少的时间和精力。在拍摄过程中，他都要亲力亲为，既是公关总监，也是公关经理，更是拍摄主角。

　　经过几年的勤奋努力，他用自己独创的影视拍摄方略，争取到了一大批高端客户，其中，为全国著名的万达旅游城拍摄的电视宣传片，赢得了亚洲首富王健林的高度点赞。

　　现在，他的朋友越交越多，生意也逐渐扩大，几年下来，他先后为省内外一百多家企业，拍摄了大型企业宣传片。从最初的一人小公司，到现在的几十人的大公司；从最初公司只有一台电脑，到现在的几十个专业视频工作站；从最初的没有客户，到现在的客户应接不暇；从最初的一人扛着机器找客户，到如今的几十人坐车忙客户；从最初公司只有一部机器，到现在的几十部机器；从最初没有专业化的设备，到现在不但具有全程航拍技术和设备，而且还具有国内先进水平的水下拍摄设备。

在未来的五到十年里，他将把自己的影视传媒企业打造成全省影响力最大、制作水平最高、诚信最好的企业，将向南科技发展成为集团公司，为祖国培养出一批杰出的科技人才，改变更多年轻人的命运。

创业感悟：通过我的自主创业，让我深深地体会到，精诚所至，金石为开的道理。要做好一件事，就要集中精力，全神贯注，只有这样才会有所成就。美好的东西人人向往，人人都在渴求。如果不付出超过别人的努力，怎么能得到人人都日思夜想的事物？人们之间的差别不是智力、体力的差别，而是谁更能够吃苦、更能专注、一往无前。专注地做事情，就意味着要吃苦，以苦为乐。又想获得，又怕艰苦；又想享受，还怕付出，这样的事情是没有的。我们要选择自己应当做的去做，拒绝不应做的。要有一双慧眼，还要有一种超人的意志。如果你选择了自主创业，就要克制自己，坚定不移。无论什么诱惑，都要丝毫不想，执着做好自己喜欢的事业。

智慧启迪：世间万事的秘诀，其实就是专注二字。专注是和专心、专业、专家联系在一起的，不专注，怎么能够更"专业"，又怎么能称得上"专家"呢？如果没有点专注的精神，善于取舍，是很难做到专心的。如果没有专注的精神，一心一意，专心致志，坚韧不拔，持之以恒，想做好一件事，往往就会半途而废。古人感叹行百里者半九十，韩愈的业精于勤而荒于嬉的谆谆教导，语重心长，发自肺腑。自古成大事者往往要具有坚忍不拔、锲而不舍的意志，才有可能成功。

李浩楠之所以辞掉令人羡慕的电视台工作，选择自主创业，就是因为他对于未来的期待，有着美好的理想和憧憬，他带着梦想出发，一路向南。人是为目标和事业而活着，这是人生的动力。只有你有了人生目标和梦想，你才会对自己所选择的事业专注执着、坚定不移，不为所动。面对困难，你就会不逃避、不退缩，就会迎难而上。

朱小雷

落榜不可怕 可怕没有志

创业是美好的,它可以让那些有志青年展示价值、实现梦想。但是,创业又是一件很痛苦的事儿,并且会让创业者不得安宁,苦苦在这条路上挣扎着、努力着、奋斗着、拼搏着。朱小雷就是这样一个不甘平庸的人,并以励志的心态激发着自己走向了自主创业之路。

1981年,朱小雷出生于哈尔滨市一个普通市民家庭。他的父母忠厚实在,对儿子寄予了莫大的期望。朱小雷在上学期间,虽然努力但成绩平平。2000年高考,落榜是意料之中的事情。父母想让他复读,可是朱小雷却想去找工作,当时正逢南下淘金热,为了寻找出路,他就只身来到了广东。那几年他一直在南方"折腾",既卖过服装又做过网站,还干过家装大理石,有段时间还出售过网络游戏点卡,可是都做得不怎么样,除了他精打细算地挣到了人生的"第一桶金"——5万元之外,一无所有。

2006年秋天,朱小雷从广东回到哈尔滨,秋天的哈尔滨早晚凉,中午热,刚从南方回来的他,因为不适应天气,结果病了一场。躺在病床上,他开始犯愁了,到底什么适合我?我又能做什么?这个时候,舅舅的新房子进户了,赋闲在家的他陪舅舅到红旗家具城选购瓷砖,做过销售的他为了能帮舅舅买到物美价廉的瓷砖,便开始了辛苦的砍价工作,逛完整个家具城,他发现偌大的家具城里居然没有一家商铺是专门经销瓷砖的,都是搭配其他建材销售,导致产品特点不突出,品种繁杂、质量参差不齐,这样会对专门选购瓷砖的顾客来说是一种时间和精力上的浪费。经过几天的逛市场,朱小雷大致了解了几种品牌瓷砖的价格和进货渠道,一个想法在他的脑子中萌生了。

2006 年当年,朱小雷用他所有的积蓄 5 万元,在哈尔滨红旗家具城里开了一家占地面积 33 平方米的陶瓷专卖店。创业初期人员少,朱小雷只能身兼多职,既是导购员又是收款员和送货员。白天卖货,晚上下班就骑着自行车去周边小区推销,回家已是深夜,他又开始计算着当天的收入和订货数量,就这样,哈尔滨街道的路灯下,留下了朱小雷每天骑着自行车的身影。

万事开头难,因为销售量小,厂家也不愿意把畅销产品都按照进货价给他,他的店面也遇到过连续三四天不开张的窘境。遭遇挫折的时候,他痛定思痛,开始认真梳理销售数据、分析顾客消费心理、挖掘产品竞争力、推广品牌价值,调查摸底同行业其他公司的产品进销渠道,取长补短,结果硬是让他总结出了一套心得。那就是首先通过良好的销售体验,让顾客愿意留在店面内倾听导购员的讲解,然后再根据顾客的装修风格和气质,推荐适合的产品,再通过优秀的产品品质,为顾客打消对传统陶瓷价格的对比,最后是提供完善的设计切割、铺贴指导、配送到家的一条龙服务,每一个环节都紧密相扣。再抓住市区内各大住宅小区进户宣传的黄金时期、企事业单位办公场所新建等,使得销售业绩得到明显的提升。

精诚所至,金石为开,一年的辛劳让他赚了当时连他自己都不敢想的 100 万元,也是他人生中的第一个 100 万。朱小雷创业有过迷茫,也想过放弃,他说:"给自己留后路,就是劝告自己不要全力以赴,任何时候做任何事都要制订好计划,尽最大的努力,做最坏的打算。"

经历过一年的打拼,朱小雷逐渐对陶瓷市场、采销渠道、产品特点有了深入的了解。当时哈尔滨市内的高端小区较少,所需瓷砖产品较为低端,利润也不高,随着哈尔滨市区内哈西新区、群力新区的开工建设,朱小雷判断,随着人们生活水平的提高,必定追求有品质的居所和有档次的装修建材,低端建材虽然目前还有市场,但是必将成为过去。他决定要代理一个属于自己的品牌,想到就要动手做,这是朱小雷的风格,于是他只身前往广东,选择品质优秀、有发展潜力的中高端陶瓷产品做经销代理,经过一番思考和比较,历尽艰难地选择了格莱美音乐陶瓷这个品牌,当时格莱美音乐陶瓷也是一个全新的品牌,就这样他们走上了这条合作的道路。

2008 年 5 月 11 日,朱小雷决心要把自己代理的品牌做大做强,便兑掉了之前的小店,注册成立了黑龙江省晟迈建材销售公司,在爱建居然之家开了哈尔滨市区内第一家格莱美音乐陶瓷专卖店。

6月7日,在哈尔滨建陶销售核心区域的禧龙陶瓷大市场,开了第二家格莱美音乐陶瓷专卖店。

8月8日,在海城品牌装饰广场开了第三家格莱美音乐陶瓷专卖店。

11月10日,在红旗家具城开了第四家格莱美音乐陶瓷专卖店。

同一年时间,先后起步的这四家专卖店不但让朱小雷把所有的积蓄都投了进去,还借了很多钱,勉勉强强才完成了第一年的销售任务。

这时,朱小雷又开始了他新的思考,怎样才能通过连锁的方式,让消费者发现终端,怎样才能满足消费者对产品品质的需要,怎么才能挖掘出品牌的生命力。思考这些事情,不知道他又经历了多少个不眠之夜。

基于以上的思考,他决定在当年启动全新的运营模式,那就是专业模块化。通过对核心业务的解剖,把当时小小的晟迈建材设立了营销部、市场部、分销部、渠道部、仓储部、切割厂等九个部门,实现了当时哈尔滨市陶瓷行业唯一的公司化运营模式。一个小公司成立了9个部门。就是这样在当时被很多商家看成是疯子的做法,到了年底却使企业成为了全国销售冠军。

他对业务模式的创新,成为了当时在陶瓷行业组织架构的教科书,也奠定了日后的基础。随后朱小雷和他的晟迈建材一直领先全国市场,稳稳地做了格莱美音乐陶瓷这个品牌10年的全国冠军!

到了2011年初,朱小雷更是大胆地启动了3500平方米集商务洽谈、产品展示、营销服务、综合办公于一体的晟迈建材黑龙江省营销中心,彻底颠覆了黑龙江省的陶瓷销售模式,因为当时哈尔滨单体店没有超过500平方米的,晟迈建材营销中心的成立轰动全国。

2011年10月1日,晟迈建材黑龙江省营销中心隆重开业,当时实现单日销售过2000万的神奇业绩,朱小雷已经在建陶行业内带上了销售传奇的桂冠,全国媒体争相报道!2012年起晟迈建材的名字在全国建材圈已经响当当了,相继代理了韩丽橱柜、沄比亚卫浴、新粤陶瓷、荣高陶瓷、金尊玉陶瓷、卡布里玉石等,更是在2014年底代理了世界顶级陶瓷品牌——博德精工瓷砖,并成为全中国十大陶瓷代理商,东三省唯一建材销售企业!

2012年年初,在市区内业绩平稳向好的基础上,朱小雷注意到,省内二三线城市对装修类陶瓷的需求量也是很大的,经过实地考察后,他发现因二三线城市体量所限,没有综合类的大型建材市场,中高端建陶的品牌引领不强。于是他就想,如果能占据外地市场8%的份额,那该是多么大的一块蛋糕啊!朱小雷想到了就动手做,他全力开发黑龙江、内蒙古两省的二级市场,制定了从产品品牌宣传、营销策略、店面装修、库存管理、利润分配等一系列操作性极强的方案,为分销商解开了困境,也为当地顾客开启了选购中高端建陶品牌的渠道之门。

在积极开拓、精耕市场的思路下,朱小雷和他的晟迈建材在哈尔滨市区内装修建材销售核心区域,先后成立了6家瓷砖销售体验中心,禧龙大街店更是以3500平方米的展设面积夺得黑龙江省内瓷砖销售第一旗舰店的美誉,然后又相继开发了齐齐哈尔、牡丹江、佳木斯、呼伦贝尔等黑、蒙两省市场。目前已经拥有百余家分销商,通过优异的产品品质,将格莱美音乐瓷砖和博德精工瓷砖进行强势的品牌引导,使得品牌形象深入千家万户。

凭借着朱小雷对国内建陶行业的精准研判和思考,加之他本人不甘平庸的性格,暗示着他和他的晟迈建材,在下一个十年,能够从容面对建材领域更趋日新月异的挑战!

创业感悟:虽然现在的我已经是全国建陶销售行业的名人,但每当回想起自己的创业经历,那是一段在不断找寻、不断突破、不断纠正的不平凡之路。而且,我也深深地感悟到,工作上的执着,实际上是一种人生的态度,当你决定创业时,便意味着没有了稳定的收入,没有了请假的权利,然而更意味着收入不再受到限制、时间运用更有效、手心向下不求人,想法不同,结果便不同,选择不一样,生活才变样。

智慧启迪:《巾帼枭雄》中柴九哥说过:人生能有几个十年?确实,对于朱小雷来说,十年足可以改变他的一生,足可以改变他的企业,更足可以让他引领行业的发展趋势。就是这短短的十年,让他连续五年成为"全国十大优秀陶瓷经销商",也让他创造了单日单店零售2000万元的神话,更让他荣获了黑龙江省轻工业行业优秀企业家、黑龙江省陶瓷卫浴专业委员会会长的名誉。

有志80后

徐军

心中有梦,脚下有路

他,曾毫不犹豫地中断了令人艳美的媒体工作,只身选择了白手起家自主创业。

他,曾在鱼龙混杂的家装行业中首开先河,把对客服务当作企业生存的头等大事。

他,也曾在风生水起、如日中天的稳定期居安思危,摇身一变归零重启,把辛苦打拼得来的事业又一次大刀阔斧地折腾起来……

他是牛人吗,有如孙悟空一样的七十二变技艺超群?用他自己的话说:理智的选择和良好的心理准备,就是对待梦想应有的态度,也是对所追求、所热爱的事业,实实在在去付出的行动。

他是年轻、帅气的80后创业达人,黑龙江幸福空间装饰有限责任公司总经理、完美生活家装电商平台CEO徐军。

　　2000年,大学毕业后初入社会的徐军,来到哈尔滨电视台广告部。从一名外景的实习记者做起,这一做就是十二年。也是这十余年的工作锻炼,为他日后的创业打下了坚实的基础,让他从一个懵懂的青年,成长锻炼成为优秀、果敢的成功企业家。《都市房苑》是他在哈尔滨电视台接触的第一个节目。能帮助老百姓安居置业,把最优质的房产信息提供给有需要的人,这是徐军当时心里引以为傲的事儿。那个时候,当好多人对房产话题还一知半解的时候,徐军已经率先运用工作栏目这个得天独厚的资源,通过自我学习和成长,成为"第一个吃螃蟹的人"。关注房产的讯息和行业的动态,是徐军的工作职责所在,却也成为生活里的常态。

　　2010年,经过了十年工作历程的徐军,来到黑龙江电视台工作,并担任制片人,他亲手打造了一档集家装宝典、真材实料、天天房产、帮忙到家四个子栏目为一体的《我爱我家》栏目,几乎囊括了普通百姓从买房到装修、到安居的所有过程。徐军一直说的是:很喜欢去做,然后能帮到更多的人,是有价值和幸福的事。印象最深的还是要数"帮忙到家"这个板块,他甘愿去踩最大的"雷",对百姓投诉维权的各种情况,非要弄个水落石出。但是,帮百姓解决了实际问题,或者是收到一面面锦旗、一声声感谢,越是这样,徐军越是感到忧虑和不安。因为,在他看来,层出不穷的维权问题真的很难理解:装修板材以次充好、施工技术不专业频频返工、工期未完工人却不见了……徐军也在向行业中做得好的企业老板请教,和大咖们探讨、沟通这些问题,在别人看来很有难度和复杂的事,徐军却觉得,只要够努力,找准方法,问题总是会得到解决的。在徐军百思不得其解的时候,一个大胆的想法冒了出来:自己做一个家装公司,用自己的力所能及,好好地为老百姓的房子大事,做点小事!

　　徐军是个执行力很强的人,一不做,二不休,筹建装修公司的事,紧锣密鼓地张罗起来。几个关系不错的朋友得知,当即劝阻,认为放着这么稳当的工作不做,非要一根筋地去创立什么公司,真是无法理解的事儿。眼见阻拦不了,有人甚至直接说:"大军啊,这事不一定可行。你听我的,我先给你拿100万,你先用,然后再好好打算一下。"徐军的回答却无比的坚定,选择了的事情就不要放弃。对朋友的挚情,当然也是感激。但正因如此,才更要不负大家的心意,把自己这份事业抑或人生的规划,脚踏实地去完成。

　　2011年,幸福空间装饰有限责任公司正式成立。尽管有着在媒体工作多年的历练,但真刀真枪地上战场,徐军还是头一回。他为自己捏了一把汗,创业初期的种种不如意接踵而来。孤独,是那段时间里,长久缠绕着他的情绪,而这样的情绪,却也助成了其冷静、沉稳行事的性格,事业路上的风雨险阻,终需要自己一个人思考、应对、决策和再出发。

40平方米的租赁门市,6张办公桌椅,就是徐军和员工们的第一处办公室。没有背景,没有客户资源,甚至没有个像样的公司规模,这些都成为创业初期制约发展的因素。而徐军所认为的痛点,却不是停留在这些表面,他更在乎的是工期的拖延。老百姓总觉得找装修公司贵,而找站大岗的工人上门,这样的合作有很多时候是靠运气的。良莠不齐的现实环境无法谈到保障,工期改变就成为常有的事。他也会想起,在媒体的时候,结识的攒了大半辈子血汗钱的阿姨本是该享享清福了,为了新买的房子去逛装修市场,却在送货的材料上烦了心,商家以次充好,赚了黑心钱,和材料商的利益纠缠令人气愤不已。所以,做栏目的时候,徐军是打假维权,做商人的他要怎样做呢? 先从自我做起吧! 帮助人们逐渐建立起愿意相信装修公司的观念,特别是他考虑到公司规模尚小,但价格还要在同行业中保持正常,想要争取客户的信任,当然是有难度的。他设定了先装修、后付款的合作方式,这样打破固有模式的经营理念,更是要求他精益求精,不敢有半点懈怠。每个月签到的家装合同,一定要用靠谱的员工去对接和完成,工时和质量一样不可少……徐军想得多,要做的也多,这在创业期的难度是可想而知的。一个工程顺利地跟下来,徐军也累到蹲了下来。他亲自把关,一个接着一个,这样的日子,作为一个老板,他过了有两三。

大包整装的时代来临的时候,徐军在哈尔滨的家装行业中已经小有名气了。即便是有三四年的经验,他也是没有十足的把握和准备。瓷砖、地板、卫浴、吊顶,橱柜……主材与装修公司的强势联合,表面上看是顺理成章的事,但这一股子整装风潮啊,让徐军再一次领悟了"痛点"的痛。木门和橱柜的工期大约都在一个半月之久,这"漫长"的时间,让本来没有合作经验的主材、装修公司两方叫苦不迭,对接不畅和无人监管,出了问题,老百姓还是会找装修公司,那究竟谁来为徐军多年来苦心经营的诚信来买单? 突如其来的变化让他措手不及。如果选择与一线大品牌合作,就会在管理环节稍显顺畅,特别是给老百姓的服务会优质、高效。但同时面对混乱局面下商家大搞价格战,新的痛点和两难抉择再次不得不面对:是坚持梦想,给百姓最好的服务,还是遵循市场环境而变,降低成本、专注订单的数量? 他在辗转反侧的孤独中度过了太多个不眠的夜晚,正是他对梦想的坚持,才更加见证了他骨子里不服输的劲儿。

让客户满意,让员工信服,让社会认可——这是徐军做企业的信条。创业三年时间,徐军经历了创业的苦楚、事业起伏的动荡、新问题层出不穷的变数,他说:"瓶颈总是在的,当你的标准越来越高的时候,看到的问题就会多,但自己做事业,就一定是考虑能实现目标和成功的办法,而不是如果不成功要怎么办的问题。"帮助消费者,是徐军做这份事业的初衷,理解消费者的心情,是这十几年做媒体人积累和总结得来的。公司终于有了业绩,也积累了较为稳定的资源,渠道营销步入正轨。最大限度地帮助消费者,是站在他们的角度换位思考。此时的徐军,已经从起初那40平方米的公司小门市,又经过了70平方米的阶段性过渡,在哈埠的群力新城区繁华地段拥有独立的2000平方米的门市。这样的变化比起当年被家装客户嗤之以鼻地认为是"皮包公司"不稳妥的情境,今天的公司建设是足以令人认可和产生信任的。每个月的客单量也增多起来,能达到一百有余。

一个问题解决,另一个问题接踵而来。随着事业的发展,团队也在壮大,那么当年跟随着一路走来的"打江山"的老员工,又是一个不得不面对的难题。这一批人普遍具有思维定式,而且从基层做起是欠缺人脉的、信息渠道窄,特别是个别老员工还会"倚老卖老",坐在管理层的位置,并不能肩负起该有的责任。是增加对老员工的管理,还是新老换代,与业内优秀的成型人才合作,规避掉这些已经看得到端倪的风险。一方面是与强者合作,推动企业快速良性发展;一方面是教育和引领老员工进步,让他们提高素养,并能跟得上企业的步伐,不过这样企业发展就会滞后一两年……得失间难取舍,徐军用了一个月时间来思考,却做出了一个从商人角度来看错误的决定:培养和带领老员工,为了当初的坚守和期盼。如今回想起来,他对这个决定并没有后悔,并通过这段经历,让徐军更加深刻地感受到做企业的不易和做人应豁达。

质量,质和量,发展得再好,徐军也没有忘记自己的初心和愿望,是要让百姓满意。经过对半年销售数据、客户满意度调查和回访的整理,徐军又做了一个令所有人出乎意料的决定:减少签单量。把100单减到一半或者更少,专注于做好每一单,每一单都是精品。优秀的人总是会备受欢迎,徐军的为人行事和经营理念,很快在行业中得到认可,而他也越来越多地参与行业峰会、高校授课等活动。特别是他在高校校园和年轻的学生们谈到创业时,他并不谈现在的成绩，而是说"十年前的经验并不好用"，世界瞬息万变，鼓励大家还是要活在当下，放眼未来。这让学生们觉得，他更像是一个循循善诱而又亲切的邻家哥哥。

做公司的这些年，在徐军身边，始终都会有可靠的事业伙伴，更有生活中一如既往的挚爱亲朋。这被他定义为：能量圈。当他的事业越做越大，他更是乐于把管理方面的成功经验和失败教训，拿出来和大家讲讲。敞开心扉、互帮互助的感觉，让他在奋斗的前路上不再迷茫，企业团队建设越来越好，有人与他分享喜悦、共担风险。对他来说，创业的时光一路走来，每一滴汗水都和着泪水，清晰地记录着这七年过往的点点滴滴。

做好资金链条、扩大企业知名度，徐军的第二个愿望，伴随着他的努力和积累，马上又要实现了，他的完美生活线上装修平台华丽启幕。而这，又是徐军在现有装修公司的基础上，用一大部分时间、精力、财力去做的事情。就在这个决定宣布后，公司上上下下一百来号人当即便有人站出来提出了离职，而能继续跟着他往前走、去折腾的员工，也只是对徐军说了一句话：徐总，我们选择了你，我们就会去做。我们相信你……

完美生活家装电商平台，是徐军整合家装市场，助力同行业中型、小型公司的真情之举。这是在"互联网+"模式下，探索出的物流＋线下实体店＋线上交流平台的新模式，它开启了家装生活的新时代。如今，凭借着一股子干劲、一些坚持及背后一帮笃定友善的事业伙伴，徐军为了完美生活的事业而奔忙着，也在极短时间内在哈尔滨的家装市场中占据了一席之地。他的人生之路必显丰盈，未来的事业道路也定会越走越宽。

创业感悟：成功不是一朝一夕的事。在通往事业成功的路上，注定会有许多无奈，也一定会有更多精彩。你不一定读懂所有的色彩，但你一定会看到不曾领略过的绚丽。于是一路相随，练就一种选择、一份坚持。

智慧启迪：功成名就于进退锤炼，风生水起于孤独熬煎。所谓的智慧，可能就是比常人多吃几分苦，比意志薄弱的人多几分坚守。二八定律，一定有它的道理所在。作为企业家，要有破釜沉舟的执念，再大的风浪也不怕，只为到达内心的那个目标和彼岸。

有志80后

李慧莹

乐观对待挫折和失败，成功就会向你微笑

他，1981年出生于黑龙江省北安市一个普通的工人家庭，刚刚出生不久，就遇到父母下岗再就业。

他，从懂事那一天起，就是一个坚强、勤劳的男孩，特别励志和刻苦，是一个有胆有识、敢于在困境中不断前进的少年。

他，从18岁那天开始，闯天下、拼东西、走南北，做过服务员，当过业务员，也做过副总，一路酸甜苦辣。面对生活的艰辛与工作的压力，他不抱怨，不放弃，在种种困境中争做新时代的有志者。

他，刚刚三十几岁，就通过自己勤劳的双手和不懈的努力，凭着坚强的意志和拼搏进取的精神,在创业路上取得了不俗的业绩,并成为励志精英和青年楷模。

- -

　　"下岗",这两个字对于生于 20 世纪五六十年代那批人来说,是一段痛苦不堪的回忆,而他的父母正是生于那个年代并赶上了"下岗"浪潮的人。当时父母所在单位——北安庆华工具厂,可称得上是全国闻名的军工厂之一。曾经的庆华厂,是北安的代名词。如果没有庆华厂,那么北安市应该还叫北安县。曾经的庆华厂,有 20 多个生产车间,1 万多名正式国营职工,加上大集体、小集体、临时工近 2 万人,全部职工及家属共 5 万多人。而北安市最初只有二十几万人。曾经的庆华厂,有 4 所中学、7 所小学、1 所技校、1 所职工大学,教育系统每年的运动会就要开 3 天。

　　这样一个令人羡慕的工厂,想进去工作是不容易的。在厂里工作的人,可以说是很"牛"的。究竟"牛"到什么程度呢?这里工厂的工人,以及工人子弟,是完全看不起附近城区人的,为什么?因为他们的福利水准,和当地城区的人相比,就像是如今的中国 500 强一般,吃喝拉撒、教育养老国家当时全接管了,这就是所谓的高福利。那会儿地方的姑娘找对象,都是往庆华跑,媒人要能给说个庆华厂的丈夫,媒人的份子钱都要多给许多,就为两个字:稳定。

　　李慧莹就是从这个工厂走出来的子弟,他在那里度过了从小学到初中的时光,那里有他熟悉的一草一木、一砖一石、一街一巷。然而,他的运气却没有那么好,在他刚刚进入中学时,企业就开始大规模实施职工下岗再就业。人们背井离乡,到处找工作,家中只剩下老的老,小的小。留守儿童、空巢老人成为了居民构成的主体。"牛"了一时、辉煌数十年的庆华厂,已经成了贫穷的代名词,是北安乃至黑龙江最大、最集中、最落后的棚户区。

　　1996 年,李慧莹刚上初中,父母的工作没了,吃饭的铁饭碗没了,全家人要吃饭,他还要上学。他感觉父母的压力太重了,应该尽快帮助他们减轻分担,他一边勤奋读书,一边努力思考,同时还在细心地谋划着。为了能快些去挣钱,与父母一起改善家庭环境,提高经济收入,本应该考一个理想大学的他,毅然选择了一个职业技术学校,以期快速成长、早日创业。

　　1998 年,从职业技术学校毕业只有 18 岁的他,只身带着 100 元钱,怀揣着梦想,来到了大庆市,走上了创业之路。他通过朋友的介绍,找了一个饭店做服务员。其实传菜这行,说穿了就是打杂,他每天的任务就是把出锅的菜按照台号分送到各个餐桌上,客人吃完了把桌子收拾好,然后把吃过的餐具拉到洗碗部。可以说,做这行只要你勤快就可以做下去。他在这里每天贪黑起早干着伺候人的活计,有时候遭受委屈也只有哑巴吃黄连,有苦无处诉。

1999年,因为他从小就喜欢音响,一直想做一名高水准的音响师,他辞去了饭店服务员的工作,来到了佳木斯市。他白天学开车,晚上到夜总会做服务员,这样就有机会接触到音响,跟着偷偷地学艺。学音响很辛苦,需要学很多东西,花费很多精力。为了不辜负父母的希望和自己的梦想,他在认真做好本职工作的同时,经常苦心研究,熬到夜深人静是家常便饭。这为他后来事业的发展奠定了基础。他开始规划自己的未来。

2000年新世纪之初,他来到了哈尔滨,并在哈尔滨师范大学南校区附近租了一个床位,开始了在冰城创业的征程。他天天跑人才市场,最后找到一个中医药浴企业,继续做服务员。之所以这样选择是因为这个工作可以上一天休息一天,他就有更多的机会再出去赚钱。

几年来,他走南闯北地不断折腾,去过大庆,到过佳木斯,来过哈尔滨,也跑过北京等大中城市,辗转多个地方,更换多个单位。做过服务员、业务员,苦没少吃,罪没少遭,钱却没有挣到,就连一个大家都有的传呼机也没能买得上。虽然在这期间,有过不少曲折,走过不少弯路,但却让他逐渐成熟、逐渐老练,也增长了不少知识,更磨炼了他的坚强意志。

2002年,父亲急病离世。创业的艰难,家庭的变故,令他陷入极度的痛苦和绝望中,精神到达崩溃的边缘。他就像一个即刻就会破裂的水球,险象环生。可是一想到孤单的母亲,他的眼泪就不停地流,人生有太多的无奈和无助。父亲去世后,他是家里唯一的男人,虽说是一个独生子,但却学会了独立,学会了自力更生,他与母亲一起撑起了这个家。可是生活的压力又让他喘不过气。他想:困难或许只是暂时的,生活的突变也需要适应,无论创业路上怎样艰辛,怎样困苦,也得挺住,必须坚持住,一直向前走。

2003年,他到哈尔滨一家办公耗材公司,从柜台销售员做起。公司待遇很好,工作环境也不错,就是很辛苦,晚上和周末经常要加班,还没有加班费。但他很珍惜这份工作,下决心一定要好好做。虽然很辛苦,但是他坚信终有一天他会成功的。

有志80后

　　正是在这段工作中的积累,2005年4月14日,他创办了属于自己的公司——哈尔滨龙达伟业信息系统有限公司。开始的时候还真不像想象中那么简单,没有经验,没有客户,随时面临倒闭的危险。幸运的是,他有着勇于克服困难的决心,他有一种顽强的拼搏精神。他天天贪黑起早,不怕辛苦,在大街小巷上找客户、寻资源,有时候连一顿热乎饭也吃不上。就这样,在他的带动下,朋友们齐心协力干劲十足。几个月的时间,店里业务有了很大的起色,公司规模也开始慢慢壮大,从最开始的高投资零收入,发展到了后期的高收入。而他的野心也越来越大,他开始着手扩大公司规模。但是,由于没有稳定的进货渠道和资金支持,他赔得血本无归,还欠下了不少外债。朋友们也各奔东西了。简直就是一念天堂一念地狱。

　　第一次创业失败之后,他并没有像别人想象中那样被打趴下,而是选择再次创业。他始终相信一句话:事在人为!人生总会有轮回转换,总会有沉浮起落,关键是人怎样去创造和把握。

　　在家里做了短暂的调整后,他无意之中又遇到了一个计算机集成公司。因为他喜欢电子行业,又有过打拼经历,他就大胆地去应聘了。从业务员干起,从偏远的区域做起,东跑西颠找客户。他虽然没有太多的经商经验,但他却从不欺骗顾客。书本教他要诚信,他更要守住自己的本分。他只想多获得一个买家的信任,多那么一些小小的订单。由于他实在做人,诚信做事,客户与他合作感觉特别踏实可靠,越来越信任他,客户量也就因此在不断地上升,他的业绩也随之不断提高。不久,他便由一个业务员提升到销售副总。其间在一次的意外中,竟让他与黑龙江一个比较大的企业集团,签约了2000多万元的销售合同,这让他兴奋不已。可是,不讲究的老板,竟然把他出卖了,背后偷偷地搞起了小动作,不但让他与厂家和客户无法交代,更让他感觉无法做人。事后,老板感觉很愧疚,实在对不起他,就想办法从经济上给他补偿,金额高达10万余元。但李慧莹是一个有志人,更是一个有骨气的人,他把这些看得都很淡,所以,并没有接受这个本应该接受的“礼物”。因为他深知,作为一个企业老板,最看重的是员工的忠心和人品。大部分的老板都希望能找到有能力的人,但是老板们心里也很清楚,胸怀大志的人,是不会安心长时间在别人的手下当小卒的。有一句话很早就让他铭记心中:“不想当将军的士兵,从来都不是好士兵。”当一个人有能力自立江山的时候,自然就会离老板而去,这不是背叛,而是在顺应发展规律,也是“人往高处走”的普通道理。

　　正因为这样，李慧莹离开了老板，随即开始了自己人生中的第二次创业。2010年7月，母亲被车撞到进了医院，妻子即将临产，当时他的压力特别大。看着母亲这些年日渐衰老的样子，看着妻子独自照顾着家，怀孕时都没能感受到来自丈夫的陪伴，他感到自责不已。作为一个男人，一定要有自己的事业，一定要有撑起这个家的本领。就是这样一种想法，让他鼓起了勇气，让他有了再次创业的决心。

　　同年10月10日，他开始重新创业，并迅速地组建了黑龙江东奥龙智能系统开发有限公司。与时俱进和求知欲，一直都是他的标签，跟新媒体开发结缘，正是因为他的求知欲，让他看到了新媒体创业的另一种形态。现在科技发展太快，各种新型数字设备层出不穷，他知道一定要适应这个时代。但对于他这样一个技校毕业的人来说，何等的不容易。他买过不少音箱、话筒、调音台、数字音频处理器，等等，从入门机到中端机，从中端机到高端设备，他逐步地积累着自己的实践经验。

　　新媒体舞台在尝试传递给观众信息量时，不是让观众机械化地观看演出，而是通过综合表现，来激发观众的各个敏感的神经末梢，唤醒其全方位的感官。根据预设情景的需要，装置道具、电子音乐、声音传感器、动态捕捉仪、强光投影、计算机图形处理软件系统、高科技生化材料等，进行舞台综合艺术创作。面对这些现代化的高科技，他不断地丰富着自己的视野，也在实践中锤炼了自己的队伍，他们不断探索和追寻着舞台艺术的表现力。

　　通过短短几年的拼搏努力，他的公司逐步发展起来，由当初的一个小公司发展到多家子公司，不但有了规模，而且还有了一定的品牌影响力，业务范围已经发展到了东三省，并成为黑龙江省唯一一家由中国舞台美术学会认证的甲级资质单位。李慧莹不但创造了属于自己的品牌，而且还有很多国际知名品牌主动与他合作，共同开发市场，共同创造辉煌伟业。

　　创业感悟：人生太多经历值得珍藏，比如一次次的创业，一次次的尝试，一次次的成长，一次次的收获，包括一次次的失败！每每夜深人静的时候，追忆这几年的创业岁月，时光飞逝，一转眼自己就快过"而立"之年。创业这么久，有成功，有失败，也积累了些商业经验。做生意和事业的本质区别就是能否真正将心注入,是否有足够强烈的使命感。所以,创业对我而言就是一种生活态度。

创业是艰难的,也是痛苦的。它每天都会把人搞得心力交瘁,但人总得在磨难中锻炼抗击打能力,我愿意去挑战,所以创业成为了我的一种生活状态。也曾想过,如果创业失败了,我还是会重新来过。职业技术学校毕业后,我怀揣满腔激情,来到大庆,开始了我的打工生涯!刚开始,我去应聘过很多工作,都因为没有学历、年龄小的问题被拒之门外。最后经朋友介绍进入了一家酒店做打杂工,受过一些苦,也看过一些人的脸色。但却磨炼了我,更增加了我的志气和骨气。

智慧启迪:通过艰辛的努力和拼搏创造不平凡的事业,李慧莹就是这样,从出生到事业有成,骨子里一直渗透着一份坚强与执着。面对生活,他坦然乐观,面对困难,他顽强拼搏,面对创业,他努力奋斗,面对他人,他品德高尚。作为一个人可以不高尚,但不能无耻;为人可以不伟大,但不能卑鄙;头脑可以不聪明,但不能糊涂;生活可以不乐观,但不能厌世;交友可以不慷慨,但不能损人。

一切困难都是暂时的,一笑而过,重新面对失败和挫折,一笑而过,是一种乐观自信;面对误解和仇恨一笑而过,是一种坦然宽容;面对赞扬和激励,一笑而过,是一种谦虚清醒;面对烦恼和忧愁一笑而过,是一种平和释然。学会用微笑送走不愉快的阴云,不要让它遮住你的眼睛,不要因今天痛苦而否定明天幸福。一切都是暂时的,一笑而过,重新开始。李慧莹的性格乐观,为人诚实,做事认真,从不轻言放弃,所以,他走向了成功,走向了辉煌。

有志80后

宋长宇

人穷志不能穷，
人活着要有骨气，

有志80后

　　他，1981年，出生在黑龙江省绥化市的一个偏僻的农村，父辈们祖祖辈辈是农民，整天是面朝黑土背朝天。

　　他，从小就非常懂事和励志，19岁就独自闯天下，曾经被人骂，被人躲，被人瞧不起，挨饿受冻，忍气吞声。但，无论有多苦，有多累，有多大委屈，他都能坚持住，掌握技能，学会本领。

　　他，在创业的路上，一路跌跌撞撞，一次次失声痛哭，从食不果腹到登堂入室，从默默无闻到名声大噪，从卖小配件到经营二手车，从开名车汽配和大型维修厂到轮胎的品牌代理。

　　他，如今一天的收入，可能是父母过去半辈子的收入。他已经从一个油渍麻花的汽车修理工、一个整天低三下四的打工仔，变成了中国名车技师大王。

　　他，创业之前，父母辛辛苦苦劳累一年，也没有多少收入，只能勉强维持家庭的日常生活，连一个像样的家具都没有。家庭的困难，父母的辛劳，让宋长宇过早地品尝到了生活的艰辛，他不想让父母再过这种生活，更不想待在家里。面对着生存的压力，面对着今后的人生道路，是留在农村帮助父母支撑起一贫如洗的家，一辈子像父母一样拮据地生活，还是走出家门，另谋出

励 志 · 故 事

路,开创自己新的人生?经过苦苦思索,他终于自己做主,为自己的人生做出了选择。

- -

1999 年,只有 19 岁的他,虽只是一个孩子,但因为家里的条件支持不起两个孩子的学费,他就早早地辍学了,决定出去到外面的世界闯一闯。

1999 年 11 月,他带着一身行头,穿着一双懒汉鞋,口袋里没装几个钱,来到陌生的城市哈尔滨,开始了他人生中新的旅途,开始了他独自的闯荡!

因为他没有太高的文化,辍学离家后,又不敢往太远的地方去,只好在哈尔滨选择了一家汽车修理厂,做了学徒工。又因为没有钱,他就在宣化街附近和别人合租了一个地下室,夏天潮湿阴冷,冬天还得靠烧煤取暖。

刚刚进修理厂的时候,他最初每个月的工资只有 150 块钱左右。有的时候几个月也不给开一次工资,就连吃饭钱都不够。有的时候就得借钱吃饭。整天馒头、烧饼、豆腐脑,连一顿像样的饭菜都吃不上。看着师傅们大鱼大肉地吃着,有时口水都不禁出来了。

在汽车修理厂里,他每天晚上睡在潮湿的地下,起早贪黑,灰头土脸的,一身的脏衣服,满手的油渍,简直不像一个人的模样。

记得他刚学徒的时候,正赶上寒冬腊月,北方的天气特别冷,常常是冻得他没法伸出手来。但是,他还是努力地学习修车,他不嫌脏不怕累,总是抢着干活。师傅们修理汽车,他主动帮着打下手。尽管如此,有的时候,还是不一定令师傅们满意,连说带骂是经常有的事。但是在他的心里已经悄悄地埋下了一个梦想,既然选择了这份工作,就应该好好干,一定坚持住。

记得严冬的一天,特别冷,师傅让他找个螺丝,他不知道是哪个,就把一大堆螺丝全拿过去递给师傅,师傅一看就直接给他扔到了大街上,他委屈地掉着眼泪趴在大街上挨个捡螺丝。

又有一次,师傅让拆一个配件,因为他不知道到底是哪个配件,问师傅,师傅太忙没搭理他,他就凭着感觉去拆了一个,但是他的直觉还是错了,没有拆对,师傅当时就骂了他,他忍着,随即又是一个耳光,要知道他从小到大,父母都没舍得动过他一根手指啊。不过他没敢跟家里说,不是因为他懦弱,而是他想好好学会这门手艺,也不想让父母亲心疼。有一次师傅没在家,他自己修好了一台车,他当时很高兴,就像中了五百万似的,他笑了,笑得非

有志80后

155

常开心。

一年以后,他就能独当一面了,师傅也经常不在家,这时他便也成了"师傅"。他找了个徒弟,徒弟非常不听话,他也比以前成熟了好多,不会去打他或者骂他,实在生气的时候就说:你想学我教你,你不想学我没招,就当我找了个会递扳手的机器人吧!

几年来,他仔细观察,用心揣摩,不懂就问,师傅们也逐渐地都喜欢上了这个朴实勤快的小伙子。他独立帮着老板去进汽车配件,还和车主商谈汽车出现问题的情况、修理部位及价格。下雪天,天寒地冻,别人不愿意外出抢修车,他总是抢着去,他不断争取着独立检修车的机会。在寒风中,在雪地里,他脸冻得通红,手冻得颤抖发术,一修就是几个小时。一遍遍地摸索,一辆辆地修理,他掌握了各类汽车的内部构造,熟悉了汽车的电路走向。短短三年,他就掌握了一身过硬的汽车修理技术。他出徒了,成了带徒的汽车修理师傅。由于他技术水平越来越高,本领越来越大,他离开了修配厂,来到了宣化街的汽配城,卖技术,别人干不了的,别人做不了的,他就去做,成了技术大拿,行业名人。

2001年,由于他长时间干又脏又累的活,加上师傅们过去的谩骂,在他心里已经有了阴影和压力,他决定放弃师傅的工作岗位。这时的他,刚刚才20出头,就已经积攒了几万块钱,后来又在亲戚朋友的帮助下,东挪西凑,筹集了4万多元,在哈尔滨汽配城租了个摊位,专卖汽车解体发动机。虽然条件十分简陋,但这是完全属于自己的,自己开自己的小店,自己做自己的老板,这是他几年前的梦想。他的事业就从这里开始了。

他对每一位客户都真诚热情,收费低廉,这让车主大为感动。到他的店购货的人也越来越多。他一个人忙不过来,就又找了两个人和他一起干。

2002年,他又分别租了两个库眼,办起了真正属于自己的两个汽车修配厂,由于他的技术过硬,本领也高,各种车辆,各种疑难,在他这儿都不是问题,所以,前来修车的越来越多,名声越来越大。他的汽车修理部一天天成长了起来,初具规模。随着客户对他信任的增加,他们不但找他修车,有的还求他买车,因为他懂得各种各样车的性能。所以,他感觉到新的生意又来了。不久,他又增加了二手车的生意。

2005年,刚刚25岁的他,又干起了小贸汽车生意。

2011年,成立主要经营奔驰、宝马、路虎汽车配件的公司,成为行业风尚标。

励 志 · 故 事

2013年6月,旗下成立鑫翔宇汽配总汇,主要经营范围有奥迪全系、保时捷、途锐等全车配件。

2014年,旗下又在文昌街107号成立翔宇名车维修中心,营业面积2000平方米,维修各种高端名车,并与中国人民保险公司、阳光保险公司合作成为固定拆解维修服务点。还与省政府迎宾车队、省消防总队成为合作单位。

2017年6月,他并购了一修哥汽车维修有限公司,成为营业面积为4000平方米的大型汽车维修厂。

如今,他已经是黑龙江翔茂商贸有限公司的董事长。在他的带领下,100名精英强将始终秉承员工自豪、客户感动、同行尊重、社会认同、服务高端的企业使命,企业文化不再是虚无缥缈的代言,而像血液一样融入他们心里并化作使命,选择翔宇是一种生活态度。

十几年时间,他靠着自己的努力,靠着对汽车修理业的热爱,他的事业从无到有,从小到大。他不但实现了自己的创业梦想,而且还安置了无数名下岗失业人员及农村劳动力,实现了稳定就业。

梦想与激情的碰撞,品质与灵魂的升华,黑龙江翔宇集团完美诠释了汽车文化精髓,开启了品牌化、规模化、高端化、集团化汽车服务。

创业感悟: 我曾如此渴望命运的波澜,到最后才发现,人生最美妙的风景,竟是内心的淡定与从容。我们曾渴望人生巅峰无限,到最后才发现,再难走的路也有尽头,再长的路也有出口,坚持就一定会有光明。

人生就是一段行驶的旅程,前行的路,不怕万人阻挡,只怕自己投降,有路就大胆去走,有梦就大胆去分享,汽车修理工也可以逆袭为时代的创业大咖。在路上,且行且珍惜;在路上,不忘初心,方得始终;在路上,因为庄重,所以出众。

智慧启迪: 黑龙江翔宇汽车集团董事长宋长宇,从天天挨骂的学徒工,到独当一面的师傅,中间有多少路要走? 也许这中间隔着一万辆问题的车辆,也许这中间隔着十万次严厉的打骂,也许隔着几十次情侣间的争吵,也许隔着父母每时每刻的担忧。但是,熬过了这些,你就站在了人生的高处,回望过去,纵然是伤痕累累,也只是一笑带过,因为你还有更多的事业高峰等着你去超越。

有志80后

王军

自己的勤劳努力成就梦想，只能靠

他，1981年出生于辽宁省营口市的一个极其普通的家庭，父母都是农民，家境贫寒。

他，是家里的独生子，但他却从来没被娇生惯养。

他，从小就告诉自己：将来一定要励志，一定要通过自己的努力，让父母过上幸福生活，彻底扭转家里的窘境。所以他的性格很要强，也一直很努力。

他，由一名人人都羡慕的教师，下海转型成为中国品牌防盗门销售领军人物。

- -

2000年，他与所有的人一样，跨入了新世纪，迈入了新时代，刚刚20岁的他，就考上了著名的辽宁师范大学。他从小的梦想就是做一名好老师，毕业后，如愿被分配到营口市第七中学。

2008年已在教育事业上崭露头角的他，心里却有了一个更大的梦想。为了实现自己的人生价值，他毅然决然离开了自己钟爱的、令人羡慕的三尺讲台，辞掉教师职业，一路北上，来到举目无亲且很陌生的城市——哈尔滨，开始了他平生中的第一次创业。

　　在他的记忆当中,那是 2008 年 3 月,哈尔滨还是乍暖还寒寒气逼人的季节,天气冷得很,他租住在不到 10 平方米的地下室,每天半夜还要与老鼠做斗争。陌生、寒冷,让他感觉特别无助。在安排好住处之后,他就出去在人才市场里逛,经过几天的奔波和选择,最终找了一份销售防盗门的工作,作为自己的创业项目,这也是他再次创业的开始。可是,对于这份具有挑战性的工作,他既是个门外汉,又缺乏销售经验,更没有销售渠道和客源,但他心中始终有着不要轻言放弃的坚定信念。于是他就想,既然什么都不懂,那就从最基层的安装维修学徒做起吧,每天卸车背门,背门上楼,销售安装,安装销售,然后夜里去售后维修。

　　有一次到了一车 240 樘防盗门,他和同事薛坤、赵松恩、张磊、许百双五个人,晚上 7 点多就开始卸车,一樘一樘门往库里背,由于天黑又没有灯光,加之卸车要走用木板搭的跳板,就在往下背门的时候,搭的架子一晃动,他连人带门从 1 米多高的跳板上摔了下来,结果鼻子磕在挂车的箱板沿儿上。当时吓坏了自己和同事们,以为鼻子掉了呢,然后大家赶紧把他先送到哈尔滨二院。医生一看,马上就让他去医大一,因为医大一有美容科。在恐惧和无比的疼痛中,他几乎崩溃了。还好,疼痛和恐惧随着医生给他 5 针缝合完毕,而逐渐消退。休息了不到 3 天,他就重新回到工作岗位。因为我时刻提醒自己,创业再艰辛,再不易,也不要指望别人能够帮助自己,只能靠自己的勤劳和踏实肯干。人生没有捷径,投机和天上掉馅饼的事,真的不是那么容易碰上的。

　　有一次,花园街上一老旧小区的客户,来到当时的盼盼宣化街店,由于他家的门刚刚被小偷撬开,客户特别着急,所以,来店里选择了一款盼盼 12 花丙级防盗门,但客户要求必须马上去安装。由于事发突然,安装的师傅已经有了外出安装工作,店里没有安装师傅,就在大家没有办法又不想失掉这单生意的时候,他从办公室里走了出来,坚定地对客户说"您先交钱,然后回家等一小时左右,师傅肯定上门安装",客户得到肯定答案后,满意地离开了。当客户走了之后,店员问他:"王经理,我们哪有安装师傅啊?"他回答说:"我去安装。"就这样,他换上了工作服,带上安装工具,开上货车去库房取门。来到库房背起 120 斤的防盗门,一气儿走了二三十米远的距离,将门放到货车上。一会儿的工夫,他就来到了客户家单元门口。可是,问题来了,由于这个小区比较老旧,楼道口处特别低矮,他背起门,身体几乎都与地面平行了,勉强过了第一关。他刚刚暗自庆幸,却又遇到了新困难,楼梯道的宽度比门窄。对于第一次背门上楼、没有任何经验的他,一下子被难住了。他原地琢磨和研究,终于找到了窍门,斜着身子背门往上走,他步履蹒跚一步一步地往上走着,可算是到了5楼客户家。他把客户家的旧门拆卸下来后,问题又来了,客户家的门口比新防盗门的尺寸矮了5厘米。这样的问题,他听有经验的师傅说过,可以用电锤的锤挡扩门口。扩门口是一件既脏又费力的事。不过他克服了一切困难,完成了扩门,细致地将防盗门安装调试完毕,又耐心地给客户讲解使用注意事项,并得到客户的好评,客户说:"师傅,你真专业。"有了这次经历,他常常提醒自己:世上无难事,只怕有心人。无论遇到多大的困难,不要轻言放弃。办法总比困难多,只要肯付出辛苦,多动脑筋去琢磨,再大的困难也有拨云见日的时候!

就这样,他风里来雨里去,一做就是3年。在这三年里,他既做销售业务,又做安装维修,还要做公司的老板,因为那时刚刚创业起步,考虑到各种运营成本的节约,只有自己多做点,才能节省开支。他每天早上不到5点钟就开始工作,几乎天天都要忙碌到晚上10点以后。事业起步的艰难、创业初期的压力、开拓市场的不易,各种滋味或许只有他自己才深有体会。

时光飞逝,一转眼十年过去了。在这十年里,面对着机遇和挑战,他在不断地思索和规划着如何将盼盼在哈尔滨市场做大做强。在这片全新的领域,他付出了多于常人几倍的努力。

2009年,为了"好民居·滨江新城"和公园一品项目能顺利交工,他每天带着工人起早贪黑,几乎每天只睡不到4个小时的觉,中午的午餐也只有馒头、小咸菜和冰凉的汽水。他每天给工人定工作任务量,完成后统一回租住处吃饭。就这样,他凡事亲力亲为,认真地学习防盗门结构,深入地研究防盗门市场需求,客观地分析防盗门市场定位,然后制定了一系列营销策略(哪怕是微利也要坚持品牌战略路线,那就是只与品牌地产合作,只与有影响力的楼盘合作,每个区都要有这样典型的样板工程),为销售业绩不断攀升奠定了坚实基础。

十年来,他通过自身的不懈努力,凭借对诚实守信理念和舍与得之间利害关系的理解,一步一个脚印地闯出独具风格的经营之路,使自己真正由一个门外汉变成如今防盗门行业的行家里手。

他对这十年总结了一段话,就是:"常用人财两空来告诫自己,不论是做

有志80后

人还是做事,特别是在做每一项工程中,宁可损失钱财也不能失去人脉。"也正因为这,他将盼盼在哈尔滨市场占有率提升到70%。同时在2012年创下了盼盼集团销售奇迹,获得了当年盼盼集团最高奖项销售领军人物,至此他成为防盗门行业家喻户晓的销售能手。虽然创业略有成绩,但为人低调谦卑的他,并没有为此而懈怠和骄傲,他依然保持着高昂的斗志和激情,孜孜不倦地总结和反思自己的经营之道、生存之本、发展之路。他深知,好的品牌必然有好的服务,好的服务必然有好的信誉,销售任何一个产品都离不开服务,服务是经营品牌的根源,他是这样想的,更是这样做的。

十年来,他始终坚持做好售前的承诺、售中的质量和售后的服务,经常亲临施工现场,督促每一位员工将"盼盼到家,安居乐业"的服务理念送进千家万户。同时,他还与业主亲切沟通,耐心指导业主正确使用和保养防盗门的方法,并及时了解终端用户的反馈和需求,以便于完善服务体系、提升服务品质、追求卓越一流的盼盼服务品牌。他就这样一点一滴地树立着盼盼服务品牌的形象,也得到了开发者和使用者的一致好评。受益后的他一直坚持这种服务理念,不仅对质保期的客户这样做,对过了质保期的客户也是这样做。

创业感悟:一路走来,我凭借着自己对盼盼的热爱、对事业的执着和对美好未来的憧憬,更加坚信选择创业是正确的选择,我将义无反顾地走下去。作为有着创业经历的我而言,我的内心深处有着这样或那样的辛酸和苦楚,现如今虽然有所成绩,但我还是坚信一个成功要点,那就是,成就梦想,只能靠自己的勤劳和努力。

人人都有自己美好的理想,然而你可知道,完成梦想最需要的是什么?是勤奋。每一个成功者的成就,都是他们执着前进的精神和勤奋努力凝聚而成的。正如比彻所说:靠天才能做到的事,靠勤奋同样能做到;我知道,靠天才做不到的事,靠勤奋同样能做到。只要你勤奋努力就能成功。即使你并不聪明,但只要勤奋,不怕苦不怕累,你终究会走向成功的彼岸。

智慧启迪:"勤奋"这两个字已经在人们的笔下出现过无数次,然而,这简简单单的两个字又有谁能做得尽善尽美呢?辉煌的业绩和辛勤的努力是成正比的,有一分努力就有一分收获,日积月累,从少到多,奇迹就可以创造出来。

勤奋努力是打开智慧之门的一把金钥匙。王军的创业经历和励志故事说明了这个真理。他是一个勤奋刻苦的人,在实现自己梦想的创业道路上,通宵达旦、废寝忘食地劳动着、努力着。经过长年累月的艰辛付出,取得了创业的成就。

勤奋努力也是一个人的立身之本。我国著名的书法家王羲之就有许多勤奋练字的小故事。小时候,王羲之就酷爱书法,平时吃饭时,他用筷子在桌上写字,走路时他也在衣襟上划来划去,日子一久,衣服也被划破了。长大以后,他经常在洗砚池里洗笔,一池清澈见底的水都给染黑了。经过刻苦努力,他终于编写成了《兰亭序》这部伟大的书法著作,流芳百世。高尔基说:"天才出于勤奋。"富兰克林说:"凡事勤则易,凡事惰则难。"华罗庚说:"勤能补拙是良训,一分辛苦一分才。"徐特立说:"一分耕耘一分收获。"……所以,无论什么都需要勤奋努力,只有勤奋努力,才能使人获得巨大的成就,只有以勤奋努力作为起点,才能有更好的发展!即使有失败,也不要气馁,只要勇敢地面对,勤奋努力去做,就一定能成功。

彭喜才

只有靠自己走
自己的人生路，

　　他，1983年出生于哈尔滨市原太平区。刚刚十三个月大，就因家庭的变故，失去了母爱，寄养在伯父家。

　　他，刚刚6岁，就非常懂事，知道自己煮鸡蛋，知道帮伯父伯母干家务，知道为姐弟分担困难。

　　他，刚刚上小学，就十分节俭，上学基本是步行。他勤奋好学，从学习委员到班长，一直成绩优秀。

　　他，十几岁，为了减轻伯父一家的经济负担，放弃了升学的机会，初中没毕业，就跟姐夫南下学做生意，磨炼自己，锻炼自己。

　　他，二十几岁，为了立志成功，在创业的路上苦苦奔波，从蹬三轮、扛大包，到摆地摊、卖品牌鞋。

　　他，三十几岁，经过多年的努力拼搏和奋斗，如今，已成为黑龙江省鞋业领军人物。企业也由一个小店铺发展为全国仅有的三家"鞋类主题文化馆"之一。

　　每个人是没法选择自己的出身的，1983年出生的彭喜才有着和年龄不相称的成熟，这主要是缘于他童年的经历。在他刚刚出生不久，母亲就因故离开了家，父亲也因此受到精神上的重击，不久便离开了人世。就这样，他从小就成了一个孤儿，被寄养在伯父伯母家。伯父家还有四个孩子，本来日子就过得很拮据，生活条件也很艰苦，又添了他，更让伯父一家人的生活苦不堪言，常常是吃了上顿没下顿，大人小孩穿着破衣，不成样子。过年了，因为家里穷，也买不起什么好吃的，一个苹果也要五个孩子分着吃，有时分不均了，还会大战起来。

他幼年就缺少了母爱和父爱，从小到大，是伯父伯母把他抚养成人，这样的成长环境也影响了他。"少年老成"，生来他就具备了这样的品质，当他还幼小的时候，就感觉比别人要成熟很多，坚强很多。显然，那些往事对他后来的人生梦想和追求，无疑产生了很大的影响，同时也给了他很大的激励，不但让他从小就学会了独立，学会了坚强，学会了做人，更让他知道了自己的人生路只有靠自己走。也正是从那时起，他就发誓，一定要好好学习，勤奋努力，走好自己的人生路，将来更好地报答伯父伯母的养育之恩！

从小学开始，他就学会了自立，并且知道自己煮鸡蛋，知道帮伯父伯母干家务，知道疼爱姐弟并帮助他们学习和进步。在上小学三年级的时候，他为了中午能吃上一个烧饼，舍不得花钱坐公交，天天上学放学，都要步行一个小时的路，一个刚刚懂事的孩子，做起来何等不易！虽然交通条件不好，生活环境艰苦，但却没有让他因此而退步，因此而耽误学习，而是让他更加珍惜时间，更加努力勤奋学习。从小学一年到五年，他都是学习委员和班长，一直是品学兼优、出类拔萃的好学生。

到了初中，伯父伯母看他学习一直很好，虽然家里的生活条件不富裕，可也舍不得让他因此而放弃学业，耽误他的前程，所以，特意托人帮忙，花异价，让他去一个好的学校。懂事的彭喜才，怎能看着家人跟自己勒紧裤腰带，过着苦日子啊！毕竟家里还有姐姐和弟弟啊！他忍着巨大的压力，勉强坚持了一年多。

后来，他实在是看不下去了，也不忍让全家人再因为自己而受穷，没等初中毕业，他就果断地放弃了很有前途的学业。为了磨炼自己、锻炼自己，十七八岁的他，就跟着姐夫南下跑长途，搞运输，一跑就是几天几夜不合眼。小小的年龄怎能受得了这样的煎熬啊！跑了几趟后，他的身体实在有些吃不消了，伯父伯母也有些心疼，就让他在家好好休息。

没过多久，伯父又给他上了几百块钱的地瓜，让他出去烤地瓜。他每天起早贪黑,洗地瓜,生炉子,烤地瓜,一天忙得焦头烂额。刚刚开始烤,既不懂技术,也没有窍门,更没有回头客,烤出来的地瓜不是火候不到就是烤得过火,也不好吃,更不好卖。就这样,客流一天天减少,地瓜一天天烂掉,到最后,来的人看看就走了,钱不但没挣着,还把本钱也搭进去了。自己闹心,伯父着急,伯母上火。没办法,他收回了地摊。

在春节即将来临之际,他跑到南极冻货批发市场,上了几箱刀鱼。数九寒天,他用自行车往市场上运,搬不动,就一点点挪。记得一个下雪天,他上了十二箱货,因为雪大路又滑,在走到一个下坡的地方,一个不小心自己连车带货一起滚了下去,幸好没有出事故。更让他闹心的是,起来后,看看被摔破的袋子,大窟窿小眼儿,满地是鱼。没办法,又没有备用的袋子,最后好歹凑合着把鱼装上了自行车,一步一步地往家挪,结果到家一看,一个袋子完全磨破了,鱼也没了,他也傻眼了,直勾勾地望着那个破袋子好久。

这时的他感到特别迷茫,特别困惑,不知道自己到底能干什么,更不知道自己的人生路怎么走,既没有方向,也没有目标。小买卖做不了,大事情更做不来,要钱没有,要能力也还差,只好出苦力了。也是没办法,他就在转过年的 18 岁,去了哈尔滨的建设街鞋城,蹬起了三轮车,整天给商家发货、扛货。本来身体就因为从小家里穷,营养跟不上,长得又瘦又小,所以,干这样的苦力活真的是难为了他。一个膀大腰圆从农村出来的农民工,蹬起三轮车都是很吃力的,更何况他了。但他却非常倔强,不服输,别人能干的,他就能干。而且,这时的他,想到了当年乳业大王宗庆后,宗庆后曾戴着草帽,蹬着平板车走街串巷,叫卖棒冰、文具,宗庆后不也是从蹬三轮开始的吗? 他想:我现在正处于人生中最年轻、最有成长希望的大好时光,必须在这个时候好好磨炼一下自己的坚强意志,在困难面前一定要有顽强拼搏的毅力,一定要有能吃苦的奋斗精神,为自己将来自主创业,打下坚实的基础。他每天在这里勤奋地蹬车、送货、扛包,风里来雨里去。夏天一身汗,春天一身土,秋天一身霜,冬天一身冰,就这样地坚持着、努力着。别人一天能扛十大包,挣一百元,可是由于他个子矮,又瘦小,扛十大包非常吃劲,但为了也能挣到一百元,他就扛一个台阶,歇一个台阶。每天也是为了这一百元钱,他舍不得吃好的,到中午只买两个烧饼,就一杯开水充饥。每天也是为了这一百元钱,他舍不得花钱坐公交车,晚上下班只好拖着沉重的脚步,一步步地往家挪,一走就是两个小时。到了家里已经是筋疲力尽了,饭也不想吃,躺在床上就睡着了。就这样,一干就是六年多。

由于他勤快又聪明,受到了老板的赏识,在这里,他不但收获了人生的种子,也收获了人生的财富,更收获了人生的爱情。不久,老板就将自己的表妹介绍给了他,两人情投意合,后来喜结连理。从此他的人生也有了大的改变。通过勤奋努力和拼搏,他的积蓄也逐年多起来,脑筋也逐步活起来。老板也在他身上发现了闪光点,觉得他聪明伶俐,勤奋好学,积极向上,既是一个有潜在能力可以挖掘的人,而且又是一个很难得的优秀青年人才,所以,老板一方面有意识地培养他、带动他,让他尽快熟悉业务知识,掌握销售本领,一方面又有目的地引领他、帮助他,让他尽快掌握一技之能。白天让他一边送货,一边熟悉客户,晚上让他一边学习驾驶,一边掌握技能。他白天不辞辛苦地勤奋工作,晚上废寝忘食地学驾驶,每天就像一个机器人一样,不停地在运转着、工作着。特别是晚上,他去太阳岛学驾驶,交通很不方便,没有公交车,他就骑着自行车过江桥,往返几十里路。经过几个月的艰辛努力,他很快就拿到了驾驶证。学业有成后,他由人力三轮,改为了电动汽车,每天为老板开车送货。

2004 年后,他就由之前一个蹬三轮、扛大包的力工,变为了一个销售经理。老板也经常带他出去见世面,开阔视野。就这样,他也就有了不断接触批发商的机会,而且业务水平和谈判技巧也逐渐地提高了,独立运作、独立运营的能力也逐步地成熟起来。这个时候,他也已经到了成家之时,可是既没有存款,又没有房屋,怎么结婚啊? 好歹未婚妻十分体谅他,既没有嫌弃他,也没有刁难他。没房就借房,没钱就少花钱,他仅仅用了三千元,就把媳妇娶回了家。结婚后,他既要履行一个男人的责任,又要承担起一个丈夫的义务。他更加勤奋努力,没钱,就暂时从老板手里拿货,去摆地摊,他苦苦地奋斗着。

2006 年,老板就让他独立去闯市场,独立去上货,独立去销售了。从此,他也开始了人生的独立去闯、独立去拼。后来,他逐渐有了资本和经验,就独自去了福建厦门,在那里打工卖鞋,学经验。语言不通就学,为了讨好那里的老板,他天天都用闽南话,为老板唱“爱拼才会赢”“母亲”这两首歌,而且唱得非常专业,非常动听。因为闽南人非常认可爱拼搏爱奋斗的年轻人,而且更喜欢孝顺的孩子,所以,慢慢地他们觉得一个东北的小伙子,这么一个年轻人,就能勇敢地出来闯、出来拼,真的很不容易,于是,老板就把他当作自己的孩子一样,大胆地支持他、鼓励他,并主动地赊给他大额的货品,让他回东北来卖。

就这样,他时来运转,有了贵人,加上妻子的支持,他对实现自己人生梦想更加有了信心,对自己的人生目标更加有了希望。他迅速地在大新鞋城有了自己的店铺,而且,规模越来越大,生意越来越好,让同行业者刮目相看,让消费者驻足挑选。可是,过了几年后,由于受全国经济下滑的影响,鞋业也有些不景气,最多的时候欠了近一千万元的货款。但他没有胆怯,没有止步,没有畏缩,而是继续往前迈,继续往前行。也许是他骨子里生性有着一股创业劲儿,他并没有满足于现状,而是做了一个大胆的决定——自己创业做鞋子生意,跟鞋子打交道这么多年,不能给别人打一辈子的工,这并不是他想要的。

2011 年,他果断地在哈尔滨市红旗大街 855 号租下了一个 500 平方米的店铺,并组建了黑龙江滨才商贸有限公司,由打工仔变身成为"老板"。创业万事开头难。公司办起来了,但是真正开始运营,却不是一件简单的事情。如何开拓市场、打开销路,成了摆在他面前的第一道难题。虽然在鞋业行业已经多年,对于鞋的销售已经了解得一清二楚,但是毕竟从来没有真正与客户接触过。他对自己的事业有信心,更要为之付出。为了更好地适应瞬息万变的市场,他经常到处跑市场,每一次出门,都会有收获。他说,在跑市场的过程中,结识了各行各业的人,对市场的把握也日益精准。两年后,他的企业已经具有相当的规模,财产也已经达到数千万。之后,在他手里只有 10 万元现金的情况下,他却买下了 600 万元的门市房。这在同行人的眼里,在别人心中,是根本做不到的,可是,他却做到了。

2014 年,全国制造行业下滑,电商崛起,这时聪明的彭喜才觉得传统的鞋业销售一般都是在闭门售鞋,凭的都是老经验、老客户,但现在不行了,市场变化太快,得充分考察市场行情,只有看多了市场,才能真正知道零售商到底需要是什么,消费者需要什么,这样才能对号入座,在销售时也更懂得进流行新潮时尚的鞋,在激烈的市场竞争中也更有底气。所以,他毅然转型,由传统的店商转为定制,而且,又建起了中国第三家、黑龙江省内第一家以鞋类文化为主题的展览馆,展示着从清朝至今各年代最具有代表性的鞋中精品 1500 余双。从清代绣花官靴、伪满时期军用鞋拔子,到目前最先进的3D 脚模型打印机,几乎每双鞋的背后都能讲述出一个历史故事,其中最老的一双藏品能追溯到五百多年前。

彭喜才从一个初出茅庐的打工仔，到中国鞋业的小名人，十余年的打拼，对他而言，就是一个不断"充电"的过程，这个背后，他付出了艰辛的努力，同时也收获满满，他现在不但是赫赫有名的鞋业老板，并荣获黑龙江省鞋业流通协会会长、黑龙江省工商联执委、黑龙江省青年文明号、哈尔滨青年企业家协会理事等多项殊荣。

创业感悟:通过几年的创业经历让我感悟到，只要是自己认为对的事，就该努力去做，不管成功与否，都是人生中一笔很大的财富。每每回想起自己的创业经历，我最感谢的就是伯父伯母和朋友们的鼓励和支持。同时，让我感触最深的是:一旦找到了一个清晰的目标，你就该坚定地朝着这个目标前行，而且，自己的人生路，还得靠自己走。

智慧启迪:立志就是收获人生的种子。人若无志，人生就会失去方向，失去前行的动力，只能在浑浑噩噩中打发日子，这当然是很可悲的。只有早立高远之志，并且坚定不移地为之不懈奋斗，人生才有意义，才能干出一番事业，有志者事竟成。彭喜才的创业经历验证了这条真理。耕耘是收获的必要过程，勤奋努力就是收获人生的锄头，汗水是滋润灵魂的甘露，勤奋是实现理想的阶梯。

有志80后

励 志 · 故 事

于宪军

失败面前永不言败

困境面前勇敢面对，

有志80后

时刻保持着对世界的初心，与事业有说有笑嬉笑打闹，不安分的心和对生命尊严的仪式感，让于宪军成为80后创业大军中少有的一类人。正因如此，拼搏背后的辛酸和历练，才描画出今日眉宇间的万丈豪情。

和于宪军见面的约定，是在一个初秋的午后，微风温柔拂面，在他的 E 购优质产品体验馆会客区。这样一个两层结构的线下产品体验馆，被这个看起来粗线条而又不失幽默感的书卷气质型男打理得井井有条。

"像男人一样思考，像女人一样周到。"于宪军的这一句话，拉开了我们的话匣，也注定这是一次愉快而有温度且风趣诙谐的谈话。他一直看好两个词：折腾和在路上。

2000 年 7 月，于宪军从中国政法大学法学专业毕业。当很多同龄人手里拿着毕业证、准备好简历投入到找工作的大军时，于宪军的心里却在谋划着要自己做一番事业的宏伟蓝图。凭借着在中国政法大学法学专业的学习经历，和回到家乡哈尔滨后，在黑龙江大学法学本科的继续深造，敢想敢干、头脑灵活的他，毕业后不久就注册了自己的公司，并取名为"北方法律事务所"。然而，理论的学习与实践的结合，必然要经历一场破茧成蝶的蜕变，甚至是挫败和失意的痛苦领悟。

他的律师事务所，规模尚小，客户资源匮乏，拓展渠道也是困难重重。这都成为这份事业前行路上的阻碍，可以说是举步维艰。25 岁，风华正茂的年纪,初入社会和职场的年轻人或许还没来得及明确自己的职业规划和想法,甚至还在父母的保护下"啃老",而于宪军却已在三四年的创业之路上感受着酸、甜、苦、辣、咸的五味杂陈。当事业陷入低谷,特别是员工陆续选择离开的时候,他一度十分沮丧和彷徨。当最后一名员工恭敬地递上辞呈,偌大的办公室只留下他一个人时,他愤怒地撕掉了办公桌上的一摞摞文件,苦恼至极。经过了辗转反侧的煎熬和独处后的深思,他果断地放弃了事务所的相关工作,以归零的心态,重新开启了职业规划,也点燃了内心不服输的信念之光。他坚信,自己的孜孜以求,几年来参加的法律顾问、中级策划师、高级职业经理人等的考试和培训,一定会成为日后起步的助推和优势。放下这份名不见经传、不温不火的事业,他迈进了人生下一段征程。

他追求梦想,但不好高骛远,因为只有脚踏实地地努力,才会收获回报;他持之以恒,但不蛮干,因为只有高效的工作方法,才可以事半功倍。

专业的法律知识,严谨的工作作风,永不止步的探索精神,这些优秀的职场特质,让他在新的工作环境中较快地赢得了领导的赏识和同事的认可。2005年8月的一天,他敲响了哈尔滨红旗城集团人力资源办公室的门,从此开始书写职业生涯中浓墨重彩的一笔。如今回想起那一个十年,恰似一个轮回的涅槃,在美好中迎接新生,在风雨里笑着奔跑。而这份相爱相杀,在于宪军看来,是苦练"七十二变",然后才可以笑对"八十一难"的时间长跑。

从法律顾问到综合办公室主任,从集团索道项目总经理到广东商会秘书长、黑龙江省飞镖协会副秘书长,再到哈尔滨松北区政协委员、省市青年企业联合会委员,令于宪军印象最深,也是最有挑战性的工作,却是在松花江索道项目的那几年。一年抵几年,这句老话还真是用在这段工作经历再合适不过了。从技术部器械排查开始,严寒酷暑地与工人在一起,从对机器操作一无所知,到亲自到一线找工人聊天学习,这个过程真是漫长。他至今都能回想起,第一次拿起检修工具时的笨手笨脚,以及员工聚堆议论他的情形。技术部的问题解决了,室内外的排查接踵而来,零下20多度的天气,乘坐着过江索道一趟又一趟往返,工人向他介绍和讲解,他用笔在本子上记录下来。工人认为棘手的事情,在他看来都是发现问题、解决问题的好事。办公室主任总是会帮助他准备些温热的开水放在桌上,想让他在工作之余稍做片刻休息。而他呢,不但这水没喝上几口,连正常的一日三餐,很多时候都被工作给耽搁了。

他凭着对工作的认真负责和忘我热情，为了红旗城集团打造出远近闻名的地标性旅游项目，付出了勤奋和汗水。对于索道日常运营和管理，他建立了一系列规章制度，以便于保证工作标准有章可循。松花江索道项目的运营从未出现过安全事故，真正意义上保证了游客的人身安全。

一个好汉三个帮。公司从最初的几个人，逐渐发展成 50 余人的专业团队，经营上也是扭亏为盈。这是于宪军在红旗城集团稳扎稳打、坚定前行的重要基础。任职集团行政总监、黑龙江粤融股权基金管理有限责任公司副总经理，于宪军在事业的阶梯上勇于攀登，不断精进。

俗话说，机遇只会等待有准备的人。"不安分"是众多创业者的共同品质。因为"不安分"，才会不满足现状，也才会独具眼光和胆识，敢于冒险和接受挑战，走常人不敢行走之路，成就常人所不及之事业。可以说，"不安分"也是一个人最为重要的创业基因。

于宪军，就是这样一个不安分的人。2015 年末，互联网经济大潮风起云涌，他自主创业的第二个春天也姗姗而来。拥抱互联网科技，他还是想尝试一下，做点自己的事。杭州，云集着当今中国大咖级的新兴网络资源，宽广而商机无限。他毫不犹豫地一路飞去，这一个停留就是二十几天。选择"121 店 APP"，他是认真的。虽说是新型的线上购物平台，他却并不是第一次见识。他考虑的是，将其引进或嫁接到龙江，用本土化的管理和营销模式，建立属于自己的商业化网络平台。同时尽最大心力地把龙江的优势资源推广出去。心里的"引进来—走出去"让他辗转反侧。毕竟，要吸取上一次创业失败的教训，成就一番事业也不是一朝一夕的事。

第三届世界互联网大会，是于宪军心心念念的盼望。在这次大会中的参会经历和所学，他悉数记录并认真思考，为自己创业的下一步去打算，他坚定了他在这条路上一路向前的信念。他再一次创办了属于自己的公司：尊道电子商务有限公司。由此，他的"O2O+B2C"全新商业平台蓄势待发。与上海东北经济发展促进会、黑龙江省飞镖协会联合打造优质产品集成平台，以阿里巴巴产业带"1688""淘宝"、121 店 APP、"大公众号粉丝福利商城"等线上平台为依托，优质产品体验馆为线下载体，经营东北原生态农、林产品，健康、绿色、特色食品及港、台、欧美进口日化产品，服务于社区，致力于打造"新零售"商业模式。四位一体的互动式体验方式，消费者不但可以在体验馆购物，也可以选择网络商城购物，享受更多优惠的同时，更可以通过移动手机端交易支付,实现了全网络、全渠道的无缝衔接,不仅使购物更加便捷,更加打破了销售和地域的壁垒,真正实现了加盟商和消费者的完美体验。

2016年末,E购优质产品体验馆在哈市香坊区开门营业。开业当天,他并没有弄得多么烦琐和铺张,更没有讲什么排场,十几位交好的事业伙伴、崇敬的领导朋友和共同创业的同道中人,简单的仪式和欢喜的笑颜,还有对E购优质产品体验馆未来的祝福,于宪军认为,这就足够了。一路陪伴特别是在低谷中相携过来的几位亦兄亦友,可谓是如今风生水起背后的"最强班底"。大道至简,无非也是如此。

"路上的辛酸已融进我的眼睛,心灵的困境已化作我的坚定。"于宪军事业的新起点,在这里,在那一天,全新上线。为不安分的心,为自尊的生存,为自我的证明,他说,折腾就是不服输,在路上就是对生命的敬畏和远行。经营这份事业一年以来,他为百姓提供了更多、更好的优质食品、生活用品。因为这个平台也与素不相识的人相处成为朋友,收获了荣誉和盛情。成立红酒品鉴会,是他数次参加红酒大区品鉴会后的想法,而执行力的坚守,让"E购红酒品鉴会"的第一次聚会生气蓬勃。一个冷餐晚会,拿出6瓶红酒免费赠予来宾品尝,一桌精致的菜品与红酒共同呈现。这之前是他亲自选购的食材、请到专业厨师烹饪、调配,中西料理一应俱全。他只是笑着说,有乐趣就去做,这个平台,随时向你们敞开;这个平台,也一定会为更多的人带去忙碌之外的惊喜和生活品质的感悟……

一股子倔强但不固执、一腔热血但有勇有谋,这就是于宪军,在事业路上奔忙着、乐呵呵的80后,希望也祝福:他会像自己经常摆出的手势那样:胜利、牛人,笑容里充满力量和光芒。

有志80后

创业感悟:"不安分"是很多创业者的性格特点,但这也正是影响和促动功成名就的特质。把握时机的折腾和持之以恒的付出,会成为事业路途上时刻受用的金科玉律。

智慧启迪:昨日之非不可留,今日之事不可执。要将别人的经验化作一盏灯,而自己才是行路的人。相信自己,调整自己,超越自己,为了梦想和深爱着的人们,一直在路上,永不言败。

王耀华

成功，因坚持而实现

梦想，因行动而真实

有志80后

　　他，1984年出生于黑龙江省海伦市一个偏僻落后的农村。兄弟两人，从小生长在艰苦的环境里。从懂事起，就经常看到父母眼里流露出太多的无奈。也就是从那时起，让他们有了励志的决心，要替父母分担所有的一切。

　　他，虽然从小家庭居住环境恶劣，但兄弟俩却一直勤奋学习，刻苦努力，从没有打过架，从一个幼稚的孩子变成了懂事的青年，村里人都说他们是有志向的孩子，这点让他和哥哥都感觉到特别自豪。

　　他，从小到大都品学兼优，一直是出类拔萃的好学生。从大学开始，他学会了独立，勤工俭学，减轻家庭负担。

　　他，大学刚刚毕业，就开始自主创业，独立闯市场，独立跑销售。如今，已经成为一个名副其实的企业老板，更成为了一个青年创业路上的领军人。

- -

　　王耀华，一个响亮的名字，一个闪耀的名字，一个名耀中华的名字。当他们兄弟俩出生来到这个世界的时候，父母为了让他们的后代忠诚祖国，名耀中华，就给他们兄弟俩起名为"王耀忠""王耀华"。兄弟俩也没有辜负长辈的祈盼，从小到大一直很励志，他们在人生的潮流中有梦想，有目标，更有抱负。在

173

没有任何基础,也没有任何背景的情况下,仅仅依靠自己的双手,势单力薄地去打造属于自己的将来。而一路上有太多的无奈,但无论怎样,他们并没有放弃自己的梦想,为了青春跟梦想,仍旧咬牙艰苦向前,一路拼搏。

王耀华的初高中生活,是在他的家乡海伦市度过的。他的梦想就是上一所理想的大学,掌握励志人生的本领,早日改变家庭的生活条件。为了这个梦想,他十五六岁就开始离家住校,青少年时期都是在校园里和书本共同度过的。

到了大学,他和哥哥都进入了大城市,生活环境大大地改善了。但父母的负担却更加沉重起来。父母为了供哥俩读书,不得不出去打工赚钱。

大学里绚丽的色彩令他感到一种危机感,有了一种来自灵魂深处不可铲除的情绪:我贫穷,很多东西都不属于我。大学的四年对他来说可能是漫长的。在这里,他每天勒紧腰带,过着艰苦的生活,家庭经济条件好的同学,每月的生活费大约一千多,可他的生活费只有四五百元。别人吃面、吃肉,他吃土豆、馒头。他开始企图追求精神上的富有,来掩盖现实中的失落和苦闷,他疯狂地看书学习,疯狂地参加各种他认为有意义的活动,也疯狂地强迫自己勤工俭学,自立自强,鄙视那些拿金钱来构筑自己理想的人。

他在平时表现得很快乐,可以为了尊严而把微笑一直挂在脸上。可一旦到了吃饭的时候,他又开始不安。食堂里总是那么多的人,而他的饭盒总是那么浅。同学的菜在饭盆里耀眼得令人眩目,打饭师傅的眼神也令他抬不起尊贵的头。

他一直认为,当一个人为了生存而忽略尊严的时候,自己是无须颓废与自弃的,别人亦无责备与嘲笑的权利,一切均会付诸水流风尘而了无痕迹。但在万分之一的可能中,你走上了荣誉的顶端,当初放弃尊严的行为,终将成为你最耀眼和铭记人心的荣耀。所以他艰难地活着,为了荣耀,为了成功,为了梦想。也许在别人眼中这只是一种自我安慰甚或自欺欺人,但是在他写下这样的话的时候,他明白这就是他一贯认为正确的真理,他也相信可以经得住任何实践的检验。

他在等待中守望着,也在等待中追逐着,守望着他的理想,追逐着他的未来。到了大学不久,他一边努力学习,一边积极参加校内外的各种活动,争取更多磨炼自己坚强意志的机会,争取更多锻炼自己适应社会的能力。他开始用课余时间体验打工生活,白天上课,晚上到网吧做网管。网管,是每个在网吧上过网的人都接触过的,可能不少人羡慕他们可以免费上网,可以拥有管理员密码从而在网吧的电脑上为所欲为,但有些关于他们的心酸并没有人了解。网管基本属于三无人员,没有合同,没有劳保,没有自由。网管的工作时间超过 12 小时,且全年没有休息日。网管的收入基本低于当地平均工资。

作为一个大学生,迫于生计要在这样一个网吧工作,真不是滋味!每当被人叫网管时,他心里都会好难受。为一点点鸡毛蒜皮的小事,上网者也会在那儿高声大叫。客人是无所忌惮的,事无大小,问题不管多奇怪,网管都得处理。每天连一个好觉也睡不好,特别辛苦。

后来,他又觉得卖药很赚钱,就到了云南白药黑龙江销售公司,做起了云南白药牙膏兼职促销员。他从不会做起,在培训班里,本来简单的话术,一说就是一天,累得他筋疲力尽,口干舌燥。可是功夫不负有心人,经验最少、培训最短的他,却成为了日后的哈尔滨市区业绩最高的促销员。每天别人只能卖十块钱左右,他却能卖到几十元。不但自己有了收获,而且也赢得了公司领导的认可,公司领导还经常把他的电话营销经验讲给其他的促销员。

为了给自己的人生打基础,改变自己的命运,挣更多的钱,就不能认输,就不能甘心,必须继续坚持,继续拼搏。不久,他又联系到了一个销售空气压缩机的业务,当时老板只是抱着让他试试看的态度,每月只给他 1800 元的工资。为了展示自己的才华,提高自己独立完成任务的能力,他没有跟老板争争讲讲,并愉快地接受了这项工作。每天贪黑起早,步行和公交车同时用上,在短短的三个月时间内,就跑遍了哈尔滨的几个偏远的城区,上百个工厂,并取得了较为丰硕的成果,更得到了老板的赏识。于是决定提升他为销售经理,给他涨工资,签劳动合同。而此时的他,并不想跟老板签合同,因为他考虑更多的是日后的发展。

经过一段时间的磨炼,无论工作能力还是业务水平,都得到了提高和发展。到了大四之后,他开始进入了实习阶段,走上了三尺讲台。但通过实践,他感觉自己并不适合当老师,自主创业可能会有更大的发展空间,所以,在大学毕业时选择了放弃分配。

哥哥毕业后被学校推荐到了广州一家水利水电工程局,做工程总调度工作,而且前景广阔。这时的哥哥看着弟弟已经毕业,并且还在寻找工作,也让他去广州自己的身边工作,兄弟之间可以相互照顾。但那里的消费水平太高,房屋价格很贵,根本买不起。

有志 80 后

　　经过一段时间的思考,哥哥觉得弟弟想法很有道理,就辞去非常好的稳定工作,回到哈尔滨与弟弟一起创业。由于他在大学里有过促销牙膏的经历,更有过产品销售的经验,觉得还是选择自己熟悉的项目比较稳妥。2008年,在父母和亲友的帮助下,他们借了一万八千多元,到广州进了一百套化妆品,单凭一腔激情,哥俩儿在哈尔滨的大街小巷铺店设点,就此开始了自己的创业。

　　一个大男人,对于化妆品本就缺乏了解,甚至一窍不通、什么都不懂,根本不知道跟人家讲什么,每天就不断地查阅资料,学习化妆品知识。在正式进入化妆品行业的时候,才知道,这个行业并不好做,竞争压力也很大。化妆品店到处都有,对于他这个刚进入化妆品行业的新人来说,无论是打价格战还是客源战,都占不到任何优势。唯一的优势就是他聪明好学,勤奋努力,不怕吃苦,勇于拼搏,敢于克服各种困难。经过他们的执着努力和不断开拓,市场越做越大,客户越来越多。

　　2008年5月,他们注册了属于自己的第一家化妆品公司。哥俩分工明确,他负责财务和协调厂家,哥哥负责销售。为了节省开销,哥俩在郊区租了一个简易房屋,每天为了赶上第一班车,早上五六点钟还是漆黑一片的时候,他们就要到很远的配货站发货,每天在路上的时间就得4个多小时。"金杯银杯,不如老百姓口碑",如果不诚信,口碑不好,做再多的推广也是浪费时间而已! 他们做化妆品分销批发以来,投入的推广费用是很低的,很多客户都愿意与他们长期合作。产品销售量越来越大,公司效益越来越好,销售额由当初的每月几千元,迅速上升到每月近万元,品牌也由当初的一个发展到四五个,品种也由当初的几个发展到近千个。

　　身处原始积累阶段的王耀华,已经全身心地投入到了这个行业的运营当中,每天从早到晚忙于商品管理、会员维护、市场调研等琐碎事情,生活保持着严格的"两点一线"的轨迹。在第一家店取得初步成功后,他与哥哥开始了"超低速"扩张的步伐——平均每年新开店一两家左右。不过为避免管理阵线拉得过长,门店主要集中在黑龙江省的市县、区。

　　2009年,成为他们兄弟创业人生的第二次转折。此前的王氏化妆品有限公司只是统一品牌下运营的单体店,现在才真正跨入连锁店行列。至此,公司初步形成了批发、零售和电商协同发展,以批发为后台、零售为基础、电商为工具的"三角形"组织框架。

2014年以来,受电商的影响,化妆品行业也在走下坡路,他们在巩固老客户、发展新客户的基础上,不断坚守,不断努力,不断发展。他与哥哥现在除了化妆品行业外,又开始涉足医药行业,加盟了黑龙江龙卫药店连锁机构。目标客户主要定位在中老年群体,可能就是因为他们喜欢物美价廉。他的选择其实并不是纯粹为了赚钱,而是想做点有价值的事情,也可以说是梦想的推动。

创业感悟:回想企业的发展历程和自己的创业经历,我最大的体会是,作为没有任何经验可循的新型业务,特别是在没有最大化地利用资源时,必须善于学习,勇于交学费,否则,可能花了很多钱,效率却非常低。只有付出,才有收获。

创业是很辛苦的,也很累,因为这个累是自己经历的积累,这个累是自己身上应该有的责任。可以输,但是绝不放弃,因为这是你自己决定的事情,是你自己的追求,是你自己喜欢的事情。创业越久,接触越多,你就会越不羡慕别人的收入,因为他们有着你并不知道的日日夜夜的艰辛。也不羡慕别人说走就走的自由,因为他为这份自由付出了代价。

小时候靠父母,那是养育。长大了靠父母,那叫啃老。生活节奏那么快,责任压力那么大,谁不是又累又苦,谁不是省吃省喝,没有人会一直帮衬你,把全部都给你。人生如同攀岩,靠别人只会一起坠落,松开手独自翻越,我相信脚步会越来越轻,胜利就会越来越近。多去努力,好好坚持,靠自己赢得自己的人生才会踏实。

智慧启迪:为什么选择创业?创业者无非有两种:一种为了励志而创业,在追寻自我存在感时顺带赚钱;一种为了赚钱而创业,生活所迫容不得他们选择。王耀华创业,属于前者。他从小到大一直励志,特别是到了大学后,更是不曾向家里要过一分钱。促销员、网管、校园代理,大学四年摸爬滚打,草根创业的路上,他冷暖自知。

创业不像想象中那样热血激荡,更多的时候,创业最需要的不是资金与才智,而是勇气与坚持。创业是从未知领域开辟出一个新的世界,未知便意味着风险。创业是细致的工笔画,而不是写意的山水画,只有轮廓与想象,而缺少潜心勾勒与描绘,是无法存活在残酷的现实战场的。生存的压力,生活

有志80后

的苦难,每一个人都须面对。一开始就选择逃避的人,一开始也就选择了失败。成功路上最心酸的时刻要耐得住、熬得住,挺得起,没有过不去的坎,跨坎的原动力就在自己,坚持就是胜利!

有志80后

张笑颜

就是脚踏实地

成功的唯一捷径，

有志80后

　　他，1982年出生于哈尔滨一个普通工人家庭。父亲是一名电业职工，因工作需要，长时间在外地；母亲是一名企业工人，在他小学刚刚毕业时，赶上了市场经济体制改革，大部分企业工人开始步入社会，母亲也没能逃脱这样的命运，也冠上了"下岗工人"这个头衔。

　　他，小小的年龄就非常懂事，知道体谅父母，知道感恩父母，主动与父母一起挑起了家庭的重担，就像一个大男人一样勇敢克服困难，面对生活的压力敢挑战。每天天不亮他就跟着母亲有模有样地去上货，摆小摊，然后才去上学。

　　他，从小就知道任何一个男孩，都不能只活在父母的怀抱里，必须自立自强，要有自己的人生目标，有自己的远大抱负，不能依赖父母，更不能依靠父母。所以，在他很小的时候，就知道刻苦学习，勤奋努力，脚踏实地地去积累成功的能力和品质，他以优异的成绩考上了知名的哈尔滨医科大学口腔医学专业。

　　他，从小有志，从小就有人生目标，更有远大理想。长大后更是在母亲的影响和带动下，拼搏进取，努力奋斗，不靠父母，不享受安逸，在艰苦的环境里也保有坚强的斗志。从一个小小的口腔医生做起，一点点地发展，一点点地努力，一点点地奋斗，而今已经成功打造了多家品牌口腔专科医疗机构。他也成为哈尔滨口腔行业的领军者，中国新时代有志创业青年。

励 志 · 故 事

　　1982年,是张笑颜出生的年代,也是我国改革开放的转折时期,社会主义现代化开始进入了波澜壮阔的新阶段。对于许多80后来说,从小接受的教育就是爱党、爱国、爱家。但对于下岗工人的子女来说,却感到很自卑。因为从小心理承受着的不只是父母的下岗给一个家庭带来的冲击,还有失去了本该属于他们这个年龄的天真烂漫,和对于未来的无限遐想和无限憧憬。看着年近半百的母亲,为了生计到处奔波,四处碰壁,看着母亲为了生存一天比一天消瘦,看着本该可以抚摸着孩子陪伴其成长,但为了改变命运,而每天辛勤劳作的母亲。他和许多同龄人比,沉默少语,多愁善感。但他的内心狂热,也想和同龄人一样,喜欢喝可乐,喜欢吃麦当劳,喜欢买NIKE鞋,也有自己的偶像,有自己的梦想,也有他自己喜欢的女孩子。但他吃不起麦当劳,买不起NIKE鞋,更不能买偶像的专辑,也不能在爱好上面花过多的金钱,更不能和自己喜欢的人在一起。他没钱,但没有怨父母,反而更爱父母,因为是父母让他懂得了什么是励志,什么是勤奋,更让他知道了怎样才能通过拼搏成就梦想,实现自己的人生目标。

　　所以,从小学开始,他就特别自立自强,能吃苦,更不怕困难。他每天天没亮就跟着母亲去进货,摆小摊,然后再去上学。放学后就在母亲的摊位上看书学习,一直到晚上市场关门才回家。在那些年里,他既要学习,还要帮助母亲去很远的批发市场进货回来卖,一个半大孩子,骑个三轮车,不论太阳酷晒,风雨交加,还是雪天路滑,都要坚持去进货补货。这期间,他不知吃了多少苦,摔了多少次跤。

　　后来经朋友介绍,他母亲来到了菜市场租了一个摊位,开始卖起了食杂用品。那时候的他,刚刚小学毕业,父亲又被派到外地长期工作,家里男人的活就全落在一个小男孩的身上。

　　记得有一次放在市场的货物被盗,丢了很多东西,这对母亲来说,无疑是雪上加霜,这就意味着肩上的担子就更重了,压力也更大了。于是,母亲就做了个决定,把不值钱的货物每天都装在几个大箱子里面,这些箱子摞起来比张笑颜的身高还高。晚上关了市场,他和母亲就要背着好几个大箱子,走上好久的路才能回到六楼的家里,第二天早上再背到市场,就这样周而复始。面对每天繁重的活计,他都依然坚持着,因为毕竟母亲更辛苦更累,跟母亲的付出来比较,他吃点苦又算得了什么呢!那时候他感觉最幸福的时刻,就是当母亲晚上炖上一锅香气扑鼻的酸菜,再放上零星的几片羊肉,吃起来全身热乎乎的，整个身体都放松了。

当时，对于正处于青春期的他，最难受的是同学们鄙夷的目光和内心的自卑，同龄的孩子都在被宠爱和无忧无虑的玩耍中长大，而他每天都要帮妈妈负担家里的各种事情，还要为学习挤时间，所以他一直暗下决心一定要励志好好学习，将来让自己和家人能够过上舒适的生活。正是他童年所经历的那段岁月，才让如今的他，在工作中拥有坚强的毅力和不怕吃苦的精神，面对工作中的压力能够轻松面对。

这之后，他凭着自己的勤奋和刻苦努力，考入了哈尔滨医科大学口腔医学专业。当初选择读医，主要是自己早就有了要成为一名医生的理想。因为他从小到大一直很努力，学习成绩也一直很优秀，所以，一路也很顺利。顺利地进入了重点高中，顺利地走入了医科大学。

也许很多人想象不到他读医的辛苦，夜晚走在校园的甬道上，路上几乎没有人，整个校园冷冷清清，只有不时行色匆匆的背影经过。夜幕中的校园一片寂静，只有灰冷的高架电线和呼啸而过的火车鸣笛声。他背着厚重的书本去教室看书。教室常常是"人满为患"，一些同学学习累了，趴着小睡。还有就是刷刷的笔记声和片刻的翻书声。其实有很多人心目中的大学生活都不是这样的，大家都希望有丰富的课外活动，以及向往的生活。可是，当你身边的人常常捧着厚厚的书去自习，有时甚至过了半夜才睡觉，加上上课时云里雾里的专业知识，没有在课外及时消化，真的无法给自己一个交代。每天不敢跟自己开玩笑，不敢跟同学开玩笑，只有努力学习，压力由此而生。

医学生考试光靠聪明是不够的，记忆力得好。记忆力好也是不够的，任你过目不忘吧，你也得过目一下那几百页，才谈得上记忆吧？背书真的辛苦。那时候真是开口辛苦，闭口也是辛苦。看看别的学校别的专业的同学多HAPPY，生活过得有声有色，羡慕，也只能是羡慕。医学生的生活可能很多人无法想象，最忙的大三，他们每周几十节课，不包括晚上的选修课，考试有十几门。读医，真的能把人逼疯，真是心寒。每天的生活就是早早起床，洗漱，吃饭，然后奔到教室学习，看书，晚上还是学习，看书，累了就趴会儿，醒了继续看，到凌晨两三点才睡，天天重复同样的事，直到把将近 10 斤的书全部考完。那一段非人的生活令他至今无法忘却，也不敢再次面对。

当时的口腔专业并不像现在那么热门，毕业之后实习和就业都成问题，如果继续攻读研究生，还有可能找到一个正式的工作。可是，大学那几年的学费就不少,再读研究生就会给家里带来更大的压力。毕竟母亲的身体也不如从前,他也不想再增加家庭的负担。

大学毕业后,正好一个大学室友,说他家乡下有一个牙科诊所无人经营,而且也没多少费用,他们两个一拍即合,当即决定,自主创业,自己干!回家向父母告别,在父母的叮嘱下,他背上行李走进了北方的一个乡下小镇,开始了他的创业之路。他一路上兴致勃勃,意气风发,心里想着,连毛主席都说"农村是一个广阔天地,在那里是大有作为的",我相信自己,一定能干出一番事业来。

可是,在经过不断地火车换汽车,汽车又换火车,到达目的地后,城市的繁华换成了人烟稀少,看着他坐的客车走到了山沟里的时候,心已经凉了半截,对于这样一个环境他是始料未及的。看到来接他的同学那兴奋的面容时,他也不好表现得太过激,心想既来之则安之吧!于是两个来自正规院校的大学生,就这样干起了乡下的牙科诊所。

接诊一段时间后,发现很多的不习惯和不适应,除了生活中的不习惯,可以慢慢地克服以外,最主要的是在经营中发现,患者少,而且还对他们总是有各种怀疑。这里的老乡们,有了牙病,哪怕只是一点点小小的龋病,他们也不会选择先清理治疗,然后补牙这个程序,直接的要求就是拔牙,拔完了之后,再等着一起镶牙,无论跟他们怎么解释,他们也不在意。好像这个概念就是一个正规的流程,每个人都按照这个程序去走,没什么问题,也不觉得是问题。口腔健康观念的极其不正确,让这两个经过现代化医学理念学习的年轻人根本无法接受。后来经过打听才知道,这个小乡镇的其他牙科诊所,这些年都是这么干的。再一深入了解,这里的医生都没上过正规学校,牙科技术都是从上一辈儿传下来的,他们的再上一辈人,也是这么师傅带徒弟的形式带出来的,可想而知技术水平也就没什么提高。两个人一研究,这正是他们经营的优势和特色啊,他们是"正规军",而且拥有先进的医疗技术,完全可以从技术水平上占领市场。但是说起来容易做起来难,一个是老乡们的思想观念根深蒂固,另外打破同行的规矩是最麻烦的。但是既然选择了,就算有麻烦,有困难,也必须去做。接着因为他们两个太年轻,而且老乡们对他们俩也不熟悉,就更不敢贸然到他们这儿看牙了。他们要想经营起来就得主动出击。

于是他们联系村委会,因为村委会的公信力是很大的,先给他们讲牙病的知识和预防,从哈尔滨找同学做宣传彩页,让他们知道,如果没有正确的医疗方式,就会导致很多的疾病,等村委会的干部能够理解了,再请他们把宣传单发给村民,并在村民闲暇时间免费给他们检查牙齿,先给认识的老乡做治疗和修复,慢慢地让他们理解原来牙疼是可以治疗好的,还不用镶牙了。随着第一批的患者得到很有疗效的治疗后,接下来口碑相传,大家也逐渐地走进了他们的诊所。他们通过先进的技术和水平,彻底地改变了村民的观念,也让诊所收入成倍地提高。

随着他们不断开展新的技术,慢慢地也小有了名气。但是好景不长,随之而来的就是他们自己的内部问题,因太过年轻和懒惰,患者多了,工作量也就大了,今天累了,明天就休息一天,互相推托工作辛苦,自己应该比对方多休息些。还总觉得挣钱太容易,今天不干,明天一样能赚回来。

而无论什么工作都必须踏踏实实地去干好,三天打鱼两天晒网肯定不行。只有创业的思维和拼搏精神是不够的,还要懂得坚持和持之以恒的态度也是创业中必不可少的元素。

但是,他们当时却不觉得这是个多大的问题,慢慢地,这种慵懒的态度导致了他们的诊所一步一步地走向了失败。收入越来越少,最后张笑颜退出了经营,返回了哈尔滨。多年后,他和那位同学每每想起这段创业经历,就觉得那是对自己人生中的一个教训,同时也是他最宝贵的创业经历。

初次创业失败了,他回到哈尔滨后也非常苦恼。当时也有同学介绍他去找个工作,但是他内心还是想创业,不想听别人的摆布。正巧这时有个同学说,有一家医院的口腔科室经营得不好,现在一直无人管理,院长也很头疼,认为他工作经验丰富,还经营过诊所,建议他可以去试试。听了同学的简单介绍,他觉得这是个机会,就去跟当时的院长见了面。当他把简历交给院长时,院长看了看笑了,说你这学历还行,但是太年轻,经验少,处理问题一定不行,不可能管理好一个科室。当听到院长这么看待自己的时候,他的内心很是不服气。当下做了一个决定,如果管理不好口腔科室那他一分钱工资都不要,还负责把浪费的时间用钱给补回去。院长也觉得这个年轻人很励志,也挺有决心,当下立了军令状,让他来管理试试。刚刚负责管理口腔科时,他并没有马上行动,而是仔细地分析这些年口腔科经营不善的原因,主动与其他科室搞好关系,听取大家对口腔科的看法,终于找到了几个内部原因:由于是中医类综合医院,多数的患者都是来看中医、吃中药的,为了方便患者看病，院里把主要科室放在了一楼，而口腔科室设在二楼最里面的一个房间，地理位置不好，很多看病的患者，不知道这里还有一个口腔科；再就是二楼有一个中药煎药房，每天熬煮中药的气味比较刺鼻，患者就算来看牙，也坚持不了太久，本来牙就疼，还要忍受难闻的气味，所以久而久之，大家觉得本院看牙不舒服，就不愿意再来了；而且最主要的问题是当时的口腔科技术能力不够，无法满足患者对牙病的需求。发现了几个问题之后，他主动找到院长，提出了一个要求，要把口腔科室从二楼调到一楼，这样既远离了难闻的气味，又可以让其他就诊的患者看到口腔科室的存在，一举两得。可是，由于多年院里对口腔科室的冷落和对其他科室的重视，院里会议并没有通过他的要求。这让他非常苦恼。院方一方面又想增加科室的收入，但又不肯去尝试，经过反复沟通，在还是没能得到支持的情况下，他思前想后，只能自己想办法来解决了。于是，他拿出自己之前创业的那点微薄收入，把口腔科重新粉刷，并把科室的门做了密封，这样口腔科的环境比之前整洁了许多，刺鼻的味道也少了，再用仅有的那点钱买了 2 台风扇进行室内通风，基本解决了气味问题。那么现在缺少的就是技术问题，因为想要口腔科有提高，必须很好地解决患者牙齿的问题，这也是医生的根本。所以他找到当年的老师跟他说明原因，他需要利用业余时间，到老师的医院进修提高技术水平。凭着多年的师生感情，老师马上答应帮助他。就这样有了老师的指导，技术方面又有了进步。那么现在就要开始真正地去经营了。这次他又找到了院长，跟他说明情况，既然院里面不同意更换科室位置，还要求出成绩，现在就需要院里支持，把口腔科室的口腔卫生宣传图画挂在一楼候诊大厅的墙上面，因为候诊大厅里都是患者，这样的宣传作用是巨大的。同时，他也希望院里面每次出外义诊时，口腔科也能够参加。这两个条件，院长觉得也是很有意义的，当下拍板通过了。

就这样，口腔科慢慢地有了人气，有些大爷大妈也试着来检查牙齿了。通过他细心地为他们解决口腔问题，大爷大妈们心里有了一个好评，也的确感觉跟之前的医生不一样了。

记得当时有一个 70 多岁的大娘腿脚不好，行动不便，而且牙齿都掉光了，镶了几副假牙都觉得不好用，只能每天稀饭面条，凡是正常的青菜米饭基本都吃不了，最基础的饮食需求都很难满足。可想而知，这位大娘的心情是多么低落。她的子女们也希望老人有一口舒服的假牙，能吃点子女们做的菜饭,让老人有个愉快的晚年,身体也能健康一些。听说这儿的口腔科技术还不错,就想来看看。当看到他这么年轻,家属们就有些犹豫了。这被他觉察了,但他还是仔细跟家属了解病患的状态,也非常有信心去完成这个病例。由于大娘行动不便,于是他主动提出,可以带着设备到家里为大娘看牙,这样免去了很多麻烦。家属也觉得非常好,就同意了治疗方案。

凭借着他多年的临床技术能力,经过几次上门诊疗,最终大娘的牙齿修复得非常成功,当场就用新镶的假牙吃了一个苹果,家属和大娘都非常高兴和激动,因为水果这一类的食物,这些年来都是给大娘打成果泥喂着吃的,这些年第一次真正啃了一次苹果,这简直是做梦都没想到的。家属怀着感激之情,赶紧拿出钱和东西要送给他,可他都谢绝了,只收了正常的诊费就回去了。之后不久的一天,那个老大娘自己拄着拐杖,在家人的陪伴下来到了医院,手里还拿着几个刚买的水果亲自送来,说:孩子,谢谢你给我镶了这么好的牙,我啥都能吃了,大娘没别的感谢你的,吃几个水果,大娘心里才舒服。当接过大娘颤颤巍巍递过来的水果时,他觉得心里暖暖的。这就是当医生的成就和满足,患者对你的认可是任何金钱无法比拟的。这件事过后,更加地扩大了他的知名度,增强了他的信心。

之后的几年,院里把口腔科从二楼里面挪到了二楼楼梯口,又挪到了一楼,从一个小小的科室,一点点增加设备,提高服务质量,从亏损扭转成了盈利科室。院长也对他刮目相看,不过还总是提起当年那个毛头小子跟他面对面谈判的情景。随着自己的目标不断更新,在之后的几年,他毅然决然地放弃了现有的工作,自己投资经营民营口腔行业,做口腔专科,凭借自己的技术能力和多年的经验积累,不断发展。从那时起,他给自己定下一个目标,每几年就要有一个改变,或大或小不断地完成和超越。随着市场经济的发展,口腔行业也成为了国内的朝阳行业,国家政策的利好,让他更有信心做好民营口腔行业。目前他经营了几家口腔专科医疗机构,打造出冰城的连锁品牌,为百姓更好地解决口腔健康问题。

创业感悟:我的创业历程和奋斗经历告诉大家,成功的唯一捷径就是脚踏实地,坚持不懈,而且还要从小就培养自己的自信。如果树立了必胜的信心,就能够不怕一切困难,克服一切困难,解决一切问题;如果没有必胜的信

有志80后

心,就不能把事情坚持下去,就会在困难面前胆怯、退却,就会知难而退。一个男子汉,一定要有坚强的意志和坚韧不拔的毅力,要持之以恒地向着自己的理想和目标而奋力拼搏。

人的一生从来不会一帆风顺,漫漫人生路,苦乐相掺,悲喜相伴,往往挫折坎坷比平坦之路更多。挫折会伴随每个人的一生,成为他人生的一部分。如果母亲从小不让我经历一些磨炼和挫折,我今天就可能难以适应复杂多变的社会,更难以成就我的事业。是她让我从小学会了抵抗挫折,才使我成为一个在人生路上不断前行的勇者。

智慧启迪:要让一个男孩子学会自立、独立,就要让他经受挫折,经受大风大浪的考验,不能够让他像温室里的花朵,不能让他有依赖思想。必须从小培养孩子的生存能力、工作能力,要"授之以渔",而不能"授之以鱼",让他依靠自己的双手去创造自己的幸福生活。要让他学会做自己的主人,求人不如求己,"从来就没有救世主,也没有神仙皇帝,全靠我们自己"。

张笑颜之所以励志并成功,主要缘于他的母亲,是母亲从小就培养他的努力奋斗、励志拼搏的意识,让他得到了磨炼,勇于挑战风险,勇敢战胜艰难;也让他学会了对人要和气友善,好玩具共享,好零食共吃,培养他有福同享,有难同当的意识;也让他知道了与人合作,要取人之长,补己之短,"众人拾柴火焰高",与同事之间要加强团结,精诚合作,才能创造自己的价值。

现在的年轻人在家里大多为独生子女,从小就受到百般呵护和关爱、疼惜,所以特别容易让他有懒惰意识,没有开拓意识,没有拼搏精神。我们一定要让孩子多锻炼,多经受考验和磨炼,培养他们的意志力、忍耐力、持久力,让他们敢于面对困难,勇于战胜困难,学会坚持,学会拼搏,"壁立千仞,百折不回",做一个优秀的、有魄力、有责任感、有担当的人。"千秋大业奋当先,志士踏尽万重山。自古英雄多磨砺,从来纨绔少伟男。""业精于勤",一定要让自己学会勤快、勤劳、勤奋,用"勤劳、勤奋"的双手,开创自己人生事业的宽阔道路。

李珊

成功就在不远方
坚持不懈往前走，

有志 80 后

　　她，1983 年出生在哈尔滨市道外区一个普通的工人家庭，是家里的独生女，三口人住在一个仅仅 6 平方米的平房里，生活起来特别不方便，连去厕所都难。

　　她，刚刚记事，看着别人住着高楼大厦，冬有暖气，夏有空调，真是让她羡慕啊！心里想，我什么时候能跟父母住上楼房，过上有车有电话的现代化生活啊！在那个时候，她就默默地下决心，立志一定要让父母过上好日子，一定！可是，人生的路并不是那么好走的，有崎岖，有坎坷。

　　她，如今通过自己多年的勤奋努力，不但实现了自己的大学梦，而且也实现了自己做婚礼人的梦想，并成为了这个行业的精英和领军人物。

- -

　　在她刚刚记事的时候，父母双双下岗了，这给本不富裕的家庭增添了新的烦恼。父母的工作没了，就意味着家里的收入没了，可是没了收入，这一家人的生活又该怎么办？三口人要吃饭，她还要去上学，父母的压力越来越大，家里的困难也越来越多，没办法，父亲出去打工，母亲也在家的附近找了一份临时工作,勉强地维持着一家人的生活。

17 岁那年,她考入哈尔滨师范大学音乐学院声乐系,对于家庭条件并不富裕的她,交学费是个最大的难题。书不能不读,父母坚定地表示。而她心里明白,如果继续读书,就要给家里带来更多的负担,还不知得负债多少年。这对她来讲,压力特别大,所以,就想放弃这份自己非常喜爱的学业。可是,父母坚决不同意,就是砸锅卖铁,也必须让她读书。就这样,妈妈东挪西借,最后凑到了一万元的学费。

然而,从小励志的她,意志坚强,决定放弃学业,做自己想做的事业,要改变家庭现有的经济状况,要给父母一个安逸的生活。从那一刻起,她告别了校园生活,寻找属于自己的第一份工作。

从小爱唱歌的她,选择了做一名歌手,穿梭于哈尔滨的每一个演艺场所。当时哈尔滨女歌手的出场费是 60 元 / 场,给李珊的却是 30 元 / 场,因为初来乍到,没有任何舞台经验,所以只能用最低的工资,换来更多的合作关系。就这样,李珊开始了她的演艺生涯。第一次开工资 300 元,也是她人生的"第一桶金"。她兴奋、高兴,终于能为家、为父母分忧了,拿着刚开的工资乐呵呵地坐在公共汽车上,由于长期熬夜,身体感到特别疲倦,在车上忽忽悠悠地睡着了。可是,当回到家里,兴致勃勃地想把"第一桶金"交给妈妈时,却发现兜里的钱已经不在了,兜被划了一个大口儿,钱已经被小偷偷走了。当时,她的心里特别酸痛,难过地流下了眼泪。

转眼又过了十天,又一次发了工资,这一天,刚好是妈妈的生日,她准备给妈妈做一顿用自己劳动换来的生日餐——涮火锅。一家人吃着火锅有泪有笑,泪水是因为妈妈觉得为了改变家庭环境,让她这样小小年纪就出去赚钱,经历如此多的辛酸苦辣而感到内疚。笑是因为,她年纪虽小,却有足够的能力养活自己、帮助家庭,真是"穷人的孩子早当家"。为了攒钱,她每天晚上上班,没有公交车,爸爸为了孩子的安全,就陪着她一起徒步走到演出的地方,每次都要走 1 小时 20 分钟左右,一个来回就将近 3 个小时。记得有一次,一个风雨交加的夜晚,为了赶时间她走得很快,把鞋跟都走断了,脚上也磨出了好几个水泡,但她还是依然坚持走回家,即使疲倦也咬牙坚持。

就这样日复一日,她每天坚持工作,还不断刻苦学习歌曲,为了让唱功得到提升,每学一首歌都要听上几十遍,甚至上百遍,每天的生活就是起床、练歌、发声、练台风。每天练习唱歌 5 个小时以上。那个时候没有碟片,只有歌书,为了多多学习歌曲,没有钱买书,只能去书刊亭找到书后,抄袭里面想唱的歌曲,就这样她和妈妈从道外黑天鹅一直走到南岗革新街,每一个书刊亭都有她们母女的足迹。业务不断提升,让她很快就在东三省成了名,一名夜场"小歌星"场次不断、档期排满。20岁那年,她用自己努力工作赚来的钱给父母买了一套房子,爸爸妈妈再也不用挤在6平方米的平房里了。

2005年,她在一次偶然的同学聚会上,听说深圳手机市场行业不错,很赚钱,她开始有了想去闯闯的心思。离开了演艺舞台,来到深圳这个陌生的地方。一切都是从零开始,特区城市的经济步伐很快。她住在同学租的房子里,屋子只有10平方米,她只能住在地上,就这样的环境,也没动摇她的念头,她始终坚信自己,坚持自己想做的事,她相信一定能克服困难,改变现状。

她开始每天在手机市场里调研,熟悉市场的环境,学习手机的功能,了解手机的进货渠道,每天要在市场待9个小时,有时饭都吃不上,泡面、面包成了她的家常饭。学习了一个多月,她终于也开了自己的手机小摊铺,可是,由于她经验不多,没有全面掌握市场的价位,进的第一批货,进货价比当时市场价还高,结果是惨淡经营,在短短的时间里就赔了10万元。10万元,对于她来说,在当时是何等珍贵,何等重要,又是何等来之不易啊!在这种情况下,她又是何等艰难啊!

面对挫折和打击,她没有放弃,没有退却,更没有垂头丧气,她大胆地又进了一批货。可是,又一次被骗。外观上看,手机非常新,也非常漂亮,价钱也是按照好手机进回来的,可是机器都是废旧的,没人要的,结果又赔了20万元。这时的她几乎接近崩溃,没有钱付房租,又没有脸回去面对家里的亲人、朋友。她每天吃不下饭,常常以泪洗面,真的是寻死的心都有!然而,又一想,父母这么多年对自己的养育,对自己花的心血,想想当初自己的梦想,既然出来闯,就要闯出精神,闯出名堂,所以,无论怎么艰难,怎么困苦,她都要在深圳坚持下去。在走投无路的情况下,抱着再拼一拼的想法,她找到卖货的老板,理论一番,当时她已经不顾一切了,要求老板赔付20万元,理由是老板做生意不诚信,利用潜规则欺骗一个东北的姑娘。经过几番周折,老板决定给她弥补一定的损失。之后,她一点点学习创业的本领,一点点学习做生意的经验,短短的半年中,她不但把赔的几十万元捞了回来,还多赚了几十万元。

2008年奥运会那年,由于家里需要,她不得不从深圳回到了哈尔滨。回到哈尔滨又要重新开始创业了,想要做点什么生意,又没有好的机遇,于是,又捡起了"演艺"这行。重新走上舞台,不是那么简单,演员换了一批又一批,没有认识的演员,找不到场子,只能自己挨个场子东奔西走,上门应聘,在大街上唱歌,给别的演员做"替补"。

2010年,西式婚礼成为了新的潮流趋势,婚礼行业也变成了朝阳行业。她决定放弃演艺工作,投身到婚礼行业当中,她想创建自己的婚礼公司,与酒店合作,打造婚宴、婚庆一条龙服务。想法是好的,可她不知道怎么做,又没有员工,于是她就周六、周日去哈尔滨的各大酒店,只要有包席的地方,她一定会去。有几次去看典礼,看人家布置会场,然后用笔做记录时,被新人的家人发现,感觉她不是参加婚礼的客人,把她赶出了场地。尽管会觉得没有面子,但即便这样,她还是坚持学习,并且一直认为只有到现场实地去学才更有效果。就这样,她一边厚着脸皮继续去别的酒店学习,一边又去婚庆公司,装作要结婚的新人,看看别人的婚庆公司是怎样做婚礼的。慢慢地,她有些头绪了,便创建了自己的非常浪漫婚礼公司。

公司开业了,只有她一个人,接到婚礼后,她变成了多面手,接待新人、策划婚礼、布置会场,没有劳力,就把老爸找来帮忙。没有经验,一点点模仿,为了给新人更好的效果,搭建得不好,拆了重搭,每次都到凌晨,累了就在椅子上睡,休息会儿,起来继续再干。由于对工作认真负责,常常因为老爸的细节不足,跟他吵起来,老爸便开始一点点重做,汗水大颗大颗地落在地上。为了干活干得更快,老爸经常吃不上饭,饿着肚子跟着忙里忙外。记得当她第一次看到自己亲自策划和主持的婚礼顺利结束时,心里感到特别欣慰和激动,看到自己的成果,情不自禁地流下了眼泪。有了这样好的开端,李珊就更有自信了,她不断地学习婚礼知识,发展团队,管理团队。在2012年,她跟哈尔滨有着"包席大王"之称的满汉楼酒店,签约合作第一家店——民航店,每年从几十场婚礼增加到上百场婚礼。她每天亲自给策划师培训,每次培训都从早9点到晚7点,中途只喝水。每场婚礼,她必须亲自指导,场上监督、调控,有一个客人有问题,或是不满意,她都必须去解决,直到满意为止。回到家后写工作计划,有时写到半夜12点。每天早上9点必须到公司开会,找昨天的不足进行改善,扎扎实实做着每一份工作。经过不断的努力,不断发展,受到客户的一致好评。她与满汉楼从一家签约店发展到五家,所有哈尔滨的满汉楼酒店,都是非常浪漫婚礼公司签约指定的直属合作公司,她的婚礼场次从上百场增加到一年一千五百场，成为哈尔滨婚庆礼仪行业场次最多的婚礼公司。公司场次不断上升，团队不断扩大，每个人都尽心尽责，配合默契，从主持人团队，到影视团队、舞美灯光团队、策划执行团队等，她跟每一个负责人都要亲自去安排每项工作，指导每场婚礼的工作流程。每场婚礼必须要做到新人百分之百满意才可以。一直按照这样的理念去做，她要打造出一支敬业、严谨、积极的团队，来实现她婚礼人的梦想，她准备在婚礼行业做成行业精英。

创业感悟：通过自己多次创业转型和路上的坎坷、艰辛，最终选择了自己喜欢的行业，踏实地付出，成就了我今天的事业。最大的感悟是：只要坚持一步一个脚印，用心去做，无论前方多坎坷，只要你确定方向，坚持不懈往前走，成功就在不远方。

智慧启迪：无论你做什么事，干什么工作，只要你坚信并永不放弃，你就会有机会。而且，你还要坚信一点，这世界上只要有梦想，只要不断努力，只要不断学习，只要不断拼搏，都会成就你的梦想。

有志80后

王鑫瀚

知识可以改变命运 努力可以改变人生

　　他，1989年出生于黑龙江省穆棱市一个偏僻的林场，父母在这封闭的山林里生活劳作了几十年。从小到大他目睹了父辈们风餐露宿、马拉肩扛的苦和累。也让他看到了父辈们，在这深山老林里怀着革命的理想和远大抱负，曾经有过的血汗与悲壮、豪情与困苦、坚忍与疲惫的拼搏奋斗精神，以及对大自然丰厚馈赠的眷恋之情。

　　他，在这茫茫的林海里，体验到了因高山密林阻隔、交通不便、信息不通、经济落后而给生活带来的艰辛，更让他看到了父辈们在命运面前的无助与茫然。正因如此，父母不怕苦和累的精神，不但时时刻刻让他铭记在心，而且，也时时刻刻激励着他、鼓舞着他去励志，去努力，去勤奋，去拼搏，好好学习，天天向上，将来用自己的知识去改变家人的命运。

　　他，一直明白这样一个道理，知识可以改变自己的命运，努力更可以改变自己的人生。从小学到初中，从初中到高中，从高中到大学，从大学到创业，一路上，就是凭着父辈们的战天斗地、不畏艰苦的奋斗精神，就是靠着自己积极向上的勤奋学习、刻苦努力的励志骨气，他从大山里走了出来，最终融入了城市，更实现了自己的人生梦想。

　　他，如今已经通过多年的励志学习、励志勤奋和努力，不但圆了自己的大学梦,而且还圆了自己的创业梦。不但成为了黑龙江川海集团总裁、哈尔滨科技企业联合会常务理事、哈尔滨青年企业家协会理事、上海哈尔滨商会理事,取得了荷兰商学院工商管理硕士,而且他的企业还被共青团黑龙江省委员会评为"黑龙江省青年文明号"单位。

　　20世纪80年代中期,也就是他刚刚出生的年代,林区就开始出现了"两危",一个是资源危机,也就是林子就要砍没了;另一个是经济危困,林区人的日子越过越穷。那时经济学家曾经到林区做过调查,并敏锐地发现了林区已出现了"资源危机"与"经济危困"的局面,并专门撰写了调查报告,向国务院领导报告了这一情况。从此,大小媒体乃至林业部长的讲话中便有了"两危"这个词。

　　王鑫瀚父母所在的穆棱林业局,是一个老林业局,而且是黑龙江森工系统特困企业之一。林区职工的月平均工资在几百元左右,连黑龙江的最低生活标准都达不到。然而,这一点微薄的工资,也不是每个月都能按时拿到的。由于企业危困,国家对贫困职工给予的倾斜政策也落不到实处,甚至连最基本的最低生活也无法保障。林区职工所住的房子多是泥巴房、马架子房。正如林区职工自己编的顺口溜所说:"咱们的房子是弯着腰,拄着棍,滴滴答答掉着泪。"在这封闭的林区不但住不上好房子,就连找个对象都很难,光棍汉特别多,就连农村的女孩子都不喜欢到这里来。

　　他从小是在外祖父身边长大的,从小看着姥爷为了家而辛勤劳作,每天贪黑起早忙碌的样子。外祖父给他讲过坎坷生活的经历和全家人在那深山老林里的艰苦遭遇,一桩桩、一幕幕,让刚刚懂事的他听在耳里,记在心上,也让他知道了自己未来的责任。同时,外祖父和全家人的艰苦生活环境,也给了他人生的激励。父辈们的辛勤劳作和人品,更给了他人生的启迪,让他开始思考人生,学习如何去励志,怎样去做人。

　　1993年,由于父母工作的变化,全家人由山上搬到了山下,进入了穆棱市里,家庭环境改变了,经济条件也好转了。由于父母每天忙于生意,刚刚小学4年级的他,便开始寄宿在老师家里。从此,他在老师多方面的培养和教育下,学习成绩迅速提高,励志精神更加突出。无论做什么,都要做到最好,做到最优。从小学到中学,他一直是学校的"三好学生"、少年先锋队队长、班级干部。不只学习好,德智体美劳也是全面发展。在小学升初中的时候,他以全市第 10 名的优异成绩考入了中学。

2005 年,他顺利进入高中。处于青春期的高中生,都会存在着各种各样的不安和心理矛盾,这时候的他,因为得不到别人的理解和帮助也是痛苦难熬。很多时候,他的某些行为还会被父母和他人理解为不听话、不懂事。美好的愿望与心理准备脱节。

刚刚进入高中时代的他,还没能感受到社会的复杂,没有太多机会体味冷暖,所以他的理想都是十分美好的。他对外面的一切都充满着好奇,对未来充满着向往,也有很多渴望。他总感觉自己是一个小大人了,不希望被别人给予太多的管教,所以,开始厌倦了父母的说教,甚至有时候还会在学校顶撞老师。也就是在这时,他的学习成绩逐渐下降。因为这个时候的他,好胜心极强,甚至无法很好地控制自己的情绪,常常靠头脑发热去做事情。由于他对这种心理没有很好地把控,逐渐也对高中的学习生活产生了厌倦。不久,他便放弃了继续读高中的理想,开始步入社会。

2006 年,这一年父母为他特别着急上火,很担心他出事儿,就想办法,托人走关系,让他去了中国人民公安大学进行职业定向培训,设想着回来后也许会有一份比较理想的工作。他到了首都北京,在那里勤学苦练了半年。他在那里开阔了视野,备感自己知识的匮乏。

在人民公安大学里,从大森林里走出来的他,不但开阔了视野,增长了见识,也让他明白了只要有励志精神,加上不懈的努力和拼搏,一定会有所作为的。

就这样,他在北京学习了不到半年,又继续回到高中的课堂上进行复读。功夫不负有心人,经过自己的勤奋学习,刻苦努力,2008 年 7 月,他以优异的成绩,考上了理想大学,实现了自己人生的第一个理想,也圆了自己的一个梦。

岁月就像一条河,左岸是无法忘却的回忆,右岸是值得把握的青春年华,中间流淌的,是年轻隐隐的伤感。当时间的车轮慢慢驶过青春的岁月,我们终于走过欢乐纯真的小学、青春萌动的中学,来到了梦中那闪动着圣洁之光的象牙塔前——我们的大学。在那充满蓊郁绿树的青春校园漫步时,我们能感受到什么?我们能感受到这片土地浓浓的文化气息,能感受到自由放飞的青春脚步,更多的是我们感受到了一种从未领略过的心情——那种独自面对成长的从容。生命的乌托邦扬起了飞翔的翅膀，一个青春不老的誓言，奏响着一曲开放在夏季的歌。

大学属于理想，更属于梦想。当我们终于站在象牙塔前时，我们也同时站在了人生的另一段起跑线上。那冥冥不可知的未来，那一去不返的欢笑，那偶尔会感伤难过的脆弱的心灵，一切尽管茫然，但我们心底那火热的激情，会引领着我们扬帆起航，驶向那犹如灯塔般在黑暗中闪亮的彼岸。只因为成长，我们毫无畏惧。

在大学期间，他更加刻苦学习，不断丰富自己的知识，不断提高自己的技能，付出了比中学更多的努力、更多的勤奋、更多的刻苦。每天起早贪黑，废寝忘食，图书馆阅览室是他常去的地方。自从进入大学校园，他就没有再靠父母的资助，而是靠自己兼职打工，供自己读书和生活。

2011 年 7 月，在他大三放暑假的时候，他凭借自己的努力进入了黑龙江大型民营企业白桦林集团销售部实习。白桦林的管材产业是东三省屈指可数的龙头，他在前辈指导下快速进入角色，三个多月后成为这里的正式员工，次年初即升任区域销售经理。严寒酷暑、风吹雨打，王鑫瀚在省内外的城市、乡镇奔波，行程超过十万公里——凌晨 3 点的火车、下午 4 点的午餐、深夜 1 点的启程——他夜以继日、不知疲惫，半年的时间完成超过 5000 万元的销售额。这 5000 万是他用双脚跑出来的，也是他用心做出来的。白桦林的工作经历让他雄心勃勃，也让他若有所思——什么时候我能有一家自己的公司？那赚得第一桶金的小钢材公司正式在这种心理下筹建的。他离开自己奋斗过的白桦林，他坚信凭自己的努力，可以完成自己心中期盼的梦想。

2012 年 7 月，刚刚毕业，他就离开白桦林成立了属于自己的小钢材公司。在钢材市场打拼的五个月中，赚得了人生的"第一桶金"。然而紧随第一桶金到来的，就是钢材价格急转直下，这是产能过剩在本地区钢材市场的初步显现，他虽经商时间尚短，但敏感、机智却是他性格中的优势，他当机立断倾销所有库存。事实证明，他的选择是正确的，如果再晚一个月，他的小公司等来的将是破产的危险。

读书时代，他一向敢想敢做，人生的第一次退却，总让他既矛盾又胆寒：如果坚持下去固然可以逞逞气概，可是当时的自己果真扛得住么？在 2013 年底参加的各大企业年会上，几位前辈的谆谆话语，让他终于释怀：急流勇退不是懦夫，而是智慧。这也让他意识到，学习和进步、视野和格局对于工科

有志 85 后

出身的他是多么重要。当他以一名学生的身份再次来到上海时,他反而对未来的路更加笃定和自信。

2014年5月6日,上海荷兰商学院工商管理硕士班开班仪式上,王鑫瀚,这位来自哈尔滨的青年企业家认真聆听着台上优秀学长的发言。当时距离他大学毕业不过两年。创业之路上一路摸爬滚打的他却坚持忙里偷闲,重新坐进教室。除了要充电,还有一个很强烈的诉求:视野和格局。在上海工作学习期间,王鑫瀚在课堂上如饥似渴地学习商业知识、解读商业模式,在课堂外他奔走在上海各大项目建设工地了解市场行情、观摩先进业态。管理经济学、组织行为学、市场营销学、现代人力资源管理,他入于其内、出乎其外。上海花旗集团大厦的建设工地、郊野公园的改造现场、东方艺术中心的规划现场,他常态蹲点、见机攀谈。先进的理念和案例被他快速吸收,促使他不断解构重构自己的商业目标和发展战略。"休息奢侈到秒,业务基本靠脚",王鑫瀚累并快乐着。靠着先前小公司的"第一桶金",投资入股朋友的建筑劳务公司。他一如既往保持当年在钢材市场上的创业劲头,全国奔走,四处洽谈,当年年底就在上海成立了子公司,跻身华东市场。王鑫瀚的创业人生,进入了一片崭新的天地。

凭借着华东区域公司全体员工的共同努力,公司已在上海建筑安装行业小有名气,因此他也得到了沈阳远大集团领导层的注意。再加上小伙子殷切诚恳的处事态度、条分缕析的商业规划、卓然不俗的见识胆略终于打动了领导,对方主动提出邀请他参与全国第一高楼"上海中心大厦"的建设,把这座摩天大厦的外玻璃幕墙60层以上的安装全部承包给了他。如今,632米的上海中心大厦已经屹立在黄浦江畔,彰显着这座亚洲经济中心城市的辉煌姿态,也悄然诉说着他创业人生的苦尽甘来。

上海中心大厦项目"一战成名",国际大都市多栋楼宇的外玻璃幕墙安装业务接踵而至,王鑫瀚兢兢业业,严把质量关、安全关,赢得了众多商业伙伴的信任,也为后续的发展积累了雄厚的资金。

他常常这样跟公司里的同事说:"小成靠脚,大成靠脑。我们离大成还很远,我们的脑子还远远不够。"事实上,他的眼界已经看到了很远的地方,在鏖战上海建筑劳务市场的同时,他和公司股东们积极响应哈尔滨"北越南拓中兴强县"的战略,为哈尔滨城市建设做出了贡献。他们从2015年开始投资人力资源公司、旅游公司、传媒公司、科技公司。在王鑫瀚的眼里,看到的不再是一角一隅的收益,而是一个空前广阔的资源整合空间。

2015 年 11 月,川海集团国际旅行社有限公司在哈尔滨股权交易中心挂牌,成为黑龙江第一家民营挂牌的旅游企业;同年,公司进军深圳成立子公司,完成了以东北为基地辐射华东及华南地区的战略部署;2016 年 3 月,川海集团正式被黑龙江省工商行政管理局批准成为集团公司;2016 年,他结识了国家级孵化器——哈尔滨万众创业谷董事长王忠先生,并入资成为该公司的股东,从此加入了国家"大众创业,万众创新"的行列。其间多次受到省市领导的亲切接见和指导。2016 年,集团全国子公司纳税超过 500 余万元人民币。

他作为哈尔滨青年企业家,多次出国到世界各地考察,一方面他"开眼看世界",学习着发达国家的企业发展和管理经验;一方面,他切身感受到祖国在国际上的影响力和号召力,感受到党和政府为他这样的大学生创业者、民营企业家提供了何等的关怀和支持。

2016 年,当朋友圈里同龄人都在朝九晚五地工作、天南海北地度假、疯狂火热地秀恩爱时,王鑫瀚和相恋了两年的女友低调完婚,随即成为了一名父亲。家庭的责任让他的脚步更加坚实,考虑问题也更为长远。

作为大学生创业政策的直接受益者,王鑫瀚始终没有忘记,他是大学生创业的典型,是青年企业家,更是一名共产党员。在省委、省政府贯彻落实中央"大众创业,万众创新"政策号召下,在市委、市政府的亲切关怀和指导下,王鑫瀚积极履行一个青年企业家的社会责任,也承担起一名共产党员的光荣使命,在他的积极推动下,川海集团每年拿出几十万元贫困助学、养老助残。

他不忘黑龙江石油学院对自己的教育之恩,对母校的建设和发展满怀热忱。想起在校期间,他曾经长期担任班长,又是二级学院的学生会主席、校学生会的副主席,是校领导和老师给了他莫大的支持。于是,他联系母校,与母校共同成立"川海助学基金",每年资助 10 名家境贫困的学弟、学妹,保障他们的学业,希望他们沐浴着母校的温暖,刻苦读书,以自己的成功为母校增添光彩。川海集团也资助着家乡在外省读书的贫困大学生,被南开大学周恩来政府管理学院评为助学单位。

公司自成立以来,大量录用应届毕业生,尽最大可能为大学生提供就业机会和工作岗位,到目前为止,集团录取聘用的应届毕业生超过 200 人,占到公司员工总数的 70%。2017 年,集团被哈尔滨市人力资源和社会保障局评

有志 85 后

为"哈尔滨市大学生就业实践基地"。

创业感悟:1989年出生的我,而今已经快到三十而立之年。曾经的我可以昂着头,信誓旦旦地说,我很年轻。当我遇到困难和挫折的时候,曾经的我可以挺着胸,骄傲而自豪地讲,我有父母。年轻就是我们的资本,父母就是我们的骄傲。可是到了如今,面对着已经进入老年的父母,80后的我们是否还骄傲? 已经不年轻、不骄傲的我们,已经深感自己一个独生子女的责任重大。

我在集团年会上曾经这样说过:"我们现在很年轻,企业也很年轻,即使我们老了,企业做大了,也不要忘了自己的那颗赤子之心。"我始终坚持那份勤劳、诚恳,恪守着"人无诚信不立,业无诚信不兴"的人生信条,扎根广袤的黑土地,双眼眺望着辽远的天空。通过我的人生经历和创业故事,让我懂得了如何通过知识改变命运,通过努力改变人生,更通过创业知道了诚信。

我们在人生的路途中行走,每一步都会留下一个脚印,这脚印不可能深浅一致,也不可能纹丝不乱,因为人总是难免走错路,一旦错了,我们需要做的就是努力改正,只要你励志拼搏,只要努力奋斗,只要你勇于挑战困难,一路真诚,一路就会有阳光。

智慧启迪:创业者身上背负的,并不仅仅是自己的梦想。你迈出创业第一步,就要为所有支持你梦想的人负责;一个人的梦想,就像生长在高山上的鲜花,如果要摘下它,只有勤奋才是攀登的绳索,只有拼搏才是享受它的权力,只有奋斗才会有充实的生活。通过他的励志故事和创业历程,让我们从中受到的启迪是,不但知识可以改变命运,而且更可以通过自己的努力改变人生。如果没有他当初的努力学习,没有他当初继续复读高中,最终考上理想大学,也就不会有他今天的辉煌,更不会有他人生目标的实现。

杨立婧

才能握手成功

只有经过磨炼，

有志85后

　　她，从小就有一种不服输的男孩性格，外向开朗，勤劳勇敢，自信坚强，知难而上。

　　她，年幼时就经受过各种磨炼和考验：4岁时曾经掉进大街的马葫芦里，8岁时曾经掉进嫩江的冰窟窿里，12岁时曾经被摩托车撞过。但人生的意外和苦难并没有让她屈服，反而成为她今天不断进取的宝贵财富。

　　她，读高中时，就有一种独立自主的励志精神，不靠父母靠自己，用业余时间勤工俭学，并获得人生第一份小小的收入。

　　她，读大学时，就是一个充满阳光、充满快乐、积极向上、多谋善断的靓丽女孩，一路从班长到中共党员、学生会主席，再到如今的全国行业品牌——大连大丰房地产土地估价有限公司黑龙江省分公司总经理。

　　她，1986年出生在黑龙江省黑河市嫩江县一个普通工人家庭，家中有三个孩子，一个姐姐和一个弟弟，一家三个子女，个个都是大学生。父母勤劳朴素的品格和言传身教的良好家风，让她懂事很早，并且知书达礼有教养。

　　她从小到大，喜欢跳，喜欢唱，长大以后喜欢像小孩子一样玩各种"幼稚"的游戏。

长大了,上了高中,她那种意志坚强的性格和拼搏进取的精神,依然没有改变。她喜欢动脑,喜欢做事。在同龄人还在享受美好快乐的时候,她总是会从紧张的中学生活中,腾出点儿时间,去锻炼自己,去改变自己,小小的年龄就敢闯社会,就敢闯市场,就有很强的商品意识和生意头脑。

记得在她高中一年级的时候,学校离家很远,所以,多数学生只好寄宿在学校,可是,由于学校的条件所限,食堂的伙食不好,有同学经常会出去买面包和火腿吃,以此来改变生活标准,增加营养,提高体质。可是,同学们常常这样出去会影响学习,也会遭到老师的批评。这时,由于她头脑灵活,商品意识强,让她看到了有生意可做、有钱可赚的机会,于是,她用课余时间去县里的面包坊和食品批发市场,分别以一块五两个、七角钱一根的价格批了些面包和火腿肠。回来后,她又分别以一元钱一个的零售价格,卖给同学们。就这样,有着经济头脑的她,高中也读完了,几年的学杂费也解决了,她也成了同学们眼里的"小能人""小名人",也让她感觉到自己越来越成熟了,越来越自立了。

曾经有一位文学家说过:"没有梦想的人是一个失败的人。"这句话一直铭记在她的心里。她为了成为一名成功的人,从小就有了一个上大学的梦想,于是"大学梦"久久陪伴着她,这个梦一直都在激励着她奋斗。

2005年6月高考结束,她如愿以偿地考上了自己理想中的大学。大学梦实现了,可以轻松一下了。但她又想,父母都是工人出身,而且都已经下岗,还要负担着姐姐、弟弟和她的大学学习费用,父母的压力太大了,所以,她就用高考结束、大学开学之前这段时间来到了当地有名的家电商场,临时做起了家电促销员。仅仅一个多月的时间,她就挣了两千多元,为新学期的学费奠定了基础,也减轻了父母的压力和家庭的负担。

2005年9月,她步入自己梦想的大学校园——黑龙江建筑职业学院,这是一所在全国行业中很有影响的大学,大学生就业率一直全国领先。对于实现大学梦的她,不仅兴奋,但更多的是好奇,她自己从来没有只身一人到过离家很远的大城市,这次她想要锻炼一下自己的胆量,所以在入学时,她便萌生了要自己去学校的想法。可是,由于刚刚做完阑尾炎手术,正处于恢复期,父母怎么能舍得让她独自去上学呢!母亲帮她收拾好行装后,便带着她踏上了求学之路。

在大学里,"大学梦"让她明白:"不经历风雨,怎能见彩虹"。的确,没有平时的刻苦努力、辛酸苦辣,怎能踏入大学殿堂?"大学梦"让她更加明白:"梅花香自苦寒来"的道理。所以,她从大一开始,就一直保持着积极向上的学习态度。作为一名大学生,她深深地懂得,自己的任务就是好好学习,将来报效祖国,回报父母。

在校期间,她一面尊敬师长,爱护同学,积极参与学校的各项活动,一面努力增强自己的专业技能,丰富自己的文化知识。由于她学习勤奋,积极向上,在大一期间,就成为了班长。

在大学短短的一年里,她的各方面能力都得到了提高,阅历越来越丰富,组织能力越来越强,意志越来越坚强,拼搏劲头也越来越足。她在学好功课的前提下,不忘勤工俭学,靠自己的双手自立自强,减轻家庭负担。她用课余时间去批发小商品,凡是学生们能用的,什么袜子、毛巾、床垫、衣服挂、鼠标、键盘,等等。回来后,就逐个寝室敲门推销,有时受到同学嘲笑,有时受到同学白眼,甚者受到同行的辱骂,有时候为了一点点小生意,还要大吵一顿,大闹起来。

面对困境,她对未来充满希望。她说:"只要自己不断努力,不断进取,不断克服困难,将来自己和父母一定会过上好日子,别人有的,我也一定会有。"就这样,她一天天在努力,一天天在奋斗,一天天在坚持。到了大一的暑假,整整一年的时间,她没让父母为她掏过一分钱,而是完全靠自己的努力,供自己读书。

大一的暑假到了,她一算账,这一年除去学杂费,还剩六百多元钱,她高兴,她自豪。她高兴的是自己能养活自己了,自豪的是也能让别人刮目相看了。为了节省车费,在回家之前,她又将兜里仅仅剩下的六百元钱,除去买了一张返往嫩江的硬座车票,又上了一大批小商品,准备回去卖。

回到家,她不顾休息,不顾疲劳,第二天,就把货拿到大街上摆地摊卖。有时候城管来撵,有时候税务来管,她就东躲西藏,像打游击战似的。有时候实在躲不过去了,就跟人家好说好商量,没用半个月的时间,就把全部商品卖光了。

暑假即将结束,新的学期也即将到来,新的同学也即将迈进校园。新同学的到来,就预示着新的商机的到来,因为新的同学需要购买学习用品、生活用品、消费用品,等等。这时的她,打算通过自己的努力去赚取学费,像很多大学生一样,勤工俭学,以此来减轻父母的负担。于是,她就决定马上回到学校,既能帮助新同学尽快熟悉学校环境,又能帮助新同学购买各种用品。可是,短短的暑假,母亲还没有与女儿亲近够呢,所以,舍不得让她提前走,挽留她再在家多待几天。可是,她觉得机会难得,对她来说,这不但是一个与新同学接触交流、培养感情的机会,也是一个与新同学合作共赢促进发展的商机。她就采取各种办法劝说母亲,无论怎么软磨硬泡,母亲就是不同意她走。没办法,她就背着母亲从亲戚那里借了7000多元,说是交学费,然后就偷偷地坐着火车跑回了学校,并给母亲打去了电话。

回到学校后,她趁新同学还没有到之时,马不停蹄,跑到批发市场,从棉被、床单、热水瓶等新生用品入手,别人摆小摊,她就搞批发。她绕开附近的商贩,直接找到批发商,硬着头皮谈下最低价格。当时靠勤工俭学卖新生用品的同学很多,除了口才,还要靠人脉,靠毅力,靠能力。因为她从小就有磨炼意志的决心和不服输的性格,所以,什么样的困难,什么样的压力,都吓不跑她。而且,她说起生意经头头是道,一些生活用品价格又不贵,拼的就是多销,赚的就是薄利。她一边接触新同学,加深感情,培养商机,一边走寝室找销路。经过短短几天的努力,她就拉近了与新同学的关系,有了人脉,就有了商机,所以,不久就将货卖空了。一个月下来,她虽然瘦了很多,但却锻炼了意志和创业能力,她也再次获得了满满的一桶金。她感到骄傲,她感到自豪,短短两年时间,自己不仅不再伸手向家里要钱,还积累了创业经验和资本。

在大学里,她走到哪儿都颇有"老板范儿",有很多同学为她点赞,所以,她成了同学心目中的学习偶像,成了老师眼里的励志典范,同学们羡慕和欣赏她,老师们夸奖和激励她。不久,她就被组织确定为中共预备党员,后来又当上了学生会主席。

2007年的夏天,短短几年的大学生活即将结束,开始进入了实习阶段,她来到北京一家房地产评估公司,开始步入自己所学专业的实习轨道。在这里,她每天勤学苦练,认真地将自己所学的专业知识融入实践中,她开始践行"人家练一次,我练100次;人家练十次,我就练1000次"。报到的第一天,她首先去熟悉自己的工作,熟悉自己工作的流程,可是当她面对第一位来访商户时,竟不知该如何张口、如何称呼,只留下一丝尴尬。主管领导也看出刚离开校园的她,还不知该如何开展工作,就耐心地指导,并不断给她鼓励和支持,哪怕她做对了一件很小很小的事,领导都会开心地对她说一句:"真棒!加油!"而她的心里一方面是感动,另一方面却是满满的愧疚。

任何人的创业初期都是艰难的,但是只有坚持,才有可能成功,没有坚持,何来成功。创业拼的是自己的交际能力、综合素质,还有一个清醒的头脑。这些东西都不是天生就具备的,是要靠自己努力和拼搏得来的,谁都有成功的资格。

2007年秋天,她从北京实习后,大学即将毕业。这时,她也和其他同学一样慢慢找工作。那一阵子她感到特迷茫,一个小女孩干建筑行业,又没什么出路。经过一段深思熟虑她首先在自己的家乡所在地,选择了黑河华泰房地产有限公司实习。这也是一家在当地很有名的地产企业。到了公司后,她被派到还未完工的新楼检查完工情况,每天的任务都不一样,有时候是查墙角线,有时候是墙纸,有时候是门窗是否能开启等等。看到问题后记录下来,最后将其汇总提交给主管。刚开始她激情四射,充满活力,后来越来越觉得有心无力了,和每个土木人一样,特别厌恶这一行,身心疲惫。整天要忍受着高温酷暑,忍受着尘土飞扬,忍受着毒气侵害,每天在工地里辛勤地穿梭着、劳动着。刚刚建的楼房还没有竣工,楼梯连个扶手都没有,就连一个男孩上下都很害怕,何况是一个小女孩啊!一个夏天,她就是在这样的环境里工作着,本来很靓丽的美女,变成了土了吧唧的假小子。脸晒得很黑,鞋穿得很破,简直没一个人样了,而且这份工作与自己所学的专业还不完全匹配,感觉这样下去真的受不了了,也不想再干下去了,后来她就果断地和领导提出了辞职。

2008年初,她又被聘到了大连大丰房地产土地估价有限公司。在这里,她不管多么细小的工作,都会怀着一颗充满激情的心去做,每天在公司里跑来跑去,认真地做好每一份工作,她不再认为这些仅仅是一项简单的工作,而是在锻炼自己,提高自己.更是实现自己梦想的最好机会,所以,她同样的工作一次不行就做十次,十次不行就做一百次。下班做不完的,就加班做,通宵做,直到做成为止!这正是因为她有从点滴小事做起的经历,让她懂得了,只有熟练地掌握了每一个细小的工作,才能大大地提高工作效率!也正是从那时起,她知道了爱这个集体,爱这份工作,爱每一个共同奋斗的伙伴们,也正是这种爱,成了她努力奋斗的源泉,也成了她自主创业的基石。

她开始总结每一个任务的过程与收获,她开始关注每一个小细节,也开始学会更好地安排自己的工作,工作效率因此也有了明显的提高。部门来了新同事,她还能将学到的东西与其分享,将工作妥善地交接给他们。在这里,

有志85后

她渐渐地明白了,只要有坚定的信念、坚强的毅力、坚韧的态度和顽强的意志,就一定会战胜所有困难,超越自己。

领导的信任和鼓励,同事的帮助和支持,自我的勤奋和努力,让她在不太长的时间就得到了更多的收获和一定的进步。

2009 年末,她作为区域经理带着总公司领导的重托,回到了哈尔滨,成立了大连大丰房地产土地估价有限公司黑龙江省分公司。同时,也是她自主创业的开始。作为当代大学生的她,在学校里学到了很多理论性的东西,同时也富有创新精神,有对传统观念和传统行业挑战的信心和欲望,有着年轻的血液、蓬勃的朝气,对未来充满希望,这些成为她创业的动力源泉,成为她创业的精神基础。

但是创业的道路是艰难的,这个起步真的要下一定的功夫。当时她自己没有什么创业本钱,家里也没有能力赞助。刚开的公司,是否有客人,是否有生意,员工的工资是否能支付,这些都是存在的风险。于是,她只能靠自己几年辛苦换来的点滴积蓄,和亲戚、朋友们的帮助。一开始,她在偏远的地方租了办公室,自己没车没钱,出去就坐公交。自己没人没物,就一人多职,节省开销。白天出去跑,晚上在家写,自己既是老板,又是业务员。由于她是个小女孩,又没有什么工作经验,常常会遭到冷落。客户瞧不起她,有关部门不重视她。有时候找有关部门领导,不是不接待,就是在开会,有时候一等就是几个小时,有时甚至一天都见不到人。有时候她实在忙不过来了,就回到学校找勤工俭学的学生来帮忙完成工作。就这样,她每天都在努力着,坚持着,并为成就自己的梦想而奋斗着。在创业的过程中,她哭过多少次,绝望过多少次,她的艰辛也就只有她自己懂。

记得 2013 年的一个冬天,她的孩子刚刚七八个月大,还没有断奶,她临时要到齐齐哈尔去会见一个重要客户,约好上午 10 点见面,所以,她早早地起了床,饭也没来得及吃一口,把孩子安顿好了,就乘坐早班火车走了。到齐齐哈尔刚刚九点,结果客户又临时有个重要会议,她就在那里苦苦地等,苦苦地熬,等到了上午,又等到了下午。家里的孩子在饥饿哭闹,外地的她也正心烦意乱。一直等到下午四点,才终于见到了客户。忙完这个业务,想回家,还没有合适的车次,她就到公路客运站,从齐齐哈尔先到大庆,再从大庆倒车回到哈尔滨,结果到家已经半夜了。一进屋,孩子委屈得哇哇叫,她难受得哇哇哭,母子俩情不自禁地流着泪,她好难过、好伤感!

为了创业,为了奋斗,就这样,她每天风里来雨里去,多少困苦,多少煎熬,多少次受骗,都让她挺过去了,都让她熬过来了。

没过多久,她靠自己的经验和打拼,靠自己的诚信和品德,客户越来越多,生意越做越好。就这样,她的小公司渐渐地步入了正轨,这对她无疑是很大的鼓励。她不但买了房子,还买了车。

2016年9月,她的生意越做越红火,规模也越来越大,凭借着自身的优势和能力,她成立了属于自己的公司——黑龙江圣泰地理信息工程有限公司。现在对她来讲,名称和角色真的不那么重要了,最重要的是靠自己的实力,实现了创业梦想,并将始终如一地坚持走下去。

- -

创业感悟:通过我的创业,让我深深地体会到在磨炼的过程中得到的幸福,历经磨炼也是一种幸福,没有磨炼就没有坚强的意志,没有磨炼就没有成功的快乐。在人生的道路上,不可能没有坎坷,不可能没有挫折,也不可能一帆风顺。当你遇到坎坷的时候,也许是"妖魔"在考验你的顽强和意志。俗话说,先苦后甜,只有先克服了苦难,才会得到好的收获。经历了一些人生的磨炼,才会让你变得更加成熟,更加坚强。自己的事只有你自己做,别人是帮不了你的。当我们独立走进这个社会的时候,也只有你自己独立地走向这个社会,适应这个社会,你才不会被这个社会所淘汰。

智慧启迪:杨立婧的创业经历告诉我们,你若想成就梦想,你若想站在人生成功的彼岸,就得学会经受苦难,磨炼意志。只有能经得起磨炼的生命,才能变得坚韧,才能变得勇敢。才能经得起各种挑战,才能战胜挫折,才能握手成功。

有志85后

胡进山

意志才会坚强

人生只有要强，

有志85后

　　胡进山，1986年出生于哈尔滨的一个郊区，父母既没有什么正经工作，也没什么文化，靠做一些小生意来维持一家人的生活，所以，平常很少顾得上对孩子的教育，儿时的他就成了没人管的孩子王。父母早出晚归，他年龄很小，又不会做饭吃，实在饿得不行了，就偷偷跑到小卖部赊账买吃的。因为从小营养不良，成年后至今一直是瘦瘦的细高挑儿。在成长的岁月里，有很多让他难忘的回忆，然而他却说："除了上学，最大的梦想就是不饿肚子，能自己赚钱养活自己。"

- -

　　或许因为他聪明又要强，有志气，有胆量，更有魄力，自小便得到一个绰号——"胡要强"。"我看到不平的事情，就一定要管，明明知道自己瘦小，打不过人家，但还是要打。我上高一就敢和高三的斗，直打到他告饶。"虽然是"要强"，但那时他还是很羡慕家境好的孩子有吃有玩。能吃饱饭、过上富裕的生活，就是他小时候极为现实的理想了。

　　很难想象，像他这样的孩子王，在学校读书会有什么好的成绩。他在生活上是要强的，可是在学习上却是勉强的。从初中勉强读到高中，不到一年就跟不上了，没办法，只好辍学回家。

　　他18岁的时候，为了能自食其力，就跑到市交通局货运管理处做了一名保安。保安的工作是辛苦的,每天巡逻站岗几个小时,既不能随便坐,也不能随便躺,晚上更不能脱衣服睡觉,只能找个椅子坐着眯一会儿,也没有个被子盖,常常半夜被冻醒。他身体本就瘦弱,适应不了这样的工作性质,干了一年多感觉体力不支,便辞职不做了。

19岁那年,他决定做自己喜欢的事,他也积攒了一些钱,便在家的附近租了一个小摊铺,一边卖电脑耗材、游戏软件,一边做电脑服务,修电脑做系统,还贪黑起早地跑客户,找资源。后来父亲做生意赚了些钱,感觉孩子自己打拼也很辛苦,就让他帮着一起做建材生意。小小的年纪,怎么会懂得生意经呢,但他深深领会了父亲的心意:就是为了让他到这个恶劣的环境里锻炼成长,磨炼意志。他虽然身体瘦弱,但意志特别坚强,也有着顽强的毅力,性格更是刚强不服输!他不怕辛苦,不怕疲劳,有着青年人的朝气和冲劲。每天早晨5点多就去上班,熟悉和掌握工作,每个环节都亲力亲为,绝不以老板儿子的身份发号施令,跟普通工人一样搬运。有时候浑身上下脏得没个人样,还经常半夜或者凌晨卸货接料,还因为经验不足,上过当受过骗。他记得,有一次,他听信了一位阿姨的话,她称在北京国展有新型窗户展,因为是新型材料所以受到国家支持,而且还约定给他20 000米的活。因为跟这位阿姨是多年的客户关系了,他也没有多想,就信了这件事。结果他购买了设备,选择了厂房,等了一年,也没看到这个展览动工。最后没办法,设备低价处理,一下子赔进去了几十万元。

随着城市的发展和进步,国家逐步对居民生活和居住条件进行改善。由于他头脑特别聪明,看到了机遇,身边有卖房子的,而且都是小平房,又很便宜的,他就果断借了点钱买下来,然后再租出去。过了一段时间,所在地区要动迁改造,在政府的协调下获得了补助款。有了钱,家里的日子也越来越好,他的前途也越来越光明,干事业的信心也越来越大了。这时他结识了妻子,可以说是财喜临门,运势如虹啊!可是,一旦有了钱,也就可能会有贪心,他把动迁补助款借出去几百万元,又给身边朋友担保了2000多万元,结果到期没能还上,他跟着吃了三年的连带官司。最后只能卖房、卖车还朋友本金。为了养家糊口,日子入不敷出的时候,除了每天的工作,他还要与妻子两个人一起做20个小时的牛肉酱,再通过朋友介绍卖出去。为了节省邮寄费用,他得自己骑自行车去送货。他经常苦恼得失眠睡不着,身上没有钱了,每月就靠信用卡倒来倒去。那个时候,简直压力太大了,死的心都有,前进的路,不知道如何再往下走啊!

　　后来,他又求亲靠友借了几十万,跟几个好朋友合伙开起了饭店。他把全部希望都寄托在了这个饭店里,他努力经营,用心管理,全身心付出。可是俗话说,合伙的买卖不好做,三个股东经常发生分歧,经历了种种困苦,最后以赔了几十万而告终,退出了这个本来不该参与的合作。

　　创业失败并不可怕,可怕的是你不知道为什么输,输了又站不起来,这只是过程,从你有钱有地位,到你没钱没地位,你会发现身边所有的变化,纵使你不舒服,但这就是现实。唯独不变的,是孩子每天对他开心地笑,媳妇对他辛苦的体谅和耐心的陪伴。

　　一个偶然的机遇,他接触到互联网软件开发,其服务的本质是帮助企业解决问题,通过互联网来帮助传统企业做强做大,让更多的企业和朋友搭上新时代信息化的列车,赚更多的钱,以帮助更多有需要的人。他成功了。他小时候就没重视学习,现在看到有的孩子想要学习,却没有条件,他就尽可能地帮助他们买书,买生活所需,缴纳学费;视力不好的,就带他们去配眼镜;他还为百岁老人捐资捐物。他一点一滴的善举,感染到了身边的很多人。而且,通过他和身边人的帮助,好多困难家庭的孩子得以继续学习,并考取了理想的学校。

　　这么多年,他经历过很多次挫折,想过放弃,但想想自己的责任,他又没能放得下。所以,他只能奔着自己的目标、自己的梦想,去努力,去奋斗。

　　如今,他已经成为黑龙江省青企云服务科技有限公司总经理,公司拥有顶尖的技术团队,已为集团主板上市做好铺垫和技术研发。他深信,坚强的意志会为人带来无穷尽的力量,无论多辛苦,他都将带领团队一路前行。

创业感悟: 随着经济的发展,越来越多的普通人投身商海,资金不足的就选择几个人合伙做生意。但合伙可不是件容易事,不仅需要双方知根知底、关系融洽,更需要懂得用相关的法律知识来保护合伙关系。在这件事情上,我有一定的发言权,因为到目前为止,我经历过好几轮的合伙。之所以要合伙,一个最初的预想就是:人多力量大。这句话在一定的条件下是有道理的,人多意味着更多的资源、资金、精力,大家一心去做一件事看起来也会轻松很多。事情却不是这么简单,1+1 未必能大于 2,甚至很可能 1+1<2。你知道

更多的合伙人意味着什么？意味着你花的每一笔钱、每个收益,都必须明白无误地统计出来,并且及时地通告和说明给你的合伙人。你要让你的合伙人知道他的资金是安全的,前途是有保障的。你做的每个决定都必须事先告知,并且咨询你的合伙人。你的心事从此不再只是你自己的事,你的时间也不再是你自己的时间。你必须花费时间去了解合伙人,说服合伙人,去相互理解、相互支撑。你不仅要在业务上精明强干,要在管理上条理清晰,更需要洞悉人性,还需要努力把自己提升为一个交流达人。

智慧启迪: 一个人在他的奋斗过程中,总会遇到不同程度的苦难,世界上没有绝对的幸运儿。曾经的苦难可以激发出生机,也可以扼杀生机;可以磨炼意志,也可以摧毁意志;可以启迪智慧,也可以蒙蔽智慧;可以高扬人格,也可以贬抑奚落,关键要看受苦者是否有坚强的意志力,是否有知苦还尝的求索精神。

有志85后

刘忠亮

上天也不是梦想，只要你勤奋努力，

有志85后

他，1987年出生于山东省苍山县的一个偏僻农村，父母都是贫苦的农民，没有一点文化，就连自己的名字都不会写。

他，家境贫寒，读高中时是靠开水泡煎饼解决温饱的。但他却从那时起就有飞行的梦想，立志做一个能为祖国的航空产业有所贡献的科技人才。

他，没上过大学，更没受过高等教育，但他却靠自己的勤奋努力，并以"窝头就咸菜"的刻苦拼搏精神，自组团队，自主研发，造出我国第一台飞行模拟机，并取得中国民用航空局四级训练器证书。

他，2016年取得美国波音公司知识产权商标授权，成为我国第一个得到此证书的生产商。2017年2月，他收购了美国航校，让飞行培训从模拟走向实战。

他的家乡在山东沂蒙山，而且是一个偏僻的小山村，但是，他从小却知道沂蒙山是一片神圣的土地、一片红色的沃土。在沂蒙这片红色的土地上，诞生了无数可歌可泣的英雄儿女，为后人树立了一座座不朽的历史丰碑：沂蒙六姐妹、沂蒙母亲、沂蒙红嫂……他们这种大无畏的革命精神，后来被高度概括为沂蒙精神，从而诞生了"脚踏实地、勇往直前、永不服输、敢于胜利、开拓奋进、艰苦创业、无私奉献"的新一代的沂蒙精神。这种战天斗地的伟大沂蒙精神，这些感人肺腑、催人泪下的故事，刘忠亮从小到大也曾读过，而且也亲身感受过，并让他深深地铭记在心中。

所以，从小在这种沂蒙精神的感染和激励下，他特别励志。也正是从那时起,他慢慢地懂事了,知道怎样去帮父母减轻负担了。

2002年,刚刚15岁的他,上了初中,学校离家很远,交通也很不方便。那个时候,全家四口人只有三亩多地,附近既没有工业,也没有企业,农民更没有出去打工的概念。父母为了养家糊口,供他跟哥哥读书,就帮助村民盖房子,父亲当石匠师傅,母亲当力工,每天起早贪黑很辛苦,也挣不多少钱。那个时候,他每周的生活费只有2元钱,学校的饭菜5角钱一份他都觉得贵,就偷偷地到校门外买2角钱一份的。头几天还可以,过几天就没钱了,他就每天自己带饭,用开水泡煎饼吃。为了减轻父母的负担,解决生活费问题,暑假就捡点废品去卖。就这样,他每年的寒暑假都做着同样的事情,一直到初中毕业。

由于家庭条件不好,父母也没时间管他,他对学习文化课也没有很大的兴趣,所以,慢慢地学习成绩就降下来了,最后勉强考上了职业高中。在这里,他开始接触到了比较专业化的电子知识。他一边勤奋努力,一边刻苦钻研,不断提高自己,不断丰富自己。三年的职业高中学习,使他的人生阅历和专业知识都有了很大的增强。

高中毕业后,他就来到了苏州一家电子厂打工,开始接触电子产品。工资由几百元到几千元,逐步地提高起来。自己有了手机,有了电脑,开始玩起了电子游戏,开始接触了网游,也开始接触到了模拟飞行。就这样,他从这里找到了自己的兴趣和爱好,找到了小时候梦想的事业。

从此,他通宵达旦、废寝忘食,把自己主要精力都投到了这里。他越玩越开心,越玩越起劲儿,越玩朋友越多,爱好者也不断出现。这时,他通过网络朋友和飞行模拟爱好者的关系,组建了中国模拟飞行论坛,并给自己起了一个大名鼎鼎的网名"窝头就咸菜"。当年还在打工的他,一开始就知道自己这个兴趣爱好有多么奢侈,所以,他每天勒紧肚子,每月两三千元的收入,他大都给了服务器。唯一的一次,他吃不上饭,也拿不出服务器的租赁费了,他就向论坛的飞友求助,飞友们啥都没说,争先恐后地帮他凑足了维护费。兴趣及飞友们的信任,成为他继续走下去的动力。

2010年,他和几个飞友组成研发团队,相继做了几个模块。河南飞友周志园经济条件相对比较好,他就在自家的附近租了一间地下室,作为模拟仓的试验场。一有进账,刘忠亮就从山东跑去河南,一头扎进地下室做各种试验。他们都不是科班出身,但对此都有着极大的热情。他们团队成员之一付强,最早是学兽医的,为了搞研发,"钱景"看好的兽医都不干了。大家自己画电路、上网找资料,不懂的地方一遍一遍反复思索。别人用一天学会的,他们可能会用一周、十天、半个月。研发环境是艰苦的,地下室没有窗户,没有暖气,冬天室内就点了两个小太阳,他们被冻得瑟瑟发抖。这还不算什么,最辛苦的是上厕所,地下室距离厕所有 20 分钟的路程,一去一回将近一个小时,为了减少上厕所的次数,大家一天都不敢喝一口水。2013 年,一位哈尔滨的飞行发烧友葛俊,在网上与刘忠亮相遇,葛俊对刘忠亮说,他在美国几乎天天飞真飞机,但是到国内没有机会飞,想从国外买一台飞行模拟机回来。刘忠亮说:"为啥要从国外买呢? 咱们自己就能做。"当时国内还没有自主生产的 737 模拟机,葛俊问:"你们得多长时间能做出来? "刘忠亮回答说:"得三五年吧! 主要是没有资金和时间,大家都要打工赚钱,然后用赚来的钱再投入搞研发。""这样吧,我给你们一笔钱,你们快点搞!"葛俊很快打来了一笔天文数字的研发费用,对于两个没见过面的陌生朋友来说,拿到这笔钱,刘忠亮一时竟不知所措。有了资金投入,研发的进程大大提速了。

2013 年底,模拟机有了雏形,他们邀请葛俊去郑州考察。在那个阴冷的地下室,葛俊看到大家在这样恶劣的环境里搞研发,太辛苦了,太艰难了,就对大家说:"你们跟我去哈尔滨吧,我再投笔钱,改善一下条件。"

2014 年春节刚刚过,刘忠亮说服家人,不久便与另外几个飞友一起背井离乡,带着一家老小迁到了哈尔滨。他们梦想着像莱特兄弟一样,造出飞机飞向蓝天,因而给自己的公司取名为哈尔滨莱特兄弟科技开发有限公司。公司成立后,他们不必再分心生计问题,可以专心致志地搞研发了。

2014 年 8 月,第一台波音 737—800 模拟机开发完成,虽然看起来还比较粗糙,但它已经能载着他们穿越高山大海、城市乡村模拟飞行了。这是我国首台完全自主知识产权的飞行模拟机,它的研发者竟是一群没有专业背景的发烧友。这个消息让中国模拟飞行论坛上的 12 万飞友很振奋,大家跃跃欲试,都想早日飞上蓝天。在众人的期待中,刘忠亮开始带领他的团队,进行模拟机的第二代研发。为了抢时间赶速度,他跟他的团队成员几乎从未休息过,一年 54 个星期天,团队主创人员加班就加了 49 个。一年之中,孩子见他的次数屈指可数。

2015 年 8 月,二代模拟机下线,经过优化及模块化产品化改造,二代模拟机的搭建时间由原来每台舱 6 个月缩短至 10 天。公司的发展也已经进入了快车道。

2015 年,成立了中国首家自主知识产权,以模拟飞行为载体的飞行者俱乐部咖啡厅,同年模拟机获得各项专利 19 项。

2016 年,获得民航总局 4 级飞行训练器认证,可用于正规飞行员训练,成为我国首个获此认证的民营企业。同时,获得了美国波音集团知识产权商标授权,成为首个获此授权的中国民营企业。

其间,参加了中国珠海航展,在世界航展史上第一次出现大型飞行模拟机,创造了世界级展会短时间安装调试的奇迹。

完成了 a 轮投资,获得了中国著名教育家、新东方教育集团董事长俞敏洪的认可和战略投资,其亲自出任公司董事。

2017 年获得美国波音集团衍生品销售代理权,收购莱特雄鹰航校,完成了航空生态战略布局。建设了第一家向市民开放的全自主飞行科技体验馆。不久,一个面向社会大众及青少年的黑龙江龙塔飞行体验馆,将开门纳客。孩子们在里面不但可以学到各种各样的航空知识,还可以驾驶飞机模拟操作。多年前,觉得汽车、驾照应该离我们很远,现在我们看飞机就像当年看汽车一样,可是不久的将来你的孩子长大了,飞机驾照会像今天的汽车驾照,成为我们生活的必需。此前,他和十二万飞友为大家做的就是让未来的孩子们有模拟学习、上机学习的机会和条件。

多年以前,这是他的一个梦。而多年后,在他的勤奋努力、立志拼搏下,这个梦成为了现实,他再也不怕让人讽刺和嘲笑了,因为他真的上天了。

有志 85 后

创业感悟:自己的兴趣所在,是一切的开始。在自己不断接触的信息中进行过滤,慢慢沉淀一件件事情,那些能够留下的,便是你的兴趣。当有一件事情,你做起来很兴奋,能带给你成就感和快乐感,即使不给你钱,你也心甘情愿地去做,那么不必再怀疑了,你已经找到了自己的兴趣。

智慧启迪:刘忠亮经过勤奋努力,立志拼搏,成就了他的梦想。他靠兴趣爱好聚合起来的团队,一开始就没想过要挣大钱,成为富豪。为了立志,为了圆梦,更多的是为了中国人争一口气,填补国内空白。他为了成就梦想,吃尽了辛苦,熬尽了心血,但苦尽甘来啊!他没有白努力,没有白付出,他成功了,他圆梦了。低的起点并不会降低你梦想的实现,只要你努力,你勤奋,你的付出总会有等值或者超值的收获!

周冰

成功的路上并不拥挤，只是坚持下来的人不多
——她用美妙的音符让梦想走进现实

她，1988 年出生于哈尔滨市一个知识分子家庭，生活条件比较优越。但她却非常励志，而且特别聪明好学。

她，4 岁，就开始喜欢上了音乐，喜欢上了舞蹈，特别对钢琴情有独钟，有着强烈的爱好，梦想成为一名钢琴教育家，并从此走上了学钢琴、练钢琴、教钢琴的艺术道路。

她，11 岁，小学刚刚毕业，就通过自己的勤学苦练，达到了钢琴 10 级的水平，并成为了哈尔滨庆祝香港回归"百台钢琴"大型演出的首席领奏。

她，15 岁，就获得了全国钢琴比赛（双钢琴组）第一名，并获得了"亚洲杯"青少年组钢琴独奏第一名。

她，18 岁，没有辜负父母的祈盼，通过自己多年的学习和努力，考上了全国著名的艺术院校——中国音乐学院，并成为一名高才生。

她，22 岁，大学刚刚毕业，就荣幸地成为中国著名旅游城市——哈尔滨旅游形象大使，在大森林里海拔 1400 米的高山上进行挑战性演奏，并成为

励 志 · 故 事

"亚洲高山钢琴演奏第一人"。

她,24岁,创办了哈尔滨第一个法雅国际音乐学校,并成立了哈尔滨第一个丹麦皇家音乐学院交流培训基地,将国际音乐家邀请到音乐之城,举办首场法雅之夜独奏音乐会。她的励志故事令人钦佩、令人感叹!

周冰,一个1988年出生的女孩,头顶上的一个个光环,是从怀揣着一个钢琴梦起程的。在刚刚4岁的时候,她就在电视里看到了别人弹钢琴的样子,感觉特别情有独钟,非常感兴趣。而且,父母也常常发现,她一听见钢琴声,她就不顾一切地认真听起来,只见她的左右小手都在跟电视里的人学着动,脚也动,脑袋也跟着晃,就觉得哎哟,太美了!

有的时候,她还会跟父母吵着嚷着要弹琴。父母感觉到这个孩子确实很有天赋,将来一定是一个艺术人才。母亲见她这么着迷,便开始对她进行有目的的培养和教育,让她学唱歌,学芭蕾,学钢琴。还特意为她找了一个在省内很有名的钢琴老师,于是,她开始了人生的钢琴旅途……

钢琴虽然是一门高雅的艺术,但学弹钢琴的路是很难走的。这个过程很艰辛,更是难以坚持下来的。这是一件很难的事情,这其中的滋味,可称得上是酸甜苦辣都有。刚开始弹钢琴时,她遇到的第一个难题就是识谱。每个音,她都要在老师的提示下才能弹出来。每次被老师说多了,她都会流下委屈的泪。她的手软软的,老师就严格地对她说:"如果你的小手立不起来,小心我会用牙签刺你的手!"吓得她把手立得直直的。这时心里酸酸的,像吃了颗酸葡萄。

从小就不服输的她,好胜的心极强,她暗暗地下了决心:不但要学好钢琴,练好钢琴,而且,要成为钢琴教育家。她一写完作业,就开始练琴,而且是反反复复地练。有时候,她实在太累了,本想睡觉了,可妈妈非要她弹琴。练一遍不行,就再练一遍。这首不行,那首也不行,简直哭的心都有啊!练琴实在是太辛苦了,何况她还是一个幼小的女孩啊!多少次她都央求妈妈:"我不想练了,累死我了!"但也只能是满脸愁容,无可奈何,一边双手重重地按着"哆咪发啦",一边时不时还用小手擦着小脸上的委屈泪水。她很想放弃学钢琴。这就是她刚刚学钢琴时的情景。到了要举行钢琴比赛的时候,她需要和琴童们一争高低,心里紧张得很,她一向自尊心很强,也最担心输了的话,会

有志85后

215

被妈妈痛"扁"一顿。

虽然刚开始她遭受了无数的磨炼和挫折,但她却渐渐地越挫越勇,每天都笑容可掬地练习,即使她已经饥肠辘辘,妈妈也三催四请地叫她吃饭了,她还是自我陶醉在钢琴的小小天地里,欣赏优美的琴声。那琴声有如潺潺流水,让她忘却课业的压力,这种快乐真是无与伦比。她爱钢琴,虽然有时心情就像海浪一样,有高低起伏,但她爱钢琴,就像老鼠爱大米,她想她一辈子都不会离开它。到了 11 岁,小学刚刚毕业的她,就通过自己的勤学苦练,达到了钢琴 10 级的水平,并成为了哈尔滨庆祝香港回归"百台钢琴"大型演出的首席领奏,她的钢琴程度已经达到了父母盼望的水平。

为了让她的成绩进一步提高,水准进一步增强,目标进一步扩大,让自己的孩子将来登上更高的舞台,母亲毅然放弃了自己的神圣职业,抛家舍业,带她走进了沈阳音乐学院。现实中,能有这个魄力的父母并不多,而且她的爸爸妈妈有一个特别清晰的思路,就是无论家庭生活水平下降到如何,也一定要把她培养成一个有用的人才。这个决定,把她当时的老师都吓了一跳。

当她到了 13 岁的时候,钢琴的水平和技能有了更高的提升。母亲又慕名带她来到了北京,拜著名钢琴家杨俊为师。这是一位名气很大,威望很高,并享受国务院津贴的钢琴大师。想成为他的一名弟子是非常不容易的,而且门槛也特别高。母女俩足足等了三四天,才等到老师的面试和考核。可是,经过老师的严格考试,觉得在周冰身上,需要改进的地方不少,还得需要至少三个月的时间学习和提高,才能达到老师要求的水准。

就这样,她开始按照大师的要求,不断地改进自己,不断地提高自己。每天除了吃饭和休息的时间外,将近十二个小时的时间都用在了钢琴上,每天是反反复复地学,反反复复地练,特别枯燥,令她特别厌倦,也特别烦恼,而且每天都会伴随着母亲严厉的教导、严厉的批评,甚至是严厉的打骂。

这个时候的她,由于学习的压力,严厉的管教,让她逐渐地产生了一种逆反心理,由当初的热衷钢琴、喜欢钢琴,变成了仇恨钢琴、讨厌钢琴,因为是它夺走了自己的童年快乐。当别的孩子还在享受着童年快乐的时候,而自己却每天被圈在屋子里,享受不到一个儿童应有的那种快乐,看不到外面的世界,也感受不到大自然的美丽。

学习感悟:每一个学习钢琴的孩子的童年都是孤独的、单色的,就像钢琴的琴键一样是只有黑白。对于我学习历程的总结那就是，只有一条路不能选择——那就是放弃，只有一条路不能拒绝——那就是成长的路，长大后再回头看看自己的成长历程。我感谢妈妈，感谢自己曾经义无反顾的坚持。说实话，妈妈为了让我学好钢琴，将来成为一名高雅的艺术家，对我进行了严格的说教，甚至是向我伸出了严厉的巴掌，不是因为妈妈比别的父母手狠，而是一副重担落在了母亲的肩上。一个小女孩，受母亲的宠爱，是母亲的天性。可是，为了让孩子成才，几乎所有自命高贵的母亲，无一不向她的宝贝孩子伸出过巴掌，那是很正常的。附庸高贵，其实母亲的严厉，比高贵本身更重要。在这个时候，用"打是亲骂是爱"来安慰母亲是最恰当不过的了。其实，母亲是很心疼我的，而女儿的钢琴梦，不允许她手软。

当她偷偷地对母亲说不想学钢琴了的时候，母亲还是继续鼓励她学下去。母亲没有任何理由答应她。快乐不是理由，中国历来有"吃得苦中苦，方为人上人"的传统。她深知不可能说服妈妈，甚至更不能说服她自己。尽管她现在仇恨钢琴，却无法仇恨她的母亲，因为她只能感谢母亲，而且是真心地感谢，必定母亲在始终无私地为她奉献着。

如果自己无缘无故半途而废，离开钢琴，会严重地伤害母女的感情。而且，母亲也坚定地告诉她："如果你知难而退得到我的支持，以后你就会养成惧怕困难的习惯。不为了钢琴，就为了培养你的恒心和毅力，我也得让你坚持下去。"在母亲一直的陪伴和鼓励下，经过她积极的努力，不到两个月，她的成绩迅速得到了提升，杨俊老师也高兴地接受了这个刻苦学习的孩子。

从此，通过钢琴家的培养和指教，她的钢琴水准也迅速提高起来，不但经常上台展示自己的钢琴功夫，表现自己的钢琴艺术水平，而且，还经常参加一些全国性的钢琴大赛。在她刚刚 15 岁的时候，就获得了全国钢琴比赛（双钢琴组）第一名，并获得了"亚洲杯"青少年组钢琴独奏第一名。她不但学业得到了升华，而且能力也得到了提高；不但自己是名人的学生，而且，自己也可以带学生、教学生了。从此，她开始走上了自立自强的道路。

2006 年，已经到了 18 岁的她，没有辜负父母的祈盼，更没有让自己的汗水白流，经过多年的学习和努力，考上了全国著名的艺术院校——中国音乐学院，并成为一名高才生。她用美妙的音符，让自己的梦想走进了现实。在大学的校园里，她倍加珍惜来之不易的成果，更加努力，更加刻苦，抓紧一切时间学习专业知识，勤练钢琴技能。无论是学习成绩，还是思想品德，一直名列前茅。

在学校,她积极上进,始终充满阳光,充满正能量,在别人上床已经休息、在别人聊天看视频的空挡,她依然坚持专心学习功课,有时间就去琴房练琴,有时间就去听音乐会。只有在那里,她才有一种安心的感觉。在大学里,她付出了许多,平时吃饭是她一个人,去琴房练琴是她一个人,去听音乐会是她一个人,如果运气好点,晚上的时候有了月亮就会有影子,不至于太孤单。最难的时候,就是自己一个人晚上背着书包走出琴房,自己一个人的身影被拉得好长好长。偶尔也能看到树影底下情侣缠绵的身影,她摇摇头,回了寝室:我也是女生,我也渴望爱情啊!可是,为了梦想,为了坚持,不能浪费自己的宝贵时间去谈情说爱。她一直是这样,始终把实现自己的梦想,把自己的事业放在第一位。她年轻漂亮,美丽大方,追求她的男孩很多很多,但从来没有打动过她。因为她一直清楚地知道自己想要的是什么?所需要做的就是默默无闻地努力,然后等待一个机会,等待梦想的真正实现。她更知道,为了梦想,从小到大曾经受了多少苦,但只要愿意为自己的梦想去付出,不管你的身边是怎样一种环境,你都会千方百计地去努力获得成功。只不过有一条绕不过去的路,那就是一个人单枪匹马的奋斗。

2010 年,刚刚大学毕业的她,首先在北京选择了一个专业的文工团,开始了自己的钢琴艺术生涯。在此期间,她勇敢地参加了在亚布力举办的著名的森林音乐节,在海拔 1400 米高山上的演奏。这个活动,具有很大的挑战性,也具有一定的风险。把钢琴放到那么高,不像在音乐厅里演奏,环境那么差,音响那么低,既没有回音,更没有音色,钢琴演奏的声音和技巧难度是非常大的。就是在这样恶劣的环境下,她不但勇敢地进行挑战,不畏艰险,而且还顺利地获得了演出的圆满成功,也创造了高山钢琴演奏的历史纪录,并荣幸地成为"亚洲高山钢琴演奏第一人"、冰城的旅游形象大使。

2011 年年底,本来应该在这个基础上继续好好发展的她,却不满足现状,毅然本着"我的梦想,我做主"的初衷,想放弃在北京工作的机会,回到家乡自己创办音乐学校,将自己的知识传授给更多喜爱钢琴的学生们。这只是自己的一个想法和对未来的打算,但父母怎么可能通过啊!毕竟他们含辛茹苦培养了自己这么多年啊!她的成长和成才,不是自己一个人努力的结果,而是一个家庭的坚持和努力,更是一个家族的骄傲啊!思想一直在激烈地斗争,意志一直在不停地徘徊。给自己压力最大的是,回去怎么面对父母?思前想后,觉得北京虽然好,但这里并没有自己成长的土壤,更没有自己实现梦想的根基。哈尔滨是全国著名的音乐之都,那里有很多很多的孩子像自己一样,有着钢琴的梦想,那里更缺少像自己一样的钢琴人才。她要将自己的知识与他们共享。经过十几天的苦苦折磨,她还是要坚持"我的梦想,我做主"。

不久,她便离开了自己非常向往的首都北京。在临别的那个晚上,她站在灯火辉煌的立交桥上,看着那不断穿梭的车辆,看着那自己曾经学习的地方,心情久久不能平静,脚步久久不想离开。

一路上,她怀着忐忑不安的心情回到了家乡。到家的第一天,她担心母亲接受不了这个选择,没敢告诉父母,就跟母亲撒谎说,想家了,回来看看你们,母亲听了也很高兴,就这么糊弄过去了。可是到了晚上,她躺在床上彻夜难眠,几天也没有睡好觉。过了几天,母亲看她一直没有想回北京的动作,就忍不住问她:"怎么还不想走啊?"她感觉也无法再瞒下去了,就在母亲面前很紧张地哆哆嗦嗦地说:"辞职了。"母亲当时认为是不可能的事儿,半信半疑地又追问她一句:"这是真的吗?"当她一本正经地跟母亲强调这是真的的时候,母亲再也无法忍下去了,随手一个大巴掌打在了她的脸上,并要立即把她撵出家门,与她断绝母女关系。此时,她努力地不让自己流下眼泪,因为,这时妈妈已经无法言语,满脸的泪水,这深深刺痛了她的心。她努力控制住自己的情绪,睁大眼睛,不让眼泪流下来,如果她也哭了,那妈妈一定会痛哭失声的。

母爱感悟:贝多芬曾经说过:"我很幸运有爱我的母亲。"这句话对于我来说有着更深的理解与体会。小时候曾经也不理解过妈妈对我的严厉,长大后我深深地体会到没有妈妈当年用心严厉的培养,就没有我今天的荣誉与骄傲,她给予我的不只是一个生存的本领、专业的技能,更重要的是建立了我正确的人生观、价值观,让我懂得了坚持与感恩。

从我呱呱坠地那一刻开始,妈妈就对我倾注了全身心的呵护。我经历了从小漫长的学琴历程,母亲为此劳心劳力;我长大了,要独立了,她还是割舍不下牵挂……母爱就是这样,在子女不同年龄段,她们均用独特的方式,展现着相同的爱。

面对着这么大的委屈,面对着这么大的耻辱,顿时她感觉无地自容,无法面对,更无法解释。倔强的她,不服输的她,看着眼前发生的一切,感觉不知道再说什么好,也不能再跟母亲继续争论下去了,只好暂时赌气离开。

　　当她驶出母亲的视线时,泪水再也控制不住了。真的要离家了,却又感到无比的伤感,不是因为怕离开母亲而远行!而是放不下对母亲的思念和牵挂,这一切的一切都化作了一句真心话:母亲为了自己,真的不容易!为了从小培养自己,舍弃了工作,甚至是舍弃了家庭。抬头看向远方,一路的街灯,夜空闪闪的星星,似妈妈慈祥温暖的眼睛,一路陪着她!伴她疾行!此时,她心里有一个强烈的想法——回到母亲身边,但暂时又无法回去,她只好硬着头皮在同学家住下了。

　　在父母的眼里,孩子就是他们整个的世界,而眼前所发生的一切,仍然还是为了孩子。其实,她离开家的时候,已经偷偷地自己的想法告诉了父亲,免得他们惦记。就这样,她带着委屈的泪水离开了家。

　　走自主创业的路,一直是她的目标和方向,艺术教育也是她一生的选择,无论前边的道路如何艰难曲折,她都不会动摇。因为在大学里,老师早就告诉她,艺术教育随着中国教育制度的改革,会越来越被重视。现在孩子的素质教育是个热门话题,是自己办艺术学校的好机会。当前,办一所省内乃至中国的一流民办艺术学校,是她的志向和决心。不久,也就是在她24岁的时候,她与大学时的同学一起合租了一个场地,真正地开始了自己的创业人生,成立了哈尔滨第一家法雅国际音乐学校。

　　办学之初,困难重重,压力非常大,缺少资金,没有生源,要想办下去,就必须挺得住。在开始的时候,招不到足够的学生,只有几个学生。场地需要费用,工作人员需要费用,每天开门都是费用。作为一个刚刚步入社会的大学生,既没有经验,又没有靠山,更没有实力,只靠自己的书本知识和决心,何等的不容易啊!每天精神上的压力,工作上的压力,她都独自承受着。在北京她收学生每个小时都在300元,而回到哈尔滨自己办学,不但自己的身价没有上升,反而下降了,每个学生每小时只收60元。没办法,为了节省开销,她一人既是校长,又是教师,更是一个广告员,心里难受得很,也委屈得很。为了增强学校的核心竞争力,她首先创办了十几场的免费公开课,从提高素质教育入手,并亲自登台主讲,让更多喜欢钢琴的家长来听,让他们亲身感受法雅教育的特殊性和特色性。她坚持的教学理念是,"不做钢琴的工匠,要做钢琴的演奏者"。这也是黑龙江首发的钢琴教育先进概念。不但在教育理念上与众不同,而且教学方式方法也与众不同,在学校里,每年都要免费举办钢琴演奏会,让更多的家长了解钢琴这门高雅的艺术,也让更多的学生有机会参与活动,共同享受钢琴艺术带来的快乐,体会音乐的真谛!

就这样,学校的知名度越来越大,办学水平越来越高,影响也越来越广。学生由当初的几个发展到二百个,得到了很多学生和家长的认可。学校不但成为了哈尔滨第一个丹麦皇家音乐学院交流培训基地,而且她还将国际音乐家邀请到音乐之城,举办了首场法雅之夜独奏音乐会。同时,她还分别在2016年获得"香港国际钢琴公开赛'李斯特纪念奖'"、2017年获得"香港国际钢琴公开赛'肖邦纪念奖'"、"香港国际钢琴公开赛'国际优秀钢琴导师奖'"等大奖。

虽说现在已经是桃李满天下,美妙的音符让梦想已经走进了现实,但她并没有满足现状,她的眼光更远,目标更大,将来她要把自己一手创造的法雅学校,变成国际钢琴大师的摇篮,变成国际钢琴大师的培训基地,更想将它变成国际钢琴大师音乐学院。

创业感悟:成功的路上并不拥挤,只是坚持下来的人不多,这是我一直的人生理念。通过我多年的学习和创业经历,再次明白这个真理是正确的。如果一个人只有梦想,不去努力,不去坚持,那就永远不会成功。我从四岁开始学习钢琴,学钢琴的原因很简单,就是为了一个兴趣,就是为了一个目标,就是为了一个梦想。当我有了学习钢琴兴趣的时候,特别是当我对钢琴古典而华丽的音色,高贵而浪漫的格调,饱含激情的表现,以及感受它震颤灵魂深处的非凡的感染力的时候,就有了当一名钢琴教育家的愿望和梦想。所以,接触钢琴艺术,让我有更多的发现自己的机会。如果不去尝试它,就永远也不会知道自己究竟有多大的天赋和潜力!

我22岁大学刚刚毕业,就选择了自主创业,一路上苦心孤诣地探索前进。为了办好学校,我曾经四处奔波,八方求助,但我始终没有打退堂鼓的念头,而是知难而上。每天面对学校琐碎的行政管理工作,曾经让我头疼,可是当我全心地投入,看到那么多家长和学生在享受着艺术快乐的时候,我也在享受着磨炼的快乐,更享受着创业的快乐和自豪。所以,在这里用我的亲身经历,告诉那些正奋斗在创业路上的青年朋友,无论你做什么事情,当你有了兴趣,就会有进展,就会有突破;当你有了一个目标,你就会朝着这个目标去努力、去奋斗;当你有了一个梦想,你就会更加想去拼搏,你的意志也会更加坚定不移,你也不会轻易地放弃它,直至让你的梦想走进现实。

智慧启迪:不经历风雨,怎能见彩虹。周冰光鲜的背后,又有谁知道她在创业道路上,背负的是怎样的艰辛,成功的背后付出了多少汗水。有人猜测她教钢琴一定赚了大钱,却没人知道,她为了钢琴又流了多少泪。但无论怎样,她无怨无悔,孩子的琴声,家长的掌声,是对她最大的奖赏。现实生活总会给我们许多的考验,特别是我们每个创业者,面对的困难和压力可能会更多。然而在面对这些困难和压力时,如果我们轻易地放弃自己的人生目标和梦想,不再勇往直前的话,最终将一无所获。在自己坚持不下去的时候,想想那些坚持才获得胜利的人,相信一定能获得不放弃的能量。就让我们一起在未来的道路上永不放弃!

放弃是一个念头,而永不放弃是一种信念、一种精神。现实生活中我们往往会不自觉地选择前者,因此,我们极易成为普通的没有一点棱角的人。而有些人却坚定得近乎倔强地选择了后者,这种人虽是少数,但他们却往往能赢得大多数人的掌声。

坚持,永远不要说放弃,是一种意志的磨炼,是一种苦了不停、累了不止的精神。只有这样,坚持才能胜利。永远不要说放弃,是一种坚定的信念和执着的追求,也是一种可贵的自信。永远不要说放弃,是一种勇气,也是一种拥有。拥有了这种勇气,任何困难都不可能阻挡我们的前进,我们要凭着这种勇气,去开拓自己的人生之路,去描绘自己明天的蓝图。

周冰的成长经历和创业历程,让我们发现一个共同点,就是坚信磨炼和挫折是人生的考验,并且相信努力地付出会带来雨后的彩虹。那只是看你的技术如何,还要依靠你的坚持和毅力。坚持和毅力才是决定考验成功与失败的关键。

励 志 · 故 事

陈明礼

才能如虎添翼

梦想，只有和勤奋做伴，

有志 85 后

　　他 1989 年出生在黑龙江省哈尔滨市呼兰区的一个普通农民家庭，从小到大一直在农村生活和学习，父辈身上的勤劳耕作精神，处处感染着他、激励着他，并让他早早地明白了"天道酬勤"的道理。

　　他，就是坚信"天道酬勤"这句励志名言，在读高中时，一边勤奋学习，一边勤工俭学，不靠父母，靠自己，去读书，去奋斗，年仅十几岁就赢得了七万元的人生"第一桶金"。

　　他，又是靠"天道酬勤"这句励志名言，在大学时，就开始琢磨创业，当别人还在到处投简历找工作时，他却已经成为了名副其实的小老板。他的故事令人钦佩，令人称赞，令人惊讶。他也成为创业传奇人物。

- -

　　1995 年，他上小学五年级，我国的改革开放还处于初级阶段，农民到城里打工的意识还没有形成，完全靠土地为生，靠老天爷吃饭，所以，父母辛苦一年也挣不到多少钱，就连一件新衣服也买不起。

　　他记得,在小学五年级的一个夏天,学校要开运动会,他当选了班级的运动员,需要穿运动背心,每个运动员需要自己掏二十块钱,然后班级统一买、统一印字。他回家后就把班级的要求说给了母亲,可是,就是这样一个小小的要求,却难坏了母亲,难坏了自己!"孩子啊!家里哪有钱啊!"母亲难为情地对他说。但不管怎样,母亲还是不想难为孩子,更不能让孩子掉队,母亲就在整个屯子里,东家挪西家借,跑了一个上午,才借了二十元钱,让他高高兴兴地参加了这次运动会。妈妈的这些举动,让他从内心里得到了激励和鼓舞,心想,绝不能辜负班级和母亲的期望,一定要拿出好的成绩来,回报母亲,回报班级。运动场上,他奋力拼搏,拿出全身力气奔跑着,最终他跑出了好成绩,并给母亲拿回了奖状。当母亲得知他的成绩,看到他的荣誉,心里无比感慨,无比激动,拥抱着他好久没有放开,眼泪也情不自禁地掉了下来。这些,他看在眼里,记在心中。所以,从那时起,他就利用放学时间,帮助父母做一些力所能及的事情。

　　上了初中,他的开销也逐渐地多起来,为了减轻父母的负担,他就利用暑假的机会,跟父母及村里人去工地干活,搬砖、做力工,一天下来能赚50块钱。当时他非常开心,因为一个月下来,他能赚1500元,够上学的学费了。真是"穷人的孩子早当家"啊!

　　通过这件事,让他领悟到,人生没有捷径可走,只有脚踏实地,一步一个脚印。而收获的成就感,填满了他那幼小的心灵,让他至今难以忘怀。

　　上了高中,家离学校很远,只能选择住宿在学校里,这就更加增添了家里的负担,恰逢哥哥结婚,家里的钱都用来给哥哥操办婚事了,父母把仅剩的1000多元钱给了他。当时他就发誓,一定要好好学习,尽自己最大的努力改变家里的条件,报答父母。

　　一次偶然的机会,一个同学找到他,说暑假有个兼职赚钱的机会,在汽车检测站工作,帮客户办理手续收取一定的费用。他觉得这个工作很好,既不耽误学习,又能补贴家里,所以,他就同意了。结果,通过一个暑假的勤奋努力,他不仅赚够了学费,还可以补贴家里一些生活费用。由于在检车业务方面有了一定的基础,又有了一定的积蓄,他就和同学合伙开办了一家小型车行,主要为客户提供咨询检车等服务。三年的高中生涯很快过去了,他不但可以自给自足,并且还能分担一些家里的开支;不但自己勤工俭学,而且还带动了一些贫困学生的加盟,自己的队伍也越来越大,由当初的两个人,发展到几十人,钱也越挣越多。每次把厚厚的纸币拿回家,父母心里高兴,他心里自豪,感觉特别荣耀。

可是,高中即将毕业了,他又面临着一个重要选择,是继续创业,还是继续学业? 最终经过深思熟虑,他还是选择了继续学业。他通过自己的实践证明了,只有丰富自己的知识,才能更好地发展事业。

2009年,刚刚二十岁的他,如愿以偿地考上了哈尔滨工业大学华德应用技术学院,实现了他心中的梦。有了高中时代的创业经历,他相比同龄人更加善于发现市场需求,能够抓住机会。随着家用汽车的普及,越来越多的在校学生,开始在学校考取驾照。他就抓住这样的机会,一面利用高中时代勤工俭学积累汽车检测的经验,开始整合资源,为同学们报考驾照提供咨询服务;一面跟驾校对接,要求驾校必须保证教学质量,禁止教练的一切不文明行为;一面又利用课余时间,每天背着书包去各个大学里,拉关系,跑寝室,找资源。为了创业,为了取得成绩,他到处"蒙",到处"骗",有时候进不去校园,进不去寝室,就撒谎说是找同学,或者说是送餐的。

记得有一次,去江北某个大学,被保安当成骗子逮住,把他带到了保安处进行了严格审讯,并要把他送到派出所。这时,他就跟保安撒谎说,家里太困难了,没办法,出来打工,帮助驾校发发宣传单,挣点学费,恳求保安放过他。在这期间,他不但身体受过煎熬,身心也受过伤害,受过人欺,挨过人骂。但他一直锲而不舍,一直努力着。他时刻在警惕自己,告诫自己,前方无论多么艰难,多么坎坷,都要挺住。经过近一年的勤奋工作,他与各个学校打通了关系,取得了人脉,同时,他在同学中的威望也得到了提高,并受到广泛的好评,他也得到了人生的收获。

到了大二,他又开始了新的规划,觉得靠过去的不正规打法,去创业,去奋斗,已经不适合发展的需要。于是,他就与一些知名的驾校谈起合作,并与他们签订合同,在学校里,为他们做代理,走正规化之路。于是,他大胆工作,勇于挑战,不畏辛苦,他在各个学校果断地招了二三十人的代理商,帮他招生。由于他及时改变了策略和方向,又经过自己积极努力,还有老师和同学们的帮助,仅仅一年多的时间,他在各个学校里,就为驾校招了近一千七百多人,并取得了丰厚的回报。有了创业资金,他又先后在大学周边办起了旅店、快餐、电玩等行业,而且,他还为自己的快餐注册了"着急送"品牌。他不但解决了困难同学的勤工俭学问题,减轻了家庭压力,而且也为自己自主创业积累了经验。在这期间,他不但没让家里花一分钱供自己读书,而且还帮助家里解决了很多困难,积累了财富,自己还花了十几万买了车。

到了大四的最后几个月,他开始思考自己的人生,思考自己的定位。觉得这些年一直是自己在拼搏,在奋斗,还没有过真正创业的经历。同时,也觉得自己一直都在紧绷着神经,一直都在紧张地学习,应该出去走走,边看边学习,而且自己要做的事很多,要走的路还很远很远,应该修正一下。

2013 年 7 月 10 日,他大学毕业时,不但取得了大学文凭,而且,也获得了创业的资本和经验。他回到家里,与父母一起享受着人生的喜悦和快乐。在家仅仅待了两天,他就跟父母提出了去青岛闯一闯的想法,父母也都支持他的主张。

7 月 12 日,他从哈尔滨坐了十几个小时的火车,来到了美丽的海滨城市青岛。由于在大学期间,他就有过在汽车检测站打工的经历,所以到了青岛后,他首先租了一个 30 多平方米的房,把自己安顿下来,然后又选择了一家规模比较大的 4s 店,开始了他的正式打工创业。刚刚到了青岛,由于水土不服,浑身起疙瘩,每天都很难入睡,难受得很。吃饭每天也是对付,有时候是馒头加矿泉水,生活很艰苦。但自己又感觉到,在高中和大学期间,可能是太顺了,还没有受过这样的苦,应该给自己一个磨炼意志的机会。既然出来了,就应该挺得住,刹下心来,干出名堂。就这样,不到半月,他就进入了角色,并得到了老板的赏识,工资也在逐渐提高。他也很快地成为了当时 4s 店里最年轻、成长最快的销售经理。

可是,就在他的事业飞奔前行的时候,家里却传来了噩耗,爷爷病危。他当晚就乘坐飞机回了哈市,当他出现在爷爷面前的那一刻,爷爷却突然醒了,并要坐起来,可见他在爷爷心中的分量啊!看到眼前的一幕,他心酸,他难受,眼泪在哗哗地流,心脏在怦怦地跳,他多么想让爷爷多活几年啊,更多么想让自己多陪爷爷几年啊!他身前身后地在家伺候了爷爷整整半个多月,但最终还是没有留住亲爱的爷爷。处理完爷爷的丧事后不久,他就马上回到了青岛。这时的他,因为爷爷的事,让他开始思考起人生,当自己最困难的时候,一直没有离开父母,也没有离开家乡的亲人,可是,当自己一帆风顺的时候却远了离亲人。经过一番思考,他决定还是离开青岛,回到家乡的亲人身边。

几天后,他向老板提出了辞呈,老板还真的舍不得让他走,因为他已经是企业的骨干,可是,又一想他还真是个大孝子,不能单单为企业着想,也得为每个员工的切身利益考虑一下。临行前,老板握着他的手久久不肯撒开,并嘱咐他放心好好干,销售经理的位置永远为他保留着,企业的大门永远为他敞开着,随时随地可以回来工作。

第二天,他去火车站买票,结果是春节临近,票源特别紧张,没办法,他只好选择倒车回家了。一路上,从青岛坐汽车到烟台,从烟台坐轮船到大连,再从大连坐火车回到哈尔滨,经过几天几夜的折腾,累得他筋疲力尽,人困马乏,到家刚好是腊月二十三,中国的传统节日小年。

转过年之后,他感觉现在的形势和政策都非常好,国家特别鼓励和支持大众创业,万众创新,所以,应该把握好这样的机会,自主创业。于是,他马上找到对互联网行业接触比较早的大学同学,决定成立一个科技服务型公司。

2015年初,他在哈尔滨市南岗区和平路89号租了一个办公场所,并到工商部门注册了"黑龙江省掌云通软件科技有限公司"。对于很多想创业的人来说,互联网科技行业并不是一个好的选择,从一开始,他就知道这是一个困难重重、需要备受考验的行业。谈到创业初衷,他表示,一是自身对互联网行业的探索欲,二是情怀。他想让更多人受益于互联网,能够造福整个社会的进步。所以,面对创业的困难,他显得很淡然,他认为那些所谓的困难,早在决心创立这个公司之前就想到了,有了这个心理准备,做起来也就没觉得有什么困难可言了。他是典型的"明知山有虎,偏向虎山行"的人。尽管早就料到这个行业不容易,可还是一头扎了进来。但仅仅靠自身的热情和创业欲望是不行的,创办科技公司,需要核心技术,需要资金,需要人才。他首先东奔西走,求亲靠友筹集资金,经过努力不到一个月就筹集了一百五十多万元。场地有了,资金有了,技术怎么办?他深知,作为一个科技企业,如果没有自己的核心技术,没有自己的优秀人才,那么,这个企业就不会长久,就一定会失败。只有掌握了自己的核心技术,才能不再看别人的脸色行事。他一方面贪黑起早做大量的文献查阅和数据分析;一方面组织自己的研发团队,去北京学习安卓和苹果两大研发系统,研发自己的软件;同时,他又花高薪聘请能人加入他们的团队。

可是,这种技术和人力成本居高不下,以及自身又没有过硬的技术本领的现状,让他感到了创办科研企业的艰难和彻底解决技术问题的痛苦。他越来越感觉自己不适合做科技企业,应该做自己最喜欢的、最擅长的领域。

2015年3月,他与合伙人分开,注册了真正属于自己的公司——哈尔滨名卓商贸有限公司,组织销售团队,为各驾校代理招生,为厂家代理品牌水等商品,做服务性行业。

2016年3月,他又做起了两家餐饮服务行业。经过几年的发展,他又陆续开设了自己的私人会所。2016年6月,他成为了黑龙江省川海人力资源服务集团有限公司的高级合伙人、副总裁。

如今,他已经成为了共青团黑龙江省委的优秀团员、哈尔滨青年联合会委员、哈尔滨青年企业家协会常务理事。

创业感悟:我本是从农村走出来的青年,从初中开始我就有创业的梦想,至今,我一直拼搏在创业路上,也一直在勤奋地努力着。在这个过程中,最让我有所感悟的就是这样一句话:"在没钱的时候把'勤'舍出去,钱就来了。"这叫天道酬勤!

成就来自于勤奋,只有勤奋才能取得成就。俗话说:"一勤天下无难事。"懒惰者,永远不会在事业上有所成就,更永远不会使自己成功。

智慧启迪:陈明礼的创业经历和传奇故事,让我们从中得到的启迪是,勤奋与成就牵手,且密不可分。任何成就的取得,它的前提都将源于勤奋的推动,在推动成就的过程中,浸透着勤奋拼搏的心血和汗水。人们只要拥有一颗勤奋不息的心,面对一切,融入周围,坚持勤奋,坚持拼搏,就能成就自己的创业梦想,就能成就自己的人生价值。

有志85后

历东

前进的脚步就不会停止

人生有了梦想，

有志85后

"大学，一个无数次出现在我梦里的地方，一个我认为会在这里绽放自己的地方，我对这里充满了向往和渴望。"——历东

2008年秋天，历东步入了梦寐以求的大学生活，就读于黑龙江大学东方学院土木工程专业，自从上大学以后，他便时刻利用自己所有的感官，捕捉随时有可能到来的机会。大学期间，他就开始勤工俭学，摆过地摊，发过传单，当过服务员，做过校园代理，生活费很少向家里要。放假回去还要给父母买很多礼物。

但他并不甘心打工，一直有一个创业的梦想。人生有了梦想，前进的脚步就不会停止，虽然他的创业之路并不一帆风顺，但他经过不懈的坚持和努力，一路走了过来，

大二时，他担任学生会夕联部部长，为学生会举行活动联系赞助经费。他带领自己的团队穿过一条条街道，进入一个个商家，与他们谈判争取赞助，同时还能为贫困生联系一些兼职机会。在与这些商家不断沟通的过程

中,他的心底也埋下了一颗创业的种子。

2010年4月,他选择了开网店,卖手机壳,找同学在手机壳上绘图,然后拍图摆上网。"因为周围也有很多开网店的朋友,他们给我提供了很多参考意见。"历东说,他自己平时也有一些摸索。网店的摄影、美工、售前售后等都需要技巧,他只能一步步摸索,失败了再重来。但当时生意并不好,由于不懂网络营销技巧,而且他每天打理网店,从上午9点一直坐到晚上11点,还会因为压力大而失眠,跟上课冲突很大,他只好放弃。

2011年3月,初次创业失败,并没让他一蹶不振,不安分的他,这次决定利用自己做外联部长时积累的商家资源,做自己熟悉的领域。他重新组建自己的团队,拿出自己做校园代理赚的3000元,创办了"新青年大学生模拟公司",打破传统的兼职中介公司形式,公司包干式为学生免费提供兼职培训,联系兼职工作,学生直接受雇于公司,即避免了大学生被骗中介费,又防止大学生工作后不能及时拿到工资。经过培训的学生业务能力强,商家不必花费精力管理,短短半年时间,公司就吸纳了一百多名大学生,提供兼职岗位上千个。好景不长,因为急于扩建规模、降低公司招人门槛、管理机制不匹配等问题,这个模拟公司也如昙花一现,终于关门大吉。

2012年到了毕业季,身边的同学都已经签了工作协议,有了好的未来,没有签工作的也都有一个美好规划,这个时候,他却每天坐在食堂门口,测算有多少学生在食堂打完饭带回去吃和帮同学带饭回寝室,身边的朋友和室友都很为他着急,眼看毕业季他不找工作,也不着急,天天在食堂门口看,大家不了解,此时的他已经瞄准了校园外卖,正准备大干一番。

他可能天生就是创业者,从没想过找工作,这也让他显得和别的同学不一样。毕业后,瞒着家里在亲戚朋友那里凑了五万块钱,开始了他的校园外卖梦。在他看来,校园外卖具有非常广阔的前景,随着人们消费水平和认知的提高,懒人经济已经成为趋势,高校人员密度大,学生一日三餐均在外面吃,如果他能打破常规,给学生做好并送到寝室,外卖市场的前景充满了希望。他吸取之前的教训,稳扎稳打,现在他更踏实了。外卖行业非常辛苦,为了保证品质,很多重要工作都是他自己做,为了保证原材料新鲜,早上4点他就骑自行车去早市进货,坚持了一年多,每天早上风雨无阻,导致他到现在都保持着每天早起的习惯。外卖挣了一点钱,但在没有移动互联网、没有在线支付手段的时代,这件事做不大,因为效率太低,回头来看,外卖是一个好方向,但时间不对。

2013年的一个偶然机会,他的外卖店升级,准备买电脑装收银系统。他去电脑城采购电脑,找到在那里工作的好朋友,他从朋友那里了解到,现在来店买电脑的大学生,分为两个极端,一个是很懂产品,买电脑之前在网上查得非常详细,非常专业,而且这样的人越来越多,店里的生意越来越不好做,而令一个极端是一些不懂产品、社会经验不足的大学生,被销售人员利用销售技巧、销售话术"忽悠",同一产品的价钱,比卖给其他客户高出很多。作为曾经被骗的大学生,他看到了一个全新的世界,虽然每天忙于店内的琐碎工作,但天生好学和对商业敏感的他,一直觉得互联网才是未来,是时代趋势,他想为没有经济来源的大学生做点儿什么。

说干就干,他把外卖店出兑出去,再次创业,利用互联网创建一个大学生自己的电子产品购物平台——"敲门网",他和两个合伙人在一间20平方米的办公室,写下了"敲门网"的第一行代码,连续工作五十多个日日夜夜才终于上线。网站上线不能没有产品,他一方面积极联系各大品牌代理商,奔波辗转三个月,共与十三个品牌省级代理和国代商签订合作协议,还与中国移动、中国联通、中国电信三大通信运营商签订合作协议。同时联合哈尔滨各大高校,与有创业梦想的大学生共同建立"敲门网"这一大学生创业平台,不仅拥有广阔的学生资源基础,带动更多有激情的大学生创业,以创业带动就业,同时还成为了大学生勤工俭学实践教学基地,让大学生在得到锻炼的同时,在经济方面也有所收益。

2014年"敲门网"创办一年,入驻哈市10所高校,拥有近百名校园大使,但在没有京东那样强大的资金实力和品牌实力的情况下,专做3C产品,开始还能显示出来本地电商的优势,但很快发展就遇到天花板。于是,他的团队实时推出了在线分期服务,大学生可以凭借学生证和身份证就可以在线分期购买"敲门网"的产品。大学生有很好的信用基础,可以用未来的钱为现在的发展铺路,如果有很好的工具,帮助他们在最需要钱的时候多一些生产资料,那就是有价值的。

2015年,是O2O爆发的元年,趣分期、人人分期、爱学贷等分期网站,雨后春笋般遍地开花,获得融资的互联网巨头崛起,市场被蚕食,公司再次面临关门大吉。到2015年年底,项目一个个失败了,濒临散伙,有人在问,我们还能撑多久?他们已经试了不下8个项目,历东硬撑着,特别顽强,他避谈

"散伙"这个词,坚持再试试下一个项目。年底聚餐,只有四个人的创业团队,结果就两个人吃饭,他和合伙人姜传奇相对无言,气氛凄凉。历东说,春节回来后再干一次,干不成再想办法。

为什么历东屡败屡战,还有姜传奇、孙鹏他们会死心塌地地跟随?因为他的眼光摆在那里,还有落地的能力,坚忍不拔的意志,人脉也够强,迟早会东山再起。

试了若干项目后,历东他们充分认识到自己的缺点,和擅长做什么,最终还是决定在互联网领域寻找机会,但纯粹的电商可能做不起来了,没有什么机会了,能否结合什么领域来做电商?

直到2016年2月,"饿了么"招募三、四线城市渠道代理,历东的眼光落在这个领域:在东北做电商的话,很难很难,必须要依托一个强大的平台,换个思路,公司就能活下来。凭借多年对O2O行业的了解,以及对市场的敏锐把握,他及时申请了代理"饿了么"三、四线城市的代理权,目前已经获得东北三省32个城市代理运营权限,并负责"饿了么"的蜂鸟项目。公司"饿了么"项目推广团队100余人,培养城市经理38人,年营业收入超过1000万元,哈尔滨乐水文化网络科技有限公司,已经成为"饿了么"东三省最大代理商。

原以为赚钱了就会越来越轻松,但是创业是一条单向行驶的高速公路,历东从未停歇,他又开始投入了新的项目"小柠檬鲜果",跟他一起的合伙人不理解,现在日子过得越来越好,我们把"饿了么"小城市代理的项目做好就可以了,拿更多的城市,赚更多的钱。但历东心里清楚,做外卖平台代理,只是为了让跟着他这么多年的兄弟们过得好一点,他要做的不是挣钱,他真正的梦想是拥有自己的品牌项目,所以他又再次出发。

"小柠檬鲜果"采用"C2B+O2O"的模式,根据提前预售按量采购,不仅降低了传统水果销售的高损耗和库存,更让水果保证是当天最新鲜的,"小柠萌鲜果"不到一年的时间,在哈尔滨已经拥有五家连锁店,他看到消费升级的时代背景,要为都市白领打造一个极致的鲜果体验。

- -

创业感悟:作为当代大学生,我们在学校里学到了很多理论性的东西;再加上我们有励志精神、创新意识,有对传统观念和传统行业挑战的信心和欲望;我们有着年轻的血液、蓬勃的朝气,以及"初生牛犊不怕虎"的韧劲,我们

有志85后

就会对未来充满希望,这些都是我们青年创业者应该具备的素质,这也更是青年创业的动力源泉,是成功创业的精神基础。

通过我的创业历程我深深感悟到,在年轻的时候永远不要停息生命的脚步,永远不要安于现状,或许一个人可以失去美丽的青春,因为青春终究是会失去的,但是时间是不会停止的。永远不要失去自己的梦想和前进的方向,永远不要失去自己的人格与尊严,要永远对得起自己和自己生活的每一天,永远,永远……

智慧启迪:圆满的成果无疑值得欢欣,我们靠自己的努力获得回报,自然应当骄傲。不同的是,你可以在人生道路的任何一处起步,踏上征程,也可能随意地给人生的某一篇章画上句号,使奋进、追求、目标、梦想等宣告终结。无论是对生活状况的满足,或是对一味付出和一路的未知感到迷茫与厌倦,都可能成为你停下来的理由。知足固然是一种超凡的人生态度,但丧失了新鲜感与方向感的人生,就毫无实际意义可言。

科学家爱迪生,他的自恃自傲使他在晚年性格孤僻怪异,认为自己的脑袋应付得了一切,终再无任何重大发明;唐玄宗国泰民安的大好江山,也可以因为他晚年的荒淫无道而毁于一旦……

历东的励志故事提醒我们,在我们躺在树下歇息,躺在功劳簿上自寻清逸时,一度落在我们身后的笨拙的他,正以缓慢却坚定的速度迎头赶上。我们应该始终保持进取的心,保持永不放弃的决心,保持永不服输的坚强意志,不受任何外界影响,始终忠于真实的自我,始终有一种努力奋斗的精神,拼搏就能成就梦想,就会让你走向成功之路。

王宸

就不可能有雄才大略没有伟大的意志力，

　　他，1988年出生于黑龙江省伊春市，是一个呼吸着小兴安岭清新空气长大的孩子，是一个喝着松花江水成长起来的励志青年。回报养育自己的父母，回报培养自己成才的家乡，一直是他的执着追求，更是他的梦想。

　　他，从小到大一直生活在黑土地上、大森林中，深感父辈们生活条件的艰苦和贫穷，渴望着有一天通过自己的努力，能改变家庭生活条件和家乡贫穷落后的状况。因此让他有了一颗不安分的心和对商业敏锐的嗅觉。

　　他，从小就是一个聪明伶俐的孩子，喜欢动脑筋，善于创新创造。刚刚17岁时，他就接触了电子商务，为他人通过互联网代购商品，也为自己赚到了零花钱。同时，也让他成为当时伊春市办理网银的第一人。

　　他，大学期间，开始在淘宝网上卖服装，曾创下3个月进入淘宝男装Top10的纪录，为了把生意做得更大，一度休学在广州专职发展，后来意识到知识的重要，又回到学校把学业修完。

　　他，大学毕业后，在哈尔滨创办了一家"购百特"，是一家"互联网+"创新模式的社区便利店。仅短短一年时间，就已经在哈尔滨由1家迅速发展到12家，北京还有1家直营店，公司估值达2亿多元。

　　他，是一个"85"后的创业代表，也是一个奋斗者的励志典范，更是一个新时代的有志青年，还是一个认准了自己的人生目标而不放弃、执着而不动摇、坚定而不易变的强者。他的创业故事令人敬佩,令人折服,更令人刮目相看,精彩而传奇。

1988 年出生的王宸,看似很年轻,阅历也很简单,但其性格却很稳重,做事也是成熟老练,生意经更是烂熟于心,很有才干和智谋。由于从小深受父母与时俱进、开拓进取意识的熏陶,很小就有了经商理念,并喜欢引领新潮时尚。刚刚进入高中,年仅 16 岁的他,就有过网络营销方面的历练。当很多人还不知道淘宝的时候,当很多懵懂的青年还像小孩子一般处于贪玩的时候,他就已经赚取了人生的第一桶金,而且是满满的一桶金。

父亲本来是一个精明的生意人,在他刚刚进入初中的时候,家里已经有近百万的收入,在当地也是很有名气的,吃不愁,穿不愁。但父亲由于不慎,一步迈进了深渊,导致了破产。迫于生活的压力,他从小就跟随父亲学会了生意经,学着大人的模样做起了网络营销生意,并让他在当地有了不小的名气,都说这个小孩,长大一定会很有出息。

当初,在父亲创业惨遭失败一下跌倒的时候,无论是父亲还是他,以及家庭都受到了沉重的打击,更让一家人的生活水平一落千丈。年少却懂事儿的他,对于这一幕幕看在眼里,更让他此生难忘。他暗暗地给自己鼓劲儿,一定不能倒下,一定要坚强,一定要励志闯出自己的一片天下,让全家人过上好日子。这也成为后来激励他成就事业的重要基础,更让这个"85"后有了一颗不安稳的心,对学习的兴趣逐渐减少了,却对网络的好奇与日俱增,并开始迷恋上了网络,网络是如此神奇又充满吸引力。

进入大学后,他视野更加开阔,网络营销更加成熟,经验也越来越丰富,经商的意识也更加强烈。在阿里巴巴刚刚成立、电商才兴起不久,他就想到了做电商,就是这样他每次都能赶上时代的潮流。在大学期间,他开始在淘宝网上卖服装,曾创下 3 个月进入淘宝男装 Top10 的纪录。靠着仅有的 3000 元启动资金,第一个月就让他赚到 5000 元,第二个月就赚到 20 000 元。为了把生意做得更大,他一度休学在广州专职发展。然而他的创业过程和大多数人一样,并没有那么简单。天有不测风云,由于服装项目决策和运营策略的失误,他在一夜之间负债累累。是守在广州清理库存休养生息等待东山再起,还是找个稳定的工作就此过一个普通人的生活,一度成为困扰他的问题。此时的他，不但花光了自己所有的积蓄，还因经营公司欠下了不少债务。对于多数20岁的人来说，创业经历失败并欠下大额债务，都是难以想象的事。可他并不以为然，还年轻，大不了从头再来！他也在创业中，意识到知识的重要性，知识的积累和丰富对创业会带来有益的影响，于是他又回到学校把学业修完。

漂泊在广州的日子，他并没有放弃对家乡的关注和对国家大政方针的学习，特别是习近平总书记在考察辽宁时指出的，"全面振兴东北地区等老工业基地是国家既定战略"，要"形成战略性新兴产业和传统制造业并驾齐驱、现代服务业和传统服务业相互促进、信息化和工业化深度融合的产业发展新格局，为全面振兴老工业基地增添原动力"。这些话深深地刻印在他的心里，他坚信作为老工业基地的黑龙江，不久就会迎来发展的春天。每当想到国家的政策扶持和黑土地上辛勤工作的亲人们，他那颗游荡着的心就仿佛有了归属和蓬勃的动力，他一直为回到家乡做着准备。

2014年下半年，"大众创业、万众创新"高频度地出现在党中央、国务院的报告中，全社会涌动着创新创业的热潮，他不安分的心再次澎湃起来。2015年两会期间，陆昊省长说，正在考虑推出大众创业计划，指出推动民营经济发展的关键点是机会、路径、环境，特别是看到省长提到"告诉大学生创业干什么"时，他感觉到，借着"双创"的热潮，黑龙江的大学生创业将进入一个新的历史阶段，他的心活了。

2015年5月，黑龙江省长陆昊在东北林大发表演讲，省政府推出了包含一系列激励政策的《关于促进大学生创新创业的若干意见》，要利用大学生创新创业冲击民间顽固的"铁饭碗"思维，改变黑龙江"小富即安""不愿合作""忽略营销""宁当鸡头，不当凤尾"等传统观念，要求政府不仅要提供相应支持，也要去行政化思维，"消灭"束缚发展活力的制度。看到这个消息的时候，他失眠了，也彻底坐不住了。在创新创业的征战中革除老工业基地固有的僵化思想，去改变和冲击传统，去实现和引领黑龙江年轻人的观念，不就是他此前的理想吗？"我，一定要回去！回到养育我的家乡，用我的知识和聪明才智，去改变家乡，去带动家乡人一起创业腾飞，早日实现民族伟大复兴梦，实现每个人的创业梦、小康梦！"他这样想着。

再激烈澎湃的理想，还是需要有项目落地去实现。随着互联网经济发展趋势，传统电商已经不能更多地为家乡贡献活力。反复翻看陆昊省长的讲

有志85后

话——"要确立发展绿色食品的品牌战略、营销战略、渠道战略,为更多的'创客'提供机会",在品牌战略、营销战略、渠道战略的表述中他似乎找到了方向。再联想到曾工作过的广州、北京、杭州,方便的便利店体系不仅极大地满足了老百姓的需求,同时还有效地提升了城市的品位。创业的思路逐渐清晰起来。

虽然电商的蓬勃发展给实体零售业带来了很大的冲击,但服务社区的便利店行业革新却少有人问津。便利店是零售行业服务社区居民的最后一步,与百姓生活息息相关。统计数据显示,日本的便利店饱和度为 2500:1,台湾地区为 2300:1,我国大陆地区则是 52 300:1,在需求上至少有 70 万家的缺口。而在哈尔滨,尚没有真正意义的 24 小时便利店,至少有 2500 家的需求缺口。与超市、百货齐名的便利店行业,面临着新业态变革的风口。

2015 年秋天,他回到了哈尔滨,与他一起回来的还有在杭州、广州创业时的伙伴。当他向他们讲述回到家乡、报效家乡时,伙伴们都毫不犹豫地支持他,愿意跟他一起回家乡哈尔滨创业。

2015 年 9 月,他的第一家购百特 O2O 便利店在哈西万达写字楼开业,同时,兼顾线上功能的手机 APP 也上线运营了。麻雀虽小,五脏俱全。便利店涉及零售、仓储、物流、运营等多个环节,对资金的依赖度极高。一年下来,大家初始投入的 400 多万元资金,已经全部耗尽。每当发薪日,每个人都表情凝重,而作为创始人的他更是如坐针毡。

2016 年 6 月,员工们已经 6 个月没领工资了,便利店销售商品的账期也越来越近了,最令人头痛的是房租也快到期了。那半个月,他与合伙人是在不停地借钱、不停地被拒绝、再不停地继续借钱中度过的。最艰难的时候,甚至是第二天就被催着关店搬家。好在,他们挺了过来。

可是,在第一家店艰难运营的时候,他们布局中的第二个店也要开业了,这是进一步扩张去谈合作和融资的基础,可以说,对于创业项目的成败具有举足轻重的地位。当时,能借的钱已经全借了,谈好的合同付款期迫在眉睫。就在他山穷水尽的时候,黑龙江省大学生创业贷款担保有限公司向他伸出了援手,经过审核,给他发放了 10 万元大学生创业贷款。10 万元并不多,但对于弹尽粮绝的他们无异于及时雨。他们用这部分钱及时交付了首期房租,度过了最艰难的时刻,坚持到了拿到投资的那一天,使得他们拥有了后续发展的可能。当接受了省大学生创业贷款担保有限公司耐心、细致、高效的服务时,他深深地感觉到了政府推动"双创"的诚意,看到了政府职能的转变和创业环境的改善,内心里涌动着满满的感动,也更鼓舞了他继续创业的信心。

创业感悟:人才是创新创业的基础。我的初始团队里既有我的大学同学,也有在前期创业时的伙伴,随着创业项目的推进,我迫切需要一支顶尖队伍。合伙人黄盛是我在广州结识的伙伴,曾在韩国留学学习计算机,在广州有女朋友即将成家,当我向他发出邀约来哈尔滨创业时,所有人都劝他别来。一方面是因为黑龙江人在外地人的印象中,浮夸、脾气暴躁,另一方面是黑龙江根本就不具备发展互联网事业的基础。当他问我为什么回家创业时,我说就是对黑土地有感情,特别想为家乡的发展、为振兴东北出点力。这句话深深地打动了他,也因为这一句话,使我的合伙人抛弃广州的事业来到了黑龙江。

通过实践证明了人才的重要,所以,在创业的过程中,他先后多次到北京、上海延揽人才。当他跟那些人才讲这个项目在哈尔滨时,大多数人是拒绝的,然而当他讲起政府对推进"双创"的决心时,这些人才又慢慢地改变了看法,特别是谈到便利店项目是为改造哈尔滨乃至东北城市的品位,以及讲到他们团队的使命时,这些人才心中的理想主义被唤醒了,有的甚至直接拍板跟他来哈尔滨。

现在,他的管理团队里有一半是外地来哈的,即使是黑龙江籍的,也有一大半是从外地返回的。其中,他们的总经理尚海是世界上最大便利店连锁机构7-11在北京创办时的元老,家和孩子都在北京,放弃了80万元的年薪和较大数量的股份来到哈尔滨。运营总监是7-11北京第一批区域经理,曾获7-11特别贡献奖,来哈尔滨前任日本罗森北京公司高管。商品部部长是瑞士"海归",曾任百度外卖高管。CTO有15年的软件开发经验,曾任IBM企业系统设计开发经理,是京东供应链研发经理、艺龙网技术和产品总监。仓储物流部部长曾任京东华东区经理。

与风投的接触也是一个艰难的过程。当他说这是一个来自哈尔滨的项目时,投资人大多数报以傲慢和排斥,甚至有时连后面的项目介绍都拒绝听。那一刻,他的内心涌动着不安和抗争,暗暗地告诉自己:一定要干出个名堂,让他们改变对哈尔滨的直觉。后来再见风投时,他就不停地宣传推介黑龙江的山水、人文,通过他对城市和黑龙江"双创"热潮的介绍,人们逐步打破了原来的"投资不过山海关"的看法,特别是当他们来到哈尔滨,亲身感受氛围和对他的团队、他的项目考察后,更是改变了原来的观念,他们都惊讶于黑龙江能有这么具备前瞻性的项目,有如此具有创新性的公司。现在,秦领投资、盈正投资、大有基金、汉博商业、赢商网等机构已经完成了 Pre-A 轮投资,启承资本、源码资本、山行资本、深创投、哈创投、朗江投资等公司将成为后续投资者,其中哈创投与朗江投资都是本地投资机构。不久,他们的项目将向阿里巴巴马云先生展示,或将迎来新的发展契机。

无论是他的合伙人,还是投资者,他们来到哈尔滨后,不仅被这座城市的美丽所感染,更对日益改善的创业环境赞叹不已,每每听到他们的赞美,他就不仅为自己家乡的变化油然升起自豪感, 也深深地为能够服务和改变这座城市而感到欣慰。

当他注册公司时,身边的亲人、朋友,包括有意向投资的基金公司,都建议他们在北京或上海注册,为的是谈合作时招牌更亮丽些。而他却认为,他的根在黑龙江,要开拓的事业也在黑龙江,注册地一定也要选择黑龙江,把未来的税收、就业留在黑龙江,哪怕失败了,也不负要报效家乡理想的初心。

经过一年多的发展,目前 13 家便利店共有 80 名员工,与之相配套的仓储、物流体系约有近 100 个外部配套岗位。也就是说,他的创业开发了近 200 个工作岗位,其中近一半是大学毕业生,另一部分则多为下岗失业人员和进城务工人员。这些就业岗位为他们提供了收入,是他们融入社会的平台,更是他作为一名创业者履行社会责任的微薄之力。

2018 年,他们计划开店 100 家,开发就业岗位 10 000 个。作为兼具线上线下服务属性的便利店,他的使命就是让生活更便利,以工匠精神为黑龙江甚至东北、全国的居民提供便利生活,进而成为中国人自己的便利店和民族品牌。他希望在他的平台上,从最简单的市民早餐工程,到为夜间工作的清洁工人、保安等群体提供休息场所,都能够实现得更为便利。更希望让具有统一管理模式、统一配送体系、统一设计的门店提升城市品位,让大街小巷都有一盏温暖的灯迎接顾客的到来。

- -

创业感悟: 创业者走的路一定不是平坦的,创业者在荆棘路上经常会摔倒,但当他们爬起来整理行装重新上路的时候,每个创业者都会有一番自己的感悟,也许这份感悟种类万千,但总有某些感悟能够引起其他创业者的共鸣。

我的创业经历经常会让我感悟到,创业就像是其貌不扬的小伙,在努力去追求一个靓女一样。可能你拜访十个客户只能成交一个,甚至一个也没有。你的创业伙伴也有可能随时离开你,但这就是创业,你不能以个人意志去左右你身边的人,你能做的只有学会接受拒绝,保持前进,因为不进则退。要强迫自己以更加积极的心态,去努力,去奋斗,去拼搏。当事情进展不顺利时,只要抱有一点小小的希望,有时就能影响最终的结果。每当我有懒惰的想法或者遇到阻碍时,我都会自己推一把,给自己加油,给自己鼓劲,激励自己一直向前。

到什么时候,自己都需要相信自己,你一定能够成功的。但是,成功却没有秘方,天时、地利、人和,对每个创业者的含义都是不同的,这些因素都会不同程度地影响自己创业的结果。既然你选择了创业,那么你就应该全身心地开发你的项目,专注于每位客户的需求。创业的过程中有太多的不确定性,唯一需要确定的是:你需要努力!无论你是做服务行业的,还是做产品的,你都应该非常在意你的客户的感受,想他们之所想。所以说,创业者工作的动机,不再仅仅是为了自己,而是为了别人。

智慧启迪:王宸,作为一个"85"后的青年,在他刚刚大学毕业步入社会短短的几年内,就走上了成功的创业之路,并获得了辉煌的业绩,给我们的启迪是:一个人无论做什么事,特别是在创业项目的选择上,要发挥其自己的专长,而且又必须适合社会环境需要。如果脱离社会环境的需要,其专长也就失去了价值。因此,我们要根据社会的需要,决定自己的行动,更好地去发挥自己的专长。

人人都有机会获得一座金矿,但你是否能有幸挖到金子,关键看能不能脚踏实地地发挥自己的长处,去经营自己的人生。美国田纳西州有一位秘鲁移民,在他的居住地拥有6公顷山林。在美国掀起西部淘金热时,他变卖家产,举家西迁,在西部买了90公顷土地进行钻探,希望能找到金沙或铁矿。他一连干了5年,不仅没有找到任何东西,最后连家底也折腾光了,不得不重返田纳西。后来,当他回到西部故地时,发现那里机器轰鸣,工棚林立。原来,被他卖掉的那个山林,就是座金矿,新主人正在挖山炼金,如今这座金矿仍在开采,它就是美国有名的门罗金矿。

王宸,今天之所以在创业路上取得非凡的业绩,主要是源于他从小有一种创新意识,善于动脑,喜欢新潮时尚,也源于他有一种做事勤奋努力、坚定执着、拼搏进取的励志精神。那种整天羡慕别人的活法,而邯郸学步,那种总以为财宝埋在别人家园子,而不去寻找、不去努力的人,是永远挖不到金子的。

有志85后

姜禹伯

强者把握机遇，智者创造机遇，

他，1983年出生于黑龙江省齐齐哈尔市富裕县，父母都是下岗职工，家中上有老，下有小。他是父母溺爱的独生子，也是奶奶宠惯的宝贝孙儿。小时候，父母给他的零花钱，他会一分一角地攒起来，很少去花。那种无法描述的愉悦满足感，要比花钱买小食品和玩具带来的快乐强烈得多，因为他从小就知道这钱来之不易。

他，从小的时候，看见人家结婚，没有大车小车，只有自行车，房子家具也都是普通得不能再普通，看起来甚至有些寒酸！可是，他出生的年代，又正好是改革开放的年代，父母在那个年代下岗再就业，那个时代流行一个字叫"闯"。当父母踌躇满志地步入社会的时候，才发现，理想和现实的差距又是那么的大！父母非常佩服那些的确是靠着自己能力闯出去的同代人，可绝大多数的人和他们一样，在创业的路上默默地奉献着自己的青春，他们要养老，他们要养家！这样的生活经历，又让他早早地就体会到父母不容易。

他，从小到大在这样的年代里生活，在这样的年代里成长，目睹了这个时代的变化和发展。他曾经在太多个夜深人静的时候，在思索，自己的天赋或许不够高。也会感慨这个社会的诸多不公。可即便生活和理想还有相当大的差距，自己却有一个响当当的名字——"80后"！是一代有情有义的人，是一代勇于担当的挑战者，更是一代有志的青年。现实的生活也让他知道了

"80 后"这一代不容易。

　　他,大学毕业 10 年,在外打拼了 10 年,在外漂泊了 10 年,在外磨砺了 10 年。他不管生活条件多么艰难,也不管困难压力多么艰巨,更不管创业之路多么坎坷,前进方向多么迷茫,他依然一直怀揣着自己的梦想,并依然为自己的梦想付出努力、付出汗水。他知道了创业是多么不易。

　　他,如今,通过多年的励志拼搏,早已经走出了当初的困境。刚刚三十几岁,就已经成就了自己的梦想,不但有了车有了房有了家,而且还有了自己的公司,早已经不必再为生活而犯愁,早已经过上了曾经有点苦,而今回味却有点甜的幸福生活了。他的创业故事令人敬佩!

- -

有
志
85
后

　　1983 年出生的姜禹伯,从小就经受了艰苦环境的磨砺,也感受了经济困难的压力,更经历了时代的变化。在他刚刚懂事的时候,父母就双双下岗,并面对着再就业,家里上有老奶奶要赡养,下有小娃娃要抚养,全家 4 口人困难重重,所有的负担都压在没有任何经济来源的父母身上。为了养家糊口,父亲不得不出去打工,母亲经常跑外,勉强维持着一家老小的简单生活。由于父母常年在外打拼,家里就剩下他和奶奶这一老一小,只有 4 岁的他,却特别懂事,特别乖巧,特别听话,从来也不惹奶奶生气,所以,得到了奶奶的宠惯。奶奶有好吃的自己舍不得吃一口,总是让他多吃,吃好,吃饱,担心他在奶奶身边受到委屈。懂事的他,也是舍不得独吞,也总是让着奶奶,甚至往奶奶的嘴里喂。小小的年龄,就常常得到左邻右舍的夸奖,都说这孩子将来肯定错不了,一定是个好苗子。童年虽然不太幸福,没有得到父母的温暖,但在奶奶身边长大的他,也感觉特别快乐。

　　随着年龄的增长,他逐渐地在奶奶身边长大了。从入小学到中学,他更加懂事,不但知道的多了,而且也越来越自立自强,自己能做的事儿,从来不麻烦奶奶。在这个时期,他不但通过学习有了文化知识,也有了励志精神。他知道父母工作忙,不在自己身边,每天早早就起床,自己准备好上学的用品,帮助奶奶做家务。在学校里,他勤奋学习,刻苦努力,始终有一种不服输的性格,有一种坚强的意志力。从小学到中学,学习成绩一直名列前茅,品学兼优,经常得到学校和老师的表扬,特别让奶奶开心,特别让父母放心。

　　唯一让他闹心的是,已经到了高中的他,不但年龄开始成熟起来,思想意识也开始增强起来,开始进入了他的青春时代,老师情同学义,相互之间的往来越来越多。他曾经记得,一次同学间的聚会,每人需要50元,可是,他知道,家里他跟奶奶的生活费也只有50元啊!如果拿出来他跟奶奶又怎么生活呢!但又不能不参加这样的集体活动,可不拿又怎么跟同学说呢?让同学多瞧不起啊!他真的好难过。这件事,让他苦恼了好久好久,最后还是同学们看出了他的苦恼,也理解了他的困境,大家一起凑钱把他的那份拿了。

至今,当他回忆起此事时,都感觉是一种耻辱、一种愧疚、一种遗憾。但通过此事,不但让他更励志了,也让他更有骨气了。一定要好好学习,天天向上,一定要多多挣钱,天天幸福,一定要考上大学,让全家人过上不缺吃不缺穿的好日子。

经过几年的发奋学习,刻苦努力,他终于实现了自己的大学梦,以优异的成绩考入了齐齐哈尔大学。他本来是想学医的,但由于医学院校费用太高,家里的经济条件又不允许,没办法,只好选择了一所学费相对低一点的学校,就这样,他迈进了这所大学。

高考结束,填完志愿大学录取,自己那一颗悬着的心终于落下了。高三不仅是一个人的战斗,也是一家人的战斗。虽然他是住校生,一周或两周回去一次,但是奶奶和父母的心一直跟着他悬着,隔几天就要给班主任打电话,问问他最近的学习情况。当录取通知书送到的时候,全家人悬着的心终于放下了,感觉奶奶和父母比他还激动。

上了大学,回家的次数越来越少了,和父母待在一起的时间也越来越少了,从进入大学那一刻起,他更加励志,更加刻苦,因为他知道,自己的路需要自己去走,别人是代替不了的。从现在开始必须学会独立,学会坚强,将来要独立工作,独立生活,而且将来要结婚,要生子,离这些会越走越近了,所以,要磨炼自己。回家也只是短暂的停留。作为独生子,未来的路还要靠他自己走,现在能做的,就是尽可能提升自己的战斗力,将来活得容易一些,而且将来还有自己的生活、自己的责任、自己的未来。

在大学期间,他一方面不忘初心,牢记梦想,一方面不忘回报,感恩父母。入学后,他深感这次机会来之不易,他加倍努力学习,掌握知识,为实现自己的最终梦想,学习学习再学习。在学好本领的前提下,他疯狂地做兼职工作,兼职虽然辛苦,但他脸上总是笑容灿烂,工作之余就泡在图书馆里。

大学毕业后,他的第一份工作就去了遥远的中东地区,为在巴林做厨具

生意的亲戚帮忙。那是一个动乱的地区,那是一个艰苦的环境,那更是一个
高温的气候。他经常要在零上40多度的炎热天气里监工卸货,一站就是两
三个小时,汗水一直从头上不停地往下流,他也只能不停地大口大口地补
水。就这样,他一直坚持了1年半,后来由于那里发生了动乱,不得已回到国内。

　　回国后,他先去了北京,做厨具生意,但由于没有什么发展前景,就回到
了自己的家乡富裕县,做了短暂的修整。不久,他又来到了哈尔滨表哥的物
流公司帮忙看店,也想在这里玩玩,也没想长干,所以,就连自己铺盖都没有
带。他在这里虽然是帮忙,临时过渡,但却把这份工作当成了自己的事业,每
天兢兢业业,废寝忘食,得到了哥哥的赏识和认可,就一直不让走。结果,干
了一年。但他总觉得这并不是自己想干的工作,更不是自己的人生目标,而
现在这个时候,已经快到而立之年,应该需要独立去闯,独立去拼了,否则,
就会耽误了自己的前程。舅舅此时也似乎感觉到了,他的人生目标并不是在
这里,应该会有更大的发展、更高的提升,就跟他的哥哥说:"你让你弟弟一
辈子就帮你看埠啊?你能给他开多少钱?"他本想说的话,而又没好意思说出
口的话,此时却让舅舅说出来了。也正是伯父的这一句话,不但让他有了醒
悟,也让他有了非常好的前途。

　　凭借自己多年在国外做厨具生意的经验,他很快在哈尔滨市一家厨具
企业找到了工作。他对这份工作还是比较满意的,也觉得很理想,觉得得心
应手,谈起业务来,特别熟练,业绩也不断提高。可是,相对回报却很低,每月
只有2000多元的收入,在业绩提成上,老板也显得不大气,谈了大单,也没
有相应的回报和奖励。

　　不久后,他就跳到第二家厨具公司。这一跳,不但让他的人生从此有了
大的改变,而且也让他的生活有了大的改善,更让他的幸福有了大的实现。
在这里,他找到了他自己的知心爱人,一个来自于本省明水县的纯朴女孩。
他们虽然在一个单位,但却不在一个办公地点,他是跑外的,她是做内务的。
由于他经常跑外,见识广,又经历了艰苦环境的磨炼,很多事情都是自己扛
过来的,都是自己挺起来的,让人感觉特别踏实。再加上他又有工作经验和
实际能力,说话也很风趣,小女孩感觉自己的幸福可以托付于他,就这样,两
个人的爱情逐渐地从相识到相知,从相知到相爱,从相爱到相恋,从相恋到
相依,一步更比一步深。

　　当初他们相识的时候,他还在外面与别人一起合租房子住,而且特别寒

酸,只有一个十几平方米大的卧室,特别简陋,并且他一直是睡在客厅的沙发上。后来室友买房结婚了,他又搬到了一个成本更低、房屋更简陋的小区里。为了生存,为了生活,他每天省吃俭用,舍不得乱花1分钱,每次跟对象看完夜场电影,送她回家后,自己总要赶在收车前,连跑带颠去赶末班车。最困难的时候,他与对象两个人的兜里加起来都不足100元钱,一天三餐都是两个人吃一碗面,或一份蛋炒饭,他们都想给对方多留一口,经常为了一口饭而相互礼让。

2014年,姜禹伯逐渐有了好转,人生也从低谷开始向高端迈进。他凭借着拼搏进取的精神,凭借着踏实肯干、任劳任怨、不怕辛苦的韧劲,在行业里赢得了很好的口碑,也积累了不少人脉。在这期间,因业务关系而结识了一位好大哥。他曾经帮过这位大哥一个忙,自己却没当回事,可是,这位大哥却很感动,非要找机会补上这个人情。从此,这位哥哥不但经常帮助他介绍业务,还主动让他去自己的公司上班,只要帮他把分店做起来就可以。就这样两个人的感情越处越深,越处感觉越可靠。就这样,一来二去,这位好大哥就成了他现在的老板,而且这位老板也特别讲究,更特别义气,从来不亏待每一位有贡献的员工,只要帮他谈成了业务,一定都会得到相应的回报,一定会让你得到满意的酬劳。

从此,他的生活慢慢有了起色,他也有了更多的机会参与公司的其他业务,工作越做越好,业务越做越精,人脉越来越广。不久,他就在朋友的帮助下注册了自己的公司。现在,每年都会盈利10万到20万,苦尽甘来终有时,那些苦已经离他越来越远了,幸福的小日子却离他越来越近了。

2015年,姜禹伯不但买了人生第一辆车,还在哈尔滨最高档的小区买了两室一厅的婚房,终于结束了租房的生涯,两个人也即将踏入婚姻的殿堂。随着生意越做越好,现在他可以经常参加一些同行好友的聚会,脸上早已经褪去了羞涩。带着未婚妻出去吃饭,不必像以前那样,左思右想,先掂量钱包的厚度,更不会像以前那样,两个人一碗面或一份蛋炒饭,谁都不好意思吃了,而是可以让心爱的人随意选、随便挑着吃了。此时的未婚妻,虽然与他同甘共苦,一路走来,很艰辛,但如今却感觉由衷的甜蜜。

通过十几年的漂泊、十几年拼搏奋斗,从窘迫、艰难困苦地创业,到如今的事业爱情双丰收,他实现了自己人生目标和梦想。但他的创业故事仍在上演,他的传奇仍在继续,预计在不久的将来,他会有更精彩的人生辉煌画面出现。

　　如今,他在哈尔滨餐饮后厨整体厨具圈内,已经小有名气,曾经参与了很多知名生鲜企业的熟食加工陈列设备,知名饭店、机关单位后厨工装及全套厨具的整体方案运作。至于未来,他将根据自身的条件,根据自己多年积攒的人脉和经验,立足自身优势,在时机成熟之际,小两口将倾力打造一家餐饮夫妻店,共同为美好的幸福生活努力再努力!

　　创业感悟:我们经常会看到这样的文章《你和什么样的人在一起很重要》,是有道理的,我觉得与谁在一起,并不单指工作与生活中在一起的人,而是一种思维模式认同感能够一致的人。人若被富人影响,就会有赚钱的欲望;被穷人或安于现状的人影响,就会容易满足;被励志的人影响,就会有上进的动力;被懒惰的人影响,就会有颓废的退缩;被积极的人影响,工作与生活中就会充满激情;被消极的人影响就会有失望的沉沦。这是因为人们内心世界与思维意识形态,往往很容易受到你所感知事物的诱惑与影响,所以说"物以类聚、人以群分"。

　　对于励志我还觉得要因人而异,所处的环境不同,个人能力的不同,励志的方向也不尽相同。在当今社会时代大背景下,关于创业、创富类的话题很多。说得直白些就是怎样让我们的生活过得更好,相信在如今的社会没有谁不想多赚点钱,创造物质财富和精神财富,改变自己家人、亲人、朋友的生活状况。如今已到了"大众创业,万众创新"的"双创"时代,"时势造英雄,英雄亦识时也",做自己命运的主人,机遇来到的时候,就需要把握,只有敢想、敢做,坚持到底才能成功! 每一位企业家的成功都不是一蹴而就的,他们不是时代的"疯子"就是"傻子",因为他们不会为一次次的失败找借口,他们一直在为成功找方法。成功的企业家总有他们的惊人之语,因为他们的思维模式与常人不同。进步最快的方法就是学习,并学以致用,付诸行动。只有把握机遇,才能赢得未来!

　　智慧启迪:有很多人经常说,机遇是千载难逢的,我们根本就碰不到。而我倒觉得,在我们的生活中充满了机遇。每一次朋友聊天,每一次同学聚会,每一次接人待物,每一次旅游,生活中的每一次,都会给你带来机遇,就看你

有志85后

是否抓得住。要记住,机遇永远只给有准备的人!

　　没有机会。这是失败者的推脱,有志的人姜禹伯是不会这样的。他在做事前密切观察留意机会,在工作中则又及时抓住一切可以利用的机会,无论是在艰辛的打工路上,还是在奋力拼搏的创业征程上,以及在努力实现自己的人生梦想上,他从来不等待机会,而是自己去创造机会。

　　人这一辈子,该拼搏的时候,我们必须去拼搏、去奋斗,但有可能会失败,不能如愿以偿。人生在世,有多少梦想是我们无法实现的,有多少目标是我们难以达到的。我们在仰视这些无法实现的梦想,眺望这些无法达到的目标的时候,应该以一颗平常心去看待我们的失利。"岂能尽如人意,但求无愧我心。"

有志85后

247

杨春波

牛丁牛辅导

做自己应该做的事，易得成长
做自己喜欢做的事，易得成功

有志85后

　　他，1992年出生于黑龙江省绥化市庆安县一个偏僻的农村，父母是一对普普通通的农民，没有什么文化，靠种地为生。家中上有两个姐姐，他是唯一的男孩，又是难得的宝贝儿。全家5口人，靠着父母每天的辛勤耕作，维持着简单而并不富裕的生活。但父母却深知没有文化的可怕，再苦也不能苦了孩子，再穷也不能穷了孩子，一定让他们有出息，有发展，靠节衣缩食，供他们姐弟三人读书学习。

　　他，从小本来应该是父母宠、姐姐爱的一个娇生惯养的掌上明珠。可他从小却不接受这种特殊的待遇，不喜欢让人宠着，让人惯着，而是喜欢自己能做的事情，尽量由自己来做，特别励志，特别坚强。从小在农村长大的他，知道父母为全家人的幸福生活，勤奋劳作，奔波劳累，实在辛苦，更知道父母为供他们姐弟读书，省吃俭用，口挪肚攒，实在辛酸。早早就知道感恩，就知道回报，就知道心疼父母，就知道帮助父母干农活，做家务，尽量减轻父母负担。

他，从小励志，自觉磨炼自己，更没有因为帮助父母做家务、干农活，而影响学习。从小学到中学、从中学到大学，他一直品学兼优，出类拔萃，一直努力向上，勤奋学习，一直自立自强，拼搏进取，立志考上一个名牌大学。姐弟三人从来没有让父母操心费力，最终他们都没有辜负父母的殷切祈盼，个个成为了优秀的大学生。他以总分642的高分、数学满分的优异成绩考上了全国著名大学——哈尔滨工程大学，实现了自己人生的第一个梦想。

他，考入大学时，是在父母的资助下进入校园的。然而，靠父母，依赖他人，并不是他的性格，从进入大学的第一年开始，他就更加励志，更加坚强，更加独立。在大学里，他一边珍惜大学的美好时光，刻苦而努力地学习，一边又抓住大学的有利时机，勤奋而辛苦地创业办学，到大三时已经开办了3所学校，大学期间全部的学费和生活费都是自己赚的，而且还没有耽误大学期间的课程，成绩都比较好。到了大四，他开了6所学校，除去自己的花销，每月还补贴家里一些，手里还有10万元的存款。

他，刚刚大学毕业，就在上海获得了令人美慕而稳定的工作，月薪近万元。然而，他并不喜欢这样安逸而又轻松的工作。只有做自己喜欢做的事，才容易获得成功，只有做自己应该做的事，才容易得到成长。他毅然辞掉公职，回到家乡创业办学，真正实现属于自己的人生目标。如今，作为新时代90后的他，单月净利润突破了100万元。攻读了哈尔滨工业大学EMBA学位。2018年3月，还向母校捐赠了50万元，用于帮助经济困难的学生。同时也获得超千万的投资。他的梦还在继续，山高路远，砥砺前行，他的故事令人敬佩，令人鼓舞，令人向上，值得一读，更值得新时代的青年人学习借鉴。

出生于90年代的杨春波，成长于我国的改革开放已经显现出明显成效，同时也是中国信息飞速发展的年代。所以90后可以说是信息时代的优先体验者。中国的90后不仅拥有自由奔放的想法，总是站在科技的前沿，而且对未来持乐观态度，这使他们成为未来世界中最"可怕"的一代中国人。由于时代的发展和变化，90后的思想和理念与老一辈中国人有很大的不同。作为富有朝气、勇于担当的新一代的社会形象，也渐渐得到了许多人的认可。

杨春波的出生地，是我国著名的大米之乡——黑龙江省庆安县，以种植

有志85后

水稻为主导产业。每年的春季都要进行人工插秧，这是一个特别艰苦的劳动。种稻谷最辛苦的是插秧，很大的一块水田，农民要一根苗一根苗地插在田里，在水里一泡就是一天，弯腰躬背，此时用脸朝黄土背朝天的比喻是最为恰当的，一天下来父母会累得筋疲力尽。从小就特别懂事的他，不但把父母常年风吹日晒、战天斗地、不怕苦和累的奋斗精神记在心里，而且还常常利用放学或放假，常去田间帮助父母干农活，愿意到艰苦的环境里磨炼自己的意志。

记得在他刚刚11岁的时候，在春天插秧的季节，他就利用周日放假的机会，去田间插秧，体验生活，为父母减轻劳动量。由于年龄小，买不到合适的农鞋，他就光着脚踩在冰冷的河水里跟着父母学插秧，有时候跌倒在水里，不但会弄得像一个泥人一样，而且还会把父母插好的苗儿弄坏。一天下来，小手小脚也被水泡得像得了白癜风一样，而且冰凉冰凉的。虽然感觉十分辛苦，但他怕父母受累，仍然坚持继续干。无论是春天的播种，还是夏天的除草、秋天的收割，他都会帮助父母做一些力所能及的劳动。通过这样的磨炼、这样的体验，不但让他明白了"谁知盘中餐，粒粒皆辛苦"的深刻含义，更让他知道了父母为了养家糊口，而付出的辛勤汗水，以及父母为了培养他们姐弟三人成才，所付出的艰辛和困苦。

正因为如此，激励了他要树立勇于克服困难、勇于拼搏进取、勇于挑战自我的奋斗精神。从小学开始，他就特别努力学习，积极上进，考试成绩一直优秀，基本保持班级前三名。每天放学必须完成作业再吃晚饭，有时候由于作业较多，连饭都不吃。在他很小的时候，家里的经济条件很差，生活很苦，基本上都是大姐用完的东西给二姐，二姐用完之后再给他用。初中的学校离家很远，7公里左右的路程，别人家的孩子都能骑着车子或者父母接送，而他每天要早早起床，步行去上学。无论夏天的雨水还是冬天的冰雪，他都没有向父母诉过苦，也从来没有向父母说过屈，更没有因此而放弃学业，因为他心中有着坚强的毅力，有着远大的梦想。父母虽然文化程度不高，但坚持一定要让三个姐弟成才，一定要供他们好好读书。最终他们没有辜负父母的期盼，大姐考上了哈尔滨商业大学，二姐考上了一所技术学校，他以全县第六名，总分649分、数学满分的优异成绩考入了哈尔滨工程大学。

上大学之后，杨春波觉得要为自己和家庭做点什么了，不应该总是伸手向父母要钱，应该做点自己力所能及的事。想到自己家庭经济条件并不好，父母靠种地养活一家子,两个姐姐还要读书,自己应该做点事,以便减轻家庭的负担,所以,在他刚刚进入大一的下半年,就不再向父母要学费了,并通过勤工俭学,开始了自己的创业经历。他卖过小商品、做过家教、发过传单,等等。但他是比较喜欢自由的人,不喜欢被人束缚,不喜欢看别人脸色做事,所以就想自己做点事情。身边的同学好些早已开始做起了小生意,有的在格子店,有的卖小吃,有的卖文具……他本没有这样的想法,后来跟着同学去进货,发现了批与卖的差价,便想自己也可以试试。开始他也不知道应该进点什么东西,就随便进了一些学生用的小用品,回来后发现卖得还可以,就慢慢干起了这行,进货的本钱是靠自己平时日积月累的生活费。刚刚开始的时候,怕父母知道了担心他的学业,就偷偷地干,等到小有收获的时候才让父母知道。但父母不是很支持,身边的同学有人支持,也有人反对。开始时遇见同学也会觉得有点尴尬,觉得没面子,后来就不这么想了,自己靠劳动赚钱,没什么不光彩的,开始不在乎别人怎么看自己。这是他的第一次创业,而且也收获了人生的第一桶金。那时候基本可以满足自己的生活费,虽然很累,但很快乐,快乐中带有迷茫,他不知道自己的路到底在哪,他可能是个很平凡的人,但他又有着一颗不甘平凡的心。

大一寒假,一个偶然机会,他去亲属家帮助辅导功课,由于他的成绩很高,在辅导一个月之后,发现亲属家妹妹成绩提高很多,他觉得这是一件十分有意义的事情。于是在接下来的大二暑假,他就叫上同校的几个朋友,一起回庆安老家县城办培训机构。当时因为大家都持怀疑的态度,来的学生并不是很多,但是,他们几个人还是各分得了6000多元劳务费。有了这样一次的智慧启迪,有了这样一次成功收获,更有了这样一次受人尊重的职业生涯,让他更坚定了自己创业的信心,更看到了实现梦想的希望。

他们每天坚持到学校门口发传单,进小区里挨家挨户宣传介绍课程。开课后,他自己又是校长,又是老师,每天都要从早上8点讲到晚上12点,那时候一站就一天,一讲就一天,每天晚上连饭都不想吃,每天还要备课到2点多。有了第一次的经验,到大三的时候他已经开了三所学校,大学期间全部的学费和生活费都是自己赚的,而且还没有耽误大学期间的课程,成绩都比较好。到了大四,他已经开了6所学校,除去自己的花销,每月还可以补贴家里边一些,手里还有10万元的存款。这不但是他的人生收获、人生骄傲,更是他人生中最宝贵的财富。因为在这些勤工俭学的经历中,他所收获的远

有志85后

251

远不只是金钱，更重要的是让他在这些经历中，做好了真正走向社会的准备。

2015年6月，即将大学毕业的他，凭着全国知名大学的招牌，就业是不成问题的。但他却很犹豫，到底是选择本专业船舶与海洋工程就业，还是选择创业？最终在父母的劝导下，还是去了上海船舶设计单位，做起了研发设计工作。这是一家国内很有知名度的国企，待遇很好，薪水也很高，月薪近8000元。这样的企业，这样的待遇，这样的薪水，这样的发展前景，对一个刚刚从校园里走出来的大学生，是何等重要啊！可是，在此工作了仅仅8个月的他，却感觉还是放不下自己的事业，虽然企业口碑好，条件好，待遇好，工作环境舒适，但总感觉距离自己的人生目标太远，这样下去，根本实现不了自己的梦想，所以，他毅然决定放弃这个令人羡慕的工作。他倒觉得，在自己的家乡，特别是在黑龙江的边远县城的学生，都需要与大城市或者市区的优质教育资源进行对接，他们有公平享受教育资源的权利，但是，往往好的资源都集中在省会城市。凭借自己的努力，开再多的分校，能够帮助到的学生还是有限的。所以，从那时起，他一直在研究各种商业模式，看了几百个线上线下教育产品，最终，他决定放弃上海好端端的工作，毅然选择回来做一个互联网教学直播平台。

辞职后，他回到母校，在学校支持下成立了哈尔滨学泰教育科技有限公司，当时只有他和两个合伙人。他们每天早起晚归在一起研究模式和产品，每天都很快乐，最终设计出他们想要的产品。他是工科出身，用图纸把他们的设计思路全部画出来，这样，他们就带着自己的想法和一起凑的30余万元，到处找人开发他们的产品，几乎走遍了哈尔滨全部的软件公司，发现没有一个能开发出来的，最后他们只好去了广东上海。

2016年5月27日，他们成立了自己的公司。但是，创业之路并不是那么好走，运作不到半年，他们已经花光了手里的积蓄。此时，既不好意思跟父母要，也不好意思与朋友借。他硬着头皮，决定带着团队继续做县城学校，最起码不会有多大的投资和开销，用自己的本事去赚钱。在开始的几天里，人生地不熟，一笔业务也没有，这让他的团队受到了很大的打击，但是他并没有放弃，依旧坚持往下走。出现了问题就去解决问题，而当时只有他一个人熟悉业务，其他人都是新手，没有人可以给他当参谋，也没有人告诉他该怎么做。在创业初期的那段时间，实际上他是比较迷茫的，没有人可以指导他，他只能通过自己的摸索去一步步尝试。他从产品质量、教学质量、服务质量等方面,一个一个去思考,一个一个去攻破。通过短短一个多月的努力拼搏奋斗,他的办学模式就得到了当地好多家长和学生的认可,迅速打开了市场,在短短的时间内就开了10所学校,而且还赚了几十万元。同时,他又增加了好几个帮手,他们成为了他继续创业路上的合伙人。现在他的工作目标比之前更稳定一些,一方面继续完善软件,一方面筹划着学校的发展。员工也达到了11人。到2017年年底,他们的单月净利润已经突破了100万元。他还攻读了哈尔滨工业大学EMBA学位。2018年3月,他们向母校捐赠了50万元,用于帮助经济困难的学生。同时他们也获得超千万的投资。如今,他们的梦还在继续,山高路远,砥砺前行,将一直努力到无能为力,拼搏到感动自己。

创业感悟:做自己喜欢做的事,坚持不懈,持之以恒,这是我的性格,也是我的习惯。这样,我不但会收获心灵的满足、梦想的实现和事业的成功,而且会收获幸福的生活、美好的未来和丰盈的人生。从我的角度看,做不喜好的事是种压力,做自己喜好的事则是种动力。做什么事情不是最重要的,重要的是做这些事情时,你是否感到幸福和愉悦。不要害怕开始得太晚,只要找到自己想做的事情,并坚持下去,不要因为内心的迷茫而忧虑,慢慢来,任何时候开始都不会太晚。

遵从自己的内心,做自己想做的事情看起来简单,做起来却不易,毕竟在这个物欲横流的世界,太多的选择,太多的诱惑,让很多人都迷茫地忘却了梦想的那条道路。是的,梦想看起来是那么遥不可及,甚至,在通往梦想的道路上还会有很多人嘲笑,它在没有成为现实的那一天,终归是虚无缥缈的,即使你的梦想不被理解,没有关系,只要你的内心喜欢,坚持下去,终有一天你的梦想会开花。

不要介意别人怎么说,自己的梦想弥足珍贵,一旦你找到了你愿意为之付出一切精力和热情的梦想,那就不要轻易放弃。所谓通往梦想的人生之路,不过就是在柴米油盐的生活庸常琐事中,自己独守着一份执着,坚持保留自己的一片天地。自己才是自己的主人,不管你的梦想多么不起眼甚至卑微,但是只要在朝着梦想的路上前进,就一定会达到梦想的彼岸。每一刻都做诚实的自己,让自己的内心去决定自己的未来。即使慢如蜗牛又怎样,这并不是一场比赛,只不过是在做自己喜欢的事。

  智慧启迪:伟大的科学家爱因斯坦说过:兴趣是最好的老师。意思是当你做一件有兴趣喜欢做的事情时,会更主动、更专心、更努力,困难不会阻止你,反而会激发你战胜它的欲望和决心。因为感兴趣,你就会心甘情愿地去付出,在做的过程中,你也会收获极大的乐趣和享受,尤其是战胜一些困难后,更会使你获得极大的满足感和自信心。

  这一点,我们可以从杨春波的创业故事中得到启迪,他喜欢做自由的职业,他喜欢做受人尊重的事业,他更喜欢做自己喜欢而且又是应该做的事,所以,他有兴趣把自己喜欢的事做好,最后,他不但圆了自己的梦,实现了自己的人生目标,而且还得到了锻炼和成长。

  "现实"与"梦想",这两个词是多么般配。但许多人认为"现实"是不可能与"梦想"连接在一起的,因为那太荒唐,因为梦想根本不可能实现。通过杨春波对自己人生梦想的追求,我们看到其实"梦想"跟"现实"关系不太大。梦想是一个人的美好目标和努力方向,对于他来说是一种祈盼,是一种渴望。但当通过他的刻苦、他的努力、他的奋斗,使梦想离他越来越近时,他又觉得梦想是那么真实。再后来,他的梦想实现了,他发现"梦想"与"现实"真的是那么般配。其实无论自己的梦想是否远大,真正地去为自己的梦想而努力奋斗,才是最重要的。

励 志·人 生

老骥伏枥，志在千里

褚时健

经历是一笔财富，苦难是一种修炼

他，1928 年出生于云南省玉溪市华宁县一个农民家庭。他的人生几经起落：早年丧父，辍学、烤酒、种地，以此帮母亲谋生；青年，重新求学却遭遇战争，扛过枪打过仗；解放后没能逃脱右派的命运，却能埋头搞生产。

他，51 岁那年，已经年过半百，接手了一家濒临倒闭的玉溪卷烟小厂，但经过他和团队 18 年的努力，却将那样一个濒临倒闭的破厂，打造成亚洲第一、世界第五的集团企业，他也成为"亚洲烟王"。他也从此成为了风云一时的政治人物，荣膺过改革风云人物的称号，也曾是企业家的旗帜。他是亚洲第一烟草企业"红塔帝国"的缔造者。

他，曾从巅峰重重跌下，自己身陷囹圄，71 岁，被判无期徒刑，后减刑为有期徒刑 12 年，先后获保外就医和假释。75 岁，他没有顺从命运的严酷，以顽强的毅力、不服输的性格，承包了 2000 亩荒山，重新进行创业。84 岁，他的果园年产橙子 8000 吨，利润超过 3000 万元。85 岁，他东山再起，成了"中国橙王"。

今天，当他再次进入公众视野时，他种植的褚橙凭借口感香甜，已经成为一橙难求的稀缺水果。前来拜访、学习，甚至膜拜的创业者和企业家蜂拥至牢山……

他，如今已经 91 岁，从昔日万众瞩目的"烟草大王"，成为聚光灯下的"褚橙王"，是极具典型性的传奇企业家。他的励志人生故事，不但令人感叹，而且令人钦佩。

褚时健，他出生和成长的年代和我们现在的 80 后、90 后，完全是不同的时代，他幼时贫困，自小就对生活有极强的忍受力，他能够有后来的成就，这

种成长背景不可忽视。但仅仅是有格局还不够，还必须要有励志精神和才能。他自小就表现出了惊人的商业天赋，虽然只是一个初中生，但他能够把一个学校的伙食管得井然有序。经营是他的天赋，他的天赋最开始的来源是因为穷，他痛恨一切浪费，恨不得让一分钱变成两分钱的效益，为此，他不顾一切动脑筋琢磨事情，这就成就了他的经营思想。

但是这一切在他14岁时就画上了句号，因为父亲在跑生意时被日本飞机炸伤，一年后，含恨撒手。15岁的褚时健是家中老大，在父亲去世后，他为了帮助母亲减轻负担，主动辍学在家烤酒。烤酒在玉溪当地有着悠久的历史，各项工艺流程都很成熟，只要按照前人的经验基本上没有太大问题，但是想提高单位重量苞谷的出酒量却是很难。传统烤酒分几个步骤：泡苞谷、蒸苞谷、放酒曲发酵、蒸馏、接酒。蒸苞谷需要保证锅里一直有水，灶里一直有柴火，稍出差错就前功尽弃，因此需要人守着灶火，褚时健为了不通宵但又防止睡过头，就仔细估算一锅水从开始煮烧到烧干的时间，然后就靠墙浅睡，灶上稍有动静立马就醒。从此，他就形成了自己的习惯，而他也从来没有烤煳过苞谷，这个连村里同样烤酒的大人都做不到。发酵的过程最重要，出酒量和酒精度的高低全在这一环节上，三伯家的师傅教了他怎么发酵，但在他看来，这事可以做得更好。师傅提醒他发酵时要关门，他琢磨着这应该是温度的问题，他发现夏天和冬天的发酵情况不一样，靠近灶边的发酵箱发酵程度总是好一些，于是他在远离灶台的发酵箱旁边放上装有柴火的破铁盆，结果出酒量立马得到提升。在烤酒的过程中褚时健随时记录原料重量，所需柴火重量，然后核算各种成本和利润。到集市上售酒更是时刻调整酒量，而且每次都保证少那么一点点，营造一种大家抢着买酒的氛围，在酒所剩无几的时候，他会根据酒的成色及时下调价格，保证不存货，并且让利给顾客。他在实践中，对整个烤酒工艺有很深的理解，每个环节和流程，他都会通过观察总结，一点一点地改善和优化，最后累积的效果往往是令人惊叹的。

1949年，刚刚过20岁，他就加入了云南武装边纵游击队，上过战场，见过生死的褚时健勇毅、果敢。因为这些优秀品质，他被迅速提升，入党、提干，历任区长、区委书记、玉溪地委宣传部干部管理科科长和行署人事科科长。但这个从大山里走出来、当过游击队员的男人，并不适应政府官员的生活。他的直爽和执拗，让他得罪了一些人。接下来狂风暴雨般的政治运动中，他很快被打为右派，一家人一起被下放到新平县红光农场。他在深山农场耽搁了二十年的岁月,等有机会出来做事,已经是 50 出头儿了,但这二十年磨砺了他的性格。用褚老的话说:"经历对每一个人都是一笔财富,但一个被经历的苦难压倒的人,是无法获得这笔财富的。"

褚时健的商业天分,却在这段艰难岁月显露出来。1970 年开始,他主持工作的华宁糖厂,成为当时云南少数盈利的糖厂之一。造反派整日互殴,却都舍不得把他这个干事的往死里整。后来,由于他经营糖厂业绩出色,被调任玉溪卷烟厂。从此,他走上了企业家的辉煌之路。他刚刚到任后不久,便马上开始大刀阔斧地对这个半作坊式的小厂进行了改造。一方面,大举借债购入国外生产设备,烟厂负债率最高时达到 500%;另一方面,引进品种改善种植,从源头帮烟农种出好烟叶。更关键的是他分利于人,竭力改善员工待遇。这在那个吃大锅饭的年代尤为难得,极大地提高了生产积极性。据烟厂老员工回忆,起初当地小伙子都不愿意去烟厂工作,他来了一两年,大家就争着要进烟厂。

1988 年,云南连发两次强震,中央财政无力支援,决定放开云南的烟草管制。与此同时,国家还放开了名烟的价格管制。在这样的时代背景下,褚时健同时担任玉溪卷烟厂厂长、玉溪烟草公司经理和玉溪地区烟草专卖局局长,绝对权力,所向披靡,红塔山迅速崛起。那时的有钱人,穿着的确良衬衫,胸前口袋透出里面装的"红塔山",倍儿有面子。

1990 年,玉溪卷烟厂跻身中国工业利税大户第三名,此后一直高居榜首,撑起云南财政半壁江山。褚时健也走上了人生巅峰,"五一劳动奖章""全国劳动模范""全国优秀企业家""中国十位改革风云人物"等荣誉接踵而至。偏安一隅的小烟厂成为政商名流趋之若鹜的名利场。但很快,又成了人人噤若寒蝉的调查所。1995 年,他被匿名检举贪污受贿。眼看他起高楼,眼看他宴宾客,眼看他楼塌了。广为流传的说法是他即将卸任,面对个人创造的巨大财富和所得薪资的落差,他铤而走险,"在不该拿钱的时候,拿了该拿的钱"。比较阴谋论的说法则是,他得罪人了。

1999 年 1 月,在他 60 多岁时,他因挪用公款入狱,被判处无期徒刑,剥夺政治权利终身。此时,他的女儿已于河南狱中自杀,夫人也身陷囹圄。大时代的浪潮把他打翻过,又把他送上巅峰。现在,他第二次被抛弃了。当从一个红透半边天的国企红人,执政了 18 年红塔集团的全国风云人物,一下子变成阶下囚,这个人生的打击,可以说是灭顶之灾。这场人生的游戏是何等的残酷，一般人想到的是：此时这位风烛残年的老人，在晚年遇到这样的不幸，只能在狱中悲凉地苟延残喘度过余生了。

他曾因严重的糖尿病被保外就医，也因表现良好而获减刑。可又有谁能想到，经历过牢狱之灾和丧女之痛，且已高龄的他依然保持着做事的热情和认真，褚老因病假释后专注农业经营，出狱后他在哀牢山承包了2400亩土地开始种植冰糖橙，那年他已经是74高龄。很多人都不理解，一个年逾古稀的老人为什么还要大规模种植果树？

2002年保外就医后，众多烟草企业高薪请他出山当顾问，他一一拒绝。这个时候，他曾经一手创出的"红塔山"品牌价值已经达到460亿元，连续7年排位中国烟草业第一品牌。哪是热门行业，中烟的钱就往哪投。这样的"财富路径"，和他二次创业选择果品种植业，风格截然不一样。他投身冰糖橙这个行业时，云南的冰糖橙市场已经饱和。但当他吃到来自澳洲的进口橙子时，就想创自己的牌子。他二次创业，选择冰糖橙这样一个几近饱和的市场，就是想要证明在体制外也能成功。他选择将有生之年最后的事情定格农业，无疑是经过深思熟虑的，是在探索一种新农业模式。他和妻子在橙园搭了工棚，吃住都在这里。白手起家困难重重。他年年都会遇到不同问题，果树不是掉果子，就是果子口感不好。这个没什么爱好的老人，买来书店所有关于果树种植的书，一本一本地看。后来橙子不掉了，但口感淡而无味，既不甜也不酸，他睡不着，半夜12点爬起来看书，经常弄到凌晨三四点，最后得出结论，一定是肥料结构不对。这种果子他不敢卖到市场上，怕砸了牌子。第二年，褚时健和技术人员改变肥料配比方法，果然，口味一下就上来了。据说，这种用烟梗、鸡粪等调制的有机肥，成本虽只有200多元，效果却赶得上1000元的化肥。他是一个标准的技术型企业家，学习能力强，对技术要求严苛，实实在在提高产品品质，扎扎实实做东西，这都体现了一个企业家的实业精神。实际上，这位企业家的形象非常"土"。经常戴着草帽，穿着拖鞋。然而，当他讲起为了寻找水源一天爬几个山头时，正在创业路上摸爬滚打的年轻人，都被这位80多岁老人的吃苦劲儿打动，觉得"不可思议"。

他要在这块贫瘠的土地上种出极品橙子，把国外橙子比下去。他从最开始的使用机械化翻动土地，到工业化种植果树，他一点一滴地经营着这片果园。身为果树种植门外汉的他，通过阅读农业种植书籍和大量的一线实践，其种植的橙子不断地受到市场的欢迎。为了改善口感，他创造性地在有机肥

有志老年

中加入烟梗,弥补了之前肥料中缺失的钾元素。为了提高产果率,他硬是要求农户将每亩140棵果树砍至80棵,这在那些有经验的农户看来简直就是不可思议。为了保证果树生长所需的水,他不惜投入重金在附近的河流铺设水管,他总是说水源投入再多都是值得的。为了保证冰糖橙的利润,他拒绝到菜市场售卖,在其外孙女和外孙女婿的努力下,他们的果园公司在全国铺设了大量的直销网点,随着这几年电子商务的发展,褚橙作为生鲜爆品在北上广等大城市迅速打开市场,一开始就出现供不应求的局面。他说,随着云南开始更多人种植冰糖橙,褚橙唯一保持市场占有率的条件就是质量,也就是橙子的口感,因此他以及手下的员工严格把控橙子的质量。

2012年褚橙横空出世,成为一时励志首选礼品。他一生都在做最好产品的经理和成功的企业家,前来拜访、学习,甚至膜拜的创业者和企业家更是络绎不绝。在他眼中,放在第一位的永远是国家和社会的利益。他总说:"在处理企业的事情时,要先考虑这个事情对国家好不好,要顾及社会问题,不能影响社会。"这样的说法绝非矫情,而是那一代人内心深处的真实想法,总想为自己的民族、国家做点事。用褚时健自己的话说,这是"我们这一代人逃不掉的一种责任感"。种橙子也是如此,不仅为自己,也为国家。当初他租下的两片山头是别人眼里的荒山,但他投入了400多万元,解决了水源和灌溉设施,在多年努力下,荒山已变茂密的果园,生态环境大大改善。

事实是,早在狱中的他心里就有了打算。在监狱里爬山的时候,他开始用脚步丈量,估算多少平方米栽一棵树,一亩山地种多少棵树才合适。种橙子的这些年,他不断细心观察、发现问题、查资料、做总结。他改良了土壤结构,发明了独特的混合农家肥,解决了灌溉问题、病虫害问题和口感差等问题,成为了名副其实的橙子专家。农民们都说,"听褚老爹的准没错",甚至有技术人员称:"褚老种果子才几年,懂的比我们专业出身种了十几年的人还多。"每年都有不计其数的创业者和年轻人跋山涉水前往玉溪和哀牢山,只为向褚老取经,讨教致富的方法。他对慕名前来的年轻人讲:"你创业才干了两三年就觉得没心情没勇气了?我们搞这个平台搞了十年。你觉得要做的事情就要坚持下去,不断地提高,你想一夜就发财是不可能的。"认真、坚持,这是褚时健一直信奉的原则,"我这一生的追求很简单,不管是给国家干还是为自己干,我都有一个不变的追求:沾着手的事情就要干好,大事小事都一样。我顽固得很,事情不干好不罢休,只要是有意义的事,我就一定要去干,撞了南墙再说。"这几年种橙子,他遇到过不少困难,一开始是资金,后来是技术。对于种橙子这个事情,他真的是全身心地投入,经常凌晨四五点钟醒过来,想到有个问题没有解决,可能会影响今年的效益,他就马上起来找资料,第二天找人过来交流,就这样坚持了下来。

人生感悟:回想这么多年来,自己所做的,他最问心无愧的就是:没有庸庸碌碌地生活。他十几岁在家乡时就帮着母亲谋生,从那时起,他就没有闲下来过,更没有混过日子。几十年来,他扛过枪打过仗,也曾经在政府机关任职过,后来则是长期做经营企业的事情。曾经有过人人都羡慕的辉煌,也跌落到人生最低谷过。不管在什么阶段,在什么年龄,他都在全心全意地做事,一个人不虚度时光,要对国家对社会有贡献,人生才有价值。

他这个人,做事讲求踏实和认真。他从来不认为自己是个天才。但他一直是个实实在在做事的人,而且有十分认真的态度,做哪一行就尊重哪一行的规律。学习多了、了解多了、实践多了,心里就有足够的底气。无论以前在玉溪卷烟厂还是后来种橙,他取得的一些成绩,总有人说"学不会"。其实,只要你努力掌握事情的规律,并且有认真、精益求精的态度,是完全可以学会的。

他认为他并没有做什么了不起的事情,他所做的,都是尊重规律,恪守本分。曾经有人评价他是这个国家最有争议的人之一,他的人生也的确起起落落。不过,他觉得一切经历都是财富。没有那些得到,没有那些打击,就没有今天的褚时健。

他人生里没有服过输的时候,但他都是和自己较劲。他希望他的人生价值都体现在当下,而不是昨天曾经如何。

岁月流逝,不知不觉他也是年近90岁的老人。他认为命运待他很宽厚,让他在经历过这个国家和民族半个世纪的跌宕起伏之后,还能看到今天翻天覆地的盛世景象。今天的年轻一代比他们那一代要幸运很多,他们那一代人,人生中有很多妥协的地方,但今天的年轻人可以更多地做自己。

智慧启迪:曾是中国有名的"烟草大王",后经历牢狱之灾。2002年保外就医,74岁的褚时健与妻子承包2400亩荒山开始种橙,再次创业,用10年时间最终培育出酸甜比适合中国人口味的"褚橙"。2012年,"褚橙进京"声名

有志老年

大噪,褚时健摇身变为"橙王",创造了一个传奇。

"衡量一个人成功的标志,不是看他登到顶峰的高度,而是看他跌到低谷的反弹力。"从昔日"烟草大王",到经历牢狱之灾,再到古稀之年成为"橙王"。尽管腿脚不便,但87岁的褚时健依然坚持定期到果园查看,他很清楚,品质才是成就"褚橙"的核心要素。

他少年得志,壮年失势,中年一飞冲天,老年跌入谷底,却能以八十高龄绝地反弹,褚时健人生大起大落、大悲大喜都与社会变革息息相关。几十年起伏的人生经历,他的命运和这个国家的政治经济体制过招不断、碰撞不断;他的个人故事,紧贴着共和国一个甲子的时代变迁;他的生活里有着生离死别、荣辱变换……人生经历当得上"传奇"二字。精神可传承,笃定地去生活,成功离任何人都不会太远。

每个渴望成长的新时代年轻人,都在努力拼搏,褚时健身上的认真执着精神,或许可以给我们带来一些启发,我们需要精确理解我们的社会和环境,更要有勇气和耐心提出我们的奋斗目标,并不断践行。成功没有捷径,褚时健在过往的成功中所付出的艰辛和汗水,是我们身在大城市按时上下班的年轻人所无法想象的,但是他老人家对待事情的认真态度,是我们可以学习的。成功远不止努力那么简单,方向、细节、勇气等都是需要的,这就是我们从褚时健身上学到的。

每一个人都有自己不变的性格,但我们所处的时代却始终不断地变化,并在悄悄地影响着每一个人。人生有点坎坷在所难免,但不需要大起大落。也许我们在滚滚的时代洪流中会跌倒,会摔伤,但我们一定要坚守自己,做一个坚强、诚信、守法、有为、真实的人。因为,创造平安和谐幸福的生活是人类共同的美好愿望。这就是人生给我们的启示。

陶华碧

不是在做一份事业, 而是弘扬一种奋斗精神

她,1947 出生于贵州省湄潭县一个偏僻的山村。由于家境贫寒,从小到大没读过一天书,就连自己名字都写不好的一个农村妇女。

她,20 岁那年,嫁给了 206 地质队的一名队员。但没过几年,丈夫就病逝了,扔下了她和两个孩子。为了生存,她不得不去打工和摆地摊。但是,这个不屈的女人,愣是靠着惊人的毅力扛了下来。

她,是一个地地道道的"草根"创业者,她不识字,没有任何财务知识,不知现代企业为何物,说话常常逻辑不清。还有,她极少和媒体打交道,甚至有媒体前去采访时,她只是授权下属进行接待。

她,1989 年,在她 42 岁的时候,用自己省吃俭用积攒下来的一点钱,在贵阳市南明区龙洞堡的一条街边,用四处捡来的砖头盖起了一间房子,开了"实惠餐厅",专卖凉粉和冷面。为了佐餐,她特地制作了麻辣酱,专门用来拌凉粉,结果生意十分兴隆。

她,1996 年,在她 49 岁时,借了村委会的两间房子,招聘了 40 名工人,办起了食品加工厂,专门生产麻辣酱,在短短的 6 年间,创办了一家资产达 13 亿元的私营大企业。

她,62 岁时,家族拥有"老干妈"超过 90% 的股权,已经是这个"辣椒酱帝国"金字塔尖上的女皇。在自身的努力和政府的支持下,老干妈公司已经成为继"贵州茅台""黄果树""贵州神奇"之后,贵州省又一个知名品牌。

她,曾先后获贵阳市南明区"巾帼建功标兵"、贵阳市南明区"创卫先进工作者"、贵阳市"巾帼建功标兵"、贵阳市"两个文明"建设服务先进个人、贵州省"三八红旗手"、全国"巾帼建功标兵"、全国杰出创业女性、中国百名优秀企业家、全国"三八红旗手"等荣誉称号。

励 志 · 人 生

她,曾经在十一届全国人大五次会议上表示:"老干妈"3年缴税8个亿,实现31亿元人民币的产值,带动两百万农民致富。

1989年,她在贵阳市南明区龙洞堡贵阳公干院的大门外侧,开了个专卖凉粉和冷面的"实惠饭店"。"说是个餐馆,其实就是她用捡来的半截砖和油毛毡、石棉瓦搭起的'路边摊'而已,餐厅的背墙就是公干院的围墙。"当时餐馆的"老主顾"韩先生20年后对这个餐馆的记忆依旧清晰。她做的米豆腐价低量足,吸引了附近几所中专学校的学生常常光顾。久而久之,就有不少学生因为无钱付账,赊欠了很多饭钱。她通过了解,对凡是家境困难的学生所欠的饭钱,一律销账。后来,她只要碰上钱不够的学生,分量不仅不减反会额外多些。在"实惠饭店",她用自己做的豆豉麻辣酱拌凉粉,很多客人吃完凉粉后,还要买一点麻辣酱带回去,甚至有人不吃凉粉却专门来买她的麻辣酱。就这样,她的凉粉生意越来越差,可麻辣酱却做多少都不够卖。

有一天中午,她的麻辣酱卖完后,吃凉粉的客人就一个也没有了。她关上店门去看看别人的生意怎样,走了十多家卖凉粉的餐馆和食摊,发现每家的生意都非常红火,她发现了这些餐厅生意红火的共同原因——都在使用她的麻辣酱。

1994年,贵阳修建环城公路,昔日偏僻的龙洞堡成为贵阳南环线的主干道,途经此处的货车司机日渐增多,他们成了"实惠饭店"的主要客源。陶华碧近乎本能的商业智慧第一次发挥出来,她开始向司机免费赠送自家制作的豆豉辣酱、香辣菜等小吃和调味品,大受欢迎。货车司机们的口头传播显然是最佳的广告,"龙洞堡老干妈辣椒"的名号在贵阳不胫而走,很多人甚至就是为了尝一尝她的辣椒酱,专程从市区开车来"实惠饭店"购买她的辣椒酱。对于这些慕名登门而来的客人,她都是半卖半送,但渐渐地来的人实在太多,她感觉到"送不起了"。

1994年11月,"实惠饭店"更名为"贵阳南明陶氏风味食品店",米豆腐和凉粉没有了,辣椒酱系列产品开始成为这家小店的主营产品。尽管调整了产品结构,但小店的辣椒酱产量依旧供不应求。龙洞堡街道办事处和贵阳南明区工商局的干部开始游说陶华碧,放弃餐馆经营,办厂专门生产辣椒酱,但被她干脆地拒绝了。理由很简单:就是怕小店关了,那些穷学生无处去吃饭。让陶华碧办厂的呼声越来越高，以至于受其照顾的学生都参与到游说"干妈"的行动中。

1996年8月，她借用南明区云关村村委会的两间房子，办起了辣椒酱加工厂，牌子就叫"老干妈"。无论是收购农民的辣椒，还是把辣椒酱卖给经销商，她永远是现款现货，从不欠别人一分钱，别人也不能欠她一分钱。从第一次买玻璃瓶的几十块钱，到现在日销售额过千万始终坚持着。刚刚成立的辣酱加工厂，是一个只有40名员工的简陋手工作坊，没有生产线，全部工艺都采用最原始的手工操作。"老干妈"员工回忆说，当时捣麻椒、切辣椒是谁也不愿意做的苦差事。手工操作中溅起的飞沫会把眼睛辣得不停地流泪。陶华碧就自己动手，她一手握一把菜刀，两把刀抢起来上下翻飞，嘴里还不停地说："我把辣椒当成苹果切，就一点也不辣眼睛了，年轻娃娃吃点苦怕啥？"在老板的带动下，员工们也纷纷拿起了菜刀"切苹果"。而陶华碧身先士卒的代价是肩膀患上了严重的肩周炎，10个手指的指甲因长期搅拌麻辣酱现在已全部钙化。很快陶华碧发现，她找不到装辣椒酱的合适玻璃瓶。她找到贵阳市第二玻璃厂，但当时年产1.8万吨的贵阳二玻根本不愿意搭理这个要货量少得可怜的小客户，拒绝了为她的作坊定制玻璃瓶的请求。面对贵阳二玻厂厂长，陶华碧开始了她的第一次"商业谈判"："哪个娃儿是一生下来就一大个哦，都是慢慢长大的嘛，今天你要不给我瓶子，我就不走了。"软磨硬泡了几个小时后，双方达成了如下协议：玻璃厂允许她每次用提篮到厂里捡几十个瓶子拎回去用，其余免谈。陶华碧满意而归。当时谁也没有料到，就是当初这份"协议"，日后成为贵阳第二玻璃厂能在国企倒闭狂潮中屹立不倒，甚至能发展壮大的唯一原因。

"老干妈"的生产规模爆炸式膨胀后，合作企业中不乏重庆、郑州等地的大型企业，贵阳二玻与这些企业相比，并无成本和质量优势，但她从来没有削减过贵阳二玻的供货份额。现在"老干妈"60%产品的玻璃瓶都由贵阳第二玻璃厂生产，二玻的4条生产线，有3条都是为"老干妈"24小时开动的。作坊时代的"老干妈"虽然产量很小，但光靠龙洞堡周边的凉粉店已经消化不了，她必须开拓另外的市场。她第一次感受到经营的压力。她用了一个"笨办法"：用提篮装起辣椒酱，走街串巷向各单位食堂和路边的商店推销。

一开始，食品商店和单位食堂都不肯接受这瓶名不见经传的辣椒酱，陶华碧跟商家协商将辣椒酱摆在商店和食堂柜台，卖出去了再收钱，卖不出就退货。商家这才肯试销。一周后,商店和食堂纷纷打来电话,让她加倍送货;她派员工加倍送去,竟然很快又脱销了。陶华碧开始扩大生产,她给二玻的厂长毛礼伟打了一个的电话:"我要一万个瓶子,现款现货。""老干妈"没有库存,也没有应收账款和应付账款,只有高达十几亿元的现金流。她的记忆力和心算能力惊人,财务报表之类的东西她完全不懂,"老干妈"也只有简单的账目,由财务人员念给她听,她听上一两遍就能记住,然后自己心算财务进出的总账,立刻就能知道数字是不是有问题。

1997 年 8 月,"贵阳南明老干妈风味食品有限责任公司"成立了,工人增加到 200 多人。陶华碧要做的不再仅仅是带头剁辣椒,财务、人事各种报表都要她亲自审阅,工商、税务、城管等很多对外事务都要应酬,政府有关部门还经常下达文件要她贯彻执行。除此之外,她还经常要参加政府主管部门召开的各种会议,有时还受命上台发言。从部队转业到 206 地质队汽车队工作的长子李贵山,得知她的难处后,就主动要求辞职来帮母亲。虽然此时的她已是小有名气的生意人,但她还是觉得李贵山辞掉"铁饭碗"来帮助她是"秀才落难",所以就极力反对,无奈之下,李贵山只能"先斩后奏",先辞掉工作再找母亲,成为"老干妈"的第一任总经理。

有高中文化的李贵山,帮她做的第一件事是处理文件。一个读,一个听。听到重要处,她会突然站起来,用手指着文件说:"这个很重要,用笔画下来,马上去办。"需要签字的文件,陶华碧就在右上角画个圆圈——这是她从电视里看来的。李贵山觉得这样很不安全,便在纸上写下"陶华碧"三个大字,让母亲没事时练习。她对这三个字看了又看,一边摇头,一边为难地感叹:"这三个字,好打脑壳哦(贵阳话:太难了)!"但为了写好自己的名字,她像小孩子描红一样一笔一画地整整写了三天。有人问她练字的感受,她用她的"特色语言"总结说:"比剁辣椒难,比剁辣椒难。"三天后,当她终于"描"会了自己的名字的时候,高兴得请公司全体员工加了一顿餐。直到现在,"陶华碧"是她认识的仅有的 3 个字。

1998 年,在李贵山的帮助下,她制定了"老干妈"的规章制度,所谓的规章制度其实非常简单,只有一些诸如"不能偷懒"之类的句子,更像是长辈的教诲而非员工必须执行的制度。就靠这样一套如美国宪法般没改过一个字的简单制度,"老干妈"11 年来始终保持稳定,公司内部从来没有传出过什么问题。她有自己的一套,你可以叫作"干妈式管理"。龙洞堡离贵阳市区比较远，附近也没什么吃饭的地方，她就决定所有员工一律由公司包吃包住。从当初 200 人的小厂开始，"老干妈"就有宿舍，一直到现在 2000 人，他们的工资福利在贵阳是顶尖的。在她的公司，没有人叫她董事长，全都喊她"老干妈"，公司 2000 多名员工，她能叫出 60% 的人名，并记住了其中许多人的生日，每个员工结婚她都要亲自当证婚人。

除此之外，她还一直坚持她的一些"土原则"：隔三岔五地跑到员工家串门；每个员工的生日到了，都能收到她送的礼物和一碗长寿面加两个荷包蛋；有员工出差，她像送儿女远行一样亲手为他们煮上几个鸡蛋，一直送他们出厂坐上车后才转身回去；贵州过年过节时，有吃狗肉的习俗，她特地建了个养狗场，长年累月养着 80 多条狗，每到冬至和春节就杀狗供全公司会餐。

陶华碧把公司的管理人员轮流派往广州、深圳和上海等地，让他们去考察市场，到一些知名企业学习先进的管理经验。她说："我是老土，但你们不要学我一样，单位不能这样。你们这些娃娃出去后，都给我带点文化回来。"

随着企业不断发展，"老干妈"品牌广为人知。但是，"人怕出名猪怕壮"。东西好卖了，仿冒的自然而然就出现了。"老干妈"创立初期，李贵山就曾申请过注册商标，但被国家工商总局商标局以"干妈"是常用称呼，不适合作为商标的理由驳回了。这给了仿冒者可乘之机。全国各地陆续出现 50 多种"老干妈"，陶华碧开始花大力气打假。派人四处卧底调查，每年拨款数百万元，成立了贵州民营企业第一支打假队，开始了在全国的打假。但仿冒的"老干妈"就像韭菜一样，割了一茬又出一茬，特别是湖南"老干妈"，商标和贵州"老干妈"几乎一模一样。陶华碧这次犯犟了，她不依不饶地与湖南"老干妈"打了 3 年官司，从北京市二中院一直打到北京市高院。

2000 年 8 月 10 日，一审法院认定，贵阳老干妈公司生产的"老干妈"风味豆豉，具有一定的历史过程，湖南老干妈构成不正当竞争，判决其停止使用，并销毁在未获得外观设计专利权前，与贵阳老干妈公司相近似的包装瓶瓶贴，并赔偿经济损失 15 万元。这意味着两个"老干妈"可以同生共存。这是陶华碧无法接受的，她很快提起上诉。其间有很多人劝她放弃官司，但她面对前来劝解的人就一句话："我才是货真价实的'老干妈'，他们是崴货(贵州话：假货)，难道我还要怕崴货吗？"最终贵阳老干妈终于打败了湖南的"老干妈"。

2003年5月,她的"老干妈"终于获得国家商标局的注册证书,同时湖南"老干妈"之前在国家商标局获得的注册被注销。贵阳市一些政府领导曾建议陶华碧,可以帮助"老干妈"公司借壳上市,融资扩大公司规模。这个在其他企业看来求之不得的事情,却被陶华碧一口否决,陶华碧的回答是:"什么上市、融资这些鬼名堂,我对这些是懵的,我只晓得炒辣椒,我只干我会的。"有官员感叹,和"老干妈"谈融资搞多元化,比和外商谈投资还要难。即使是扩大公司生产规模这样的事情,她也保持着自己固执的谨慎。贵阳市官员在劝说她时也是备感艰难,最后在市区两级主要官员的多次上门劝说下,她才勉强同意。

现在,她几乎不去办公室,奔驰座驾也很少使用,因为"坐着不舒服"。除了一个月两三次去厂房车间转转,她生活的全部就是和几个老太太打麻将。有一天在麻将桌上,有人问她:"你赚了那么多钱,几辈子都花不完,还这样拼命干什么?"陶华碧当时没回答上来,晚上她躺在床上翻来覆去地想这个问题,几乎彻夜未眠。

第二天,正赶上公司召开全体员工大会,按照会前的安排,作为董事长的她要给员工们讲一讲当前的经济形势,如何应对"入世"后的挑战,然后具体工作指标由总经理下达。按照她在公开场合发言的惯例,儿子已经为她拟了一份讲话稿,她听了三遍,几乎能一字不差地背下来。但在会上讲话时,她突然想起昨天那个问题,便转换了话题:"有几个老阿姨问我,'你已经那么多钱了,还苦哈哈地拼哪样哦?我想了一晚上,也没有想出个味来。看到你们这些娃娃,我想出点味来了:企业我带不走,这块牌牌我也拿不走。毛主席说过,未来是你们的。我一想呀,我这么拼命搞,原来是在给你们打工哩!你们想想是不是这个道理?为了你们自己,你们更要好好干呀!"会场沉寂几秒后,响起热烈的掌声。

陶华碧的管理方式令人称奇:比如前一天和一个员工聊了几句,第二天她会煮6个鸡蛋亲自拿给这名员工,叮嘱"要好好干啊";比如突然有一天她开出贵阳最高的薪水找来"几个能人",将一部分股权和几乎所有的事情都交给他们,自己只是偶尔系着围裙到车间转转。她用最传统的道德观念和亲情管理维系着一个数千人的庞大企业。据统计,作为农业产业化国家重点龙头企业,公司在贵州省7个县建立了28万亩的无公害辣椒基地,形成了一条从田间延伸到全球市场的产业链。"老干妈"成名了,不断有其他省、市邀请她到外地办厂发展,还提供了大量的优惠政策,陶华碧都拒绝了,她说:子子孙孙都要留在贵州发展,要在贵州做大做强,为贵州争光。

人生感悟:从年轻走到老,人生的路没有平平坦坦的。没有经过风吹雨打,不算企业家;经过风吹雨打、日晒雨淋,才算真正的企业家。有些企业家你别看他说的,要看他实际做的,那才是真功夫、硬功夫,拿都拿不出来,是见不得太阳,是在温室里长大的。我们是见得到太阳,经过日晒雨淋、风风雨雨走过来的。

智慧启迪:她是一个成功到极致的创富者,也是简单到极致的创富者。她把一瓶5块钱的辣椒酱,做成可以与茅台相提并论的品牌,但她却坚决拒绝像茅台一样,成为资本市场的明星。你很难想象这样一个人能成为亿万富豪:她不识字,没有任何财务知识,不知现代企业为何物。即便在富了之后,她的生活也和中国农村千千万万五六十岁的老太太没有任何区别,打赌注很小的麻将,从早到晚。在令人不可思议的最初印象背后,还有另一个她:喜欢钻研、记忆力惊人、不畏艰难执着于想做的事、对现金近乎偏执地重视、绝不涉足自己不熟悉的行业、每一次迈出扩张的脚步都慎之又慎。最令人感兴趣的,是"老干妈"连一部像样的员工手册或者规章制度都没有,而陶华碧却能让企业在10多年中迅速发展,而且没出过什么大问题。

辛苦吗?很辛苦。可是没有哪种成功不需要历经艰险,砥砺前行,如果只需天真就好,谁又愿主动站在风雷之下?就这么拼着打着,十几年如一日地坚持着辣椒、牛肉的标准和稳定的口味,老干妈的商业版图从草纸一步步变成宏图。儿子辞职帮她管理,她慢慢有了家族式的管理模式,有了更多的品种,卖到了更远的地方。可她仍然还坚持着自我,经济界最爱讨论她三点奇特之处:不贷款,不上市,永远现款交易。这让现代企业家们惊异的坚守,对她来说却是再质朴不过的智慧:"去贷款,都没得压力,就没得动力。自己去做,你晓得压力压在自己肩膀上,晓得去努力去奋斗。我有多大本事就做多大的事,踏踏实实做,这样才能持久。"这是中国人从黄土里长出来的智慧,永远简单直白,永远行之有效。

目不识丁的陶华碧,白手起家成功创业的励志故事,创业成功的秘诀,在绝大多数人眼中,亿万富翁无非靠的就是些大机会、大知识、大实力。而陶碧华创业成功给我们的启示是,她靠的是对机会的敏感,靠的是自身过硬的技术,靠的是诚信做生意,靠的是在企业管理上的凝聚人心。更重要的,她不是在做一个事业,而是在弘扬一种奋斗精神,人老志不老!

有志老年

陈泽民

少年磨炼顽强意志，暮年积聚人生财富

他，1943年出生，大学毕业。幼年起就跟随身为炮兵专家的父亲过着随军生活，辗转各地。从小开始，他就利用课余时间勤工俭学，和同学们一起到电影院、戏院里捡烟头，废品卖钱。

他，50岁时，是郑州第二人民医院副院长，家庭幸福、事业蓬勃，拥有一个五十岁男人应该拥有的一切。但是他却觉得这样的日子很不充实，时间被浪费了。虽然是一家三甲医院的副院长，但一百多元的月工资并不能够给家人更好的生活。按理说，这个年龄应该是守业的时候，大多数人不会在这个岁数再开始打拼。在知天命的年龄创业，这可能是很多人想都不敢想的事情，可他却辞去省会市级医院副院长职务，蹬着三轮车卖起了自己研制的速冻汤圆。

他，63岁时，已经成为世界公认的中国速冻食品创始者，中国第一颗速冻汤圆的发明者。第十、十一、十二届全国人大代表，全国工商联农业产业商会会长，河南省速冻食品工程技术研究中心主任，全国米面食品标准化技术委员会速冻米面食品分技术委员会秘书长。

他，70多岁时，凭借创新兴趣致富，累计吸纳安排数十万农村劳动力就业，并带动了相关产业几十万人增收，企业年销售额近20亿元。他还在二次创业，开发地热能源，如今他已经是中国的传奇创业者。

"一个人在幼年、青年时代受到的磨炼，是他一生中最宝贵的财富。"陈泽民说，"小时候勤工俭学和青年时的艰苦劳动，造就了我不怕吃苦的性格，并且让我深深地认识到：只有通过劳动，才能创造财富。"

上初中时，学校提倡勤工俭学，他学会了理发。周末，他就背着书包带上

理发工具,到农村给农民理发。他还和同学们一起出去打小工,泥瓦工、装卸工他都做过。到处找活干,培养了联系业务的能力,通过劳动,更学到了技能。他从小就是个无线电爱好者。从矿石收音机到真空管收音机,再到后来的半导体收音机和电视机、录音机、录像机,他都能组装和维修。高中时,他利用理发推子的使用原理,帮农民制作了一台收割机模型。

1965 年,他从医学院毕业,主动要求到四川工作。在工作中也搞了不少发明创造,还被评选为"科技标兵"。

1979 年,他调回郑州市第五人民医院工作。当时单位里有一台价值几十万元被水淹后报废的大型 X 光机,他硬是利用几个星期的业余时间,把它拆开修理好了。

1989 年,刚好赶上了改革开放的大潮,他萌生了下海的念头。身边一批做生意的朋友逐渐富了起来。于是,他毅然放弃了已有的地位和荣誉,下海经商。他绝对算是白手起家,与爱人借了 1.5 万元办起了"三全冷饮部",专门经营软质冰淇淋。他用一万两千块钱买了个冰淇淋机,另三千块钱作为买原料的流动资金,在商场租了一个柜台,成立了一个冷饮部,叫"三全冷饮部"。之所以叫三全,是为了感谢党的十一届三中全会。第二年,冷饮部用他自制的设备制作、批发郑州当时唯一的夹心冰淇淋,生意非常火爆。可是每年 10月之后,冷饮业进入淡季,冷饮部几十个工人就不知道干什么好了。

在四川的十几年里,他和爱人向当地人学会了做汤圆、米花糖等特色食品。回郑州以后,逢年过节,他们夫妻都要做许多汤圆送给亲戚、朋友尝鲜。品尝过的人,无不交口称赞。

这时候,他想起来有一年冬天到哈尔滨出差,见当地人包饺子一次包很多,吃不完就放到户外冻着,于是他突发奇想:饺子能冻,汤圆也应该能冻,自己家做的汤圆冷冻起来拿到市场上卖,肯定会受欢迎。而且冷冻可以解决长时间保鲜的难题。3 个月后,从原料配方到制作工艺程序,从单个粒重到包装排列,从包装材料到包装设计,从营养、卫生到生产、搬运等等,他拿出了整体的设计,做出了中国第一颗速冻汤圆,并先后申请了速冻汤圆生产发明专利和外形包装专利。

由于肯动脑筋,积极创新,他努力经营,三个月时间就把先前的借款还完了。然后,他就开始扩大再生产搞批发。为了进到货,很多人半夜就来排队。

刚开始创业遭遇很多阻碍，但是他想好了，就是干。开始的时候落差很大，外科医生这个职业很好，他又是医院的副院长，职位也不低，都是大家来求他办事。但是自从他下海以后，身份转变了，什么事都得求别人。并且家人对他的创业并不支持，反对的声音大。家人都认为他是不务正业，冒这么大的风险不值得。"你快五十岁了，工龄快三十年了，马上就可以退休。"也有人建议他病假休息半年，自动转入劳保系列。但他没有受到这些声音的影响，他决定断了后路，背水一战。"等下去可能会失去机会，有后路的话，也不会破釜沉舟。没有退路可走，只能往前冲。没有条件，没有钱，就去创造条件。"他每天睡不着觉，为了让跟随者，跟都跟不上，不断地想发明，改良设备，改良产品。把心放在产品上是他的生意经，他常挂在嘴边的话是："你越是不想赚钱，结果你越赚钱。"为什么？他说，要把思想用到产品上，用到怎么为消费者服务上，用到食品的安全上，这样有了好的产品，有了好的市场，自然而然就赚钱。

1990年下半年，电视剧《凌汤圆》在中央电视台热播，他立即给刚刚研制出来的速冻汤圆起名为"凌汤圆"，并在第一时间注册申请了"凌"、"三全凌"、"三全"商标。如今，小小的汤圆已经为他带来了数以亿计的财富，更为中国开创了上百亿元的速冻食品市场。发明出市场上独一无二的产品，成功的大门向他敞开了。但是，如何让商家和客户接受？下了班，年近五十的他蹬着三轮车开始推销产品，拉着燃气灶和锅碗瓢盆，到市内的副食品商店，现场煮给人家品尝。

1990年12月底，他把速冻汤圆拉到了郑州市很有名气的一家副食品商场。商场负责人在尝了"三全凌汤圆"后，半信半疑地答应先进两箱试试。他又拜访了郑州市的几大商场，也争取到了"送两箱试试"的待遇。然而，第二天，经理们就希望他能长期大量供货。

那年春节前，他去北京开会，带着速冻汤圆模型到了西单菜市场。经过耐心讲解，商场负责人同意进两吨来试销。结果会还没开完，商场经理就打来电话，让他以最快速度再送来5吨。

此后，他先后在西安、太原、沈阳、济南、上海等中心城市建立了销售渠道。经过一年多的市场开拓，他认识到速冻食品将成长为一个庞大的产业，便于1992年5月开始组建"三全食品厂"。当时，一套进口的速冻机需要1000多万元，国产的也得100多万元，他就自己买材料，自己设计制造，硬是建起了当时国内第一条速冻汤圆生产线,正式走上工业化生产的轨道。下半年,陈泽民把生产管理交给家人,一个人开着一辆 4000 元买来的二手旧面包车,拉着冰箱、锅碗瓢盆、燃气灶,到全国各地现煮现尝地跑推销。在他看来,这是一段非常艰辛的经历。可就是用这种最笨的方法,"三全凌汤圆"在全国各地的市场迅速打开。到 1993 年,三全的日产量达到了 30 吨。

由于市场形势良好,1995 年前后,全国出现了大量仿制"三全凌汤圆"的企业。这时候,他审时度势,决定放弃对同行侵害自己专利的追究。他觉得,速冻食品是个技术门槛很低的行业,专利官司不好打,耗费精力得不偿失。中国的速冻食品业正处于起步阶段,仅靠一个三全是无法满足巨大的社会需求的。海外的速冻食品二业比我们先进得多,你挡住了身边的同胞,也挡不住别人登陆上岸,与其让海外企业长驱直入,倒不如本土同胞齐心协力,把市场迅速做大,在较短的时间里,形成有一定抵抗力的民族速冻产业。而自己要做的,就是苦练内功,永远保持领先的位置。

1995 年,银行看到三全食品厂门口,各地的车辆带着现金来提货都没货,要久久排队,有的还要等十几天。银行行长和信贷科科长看到生产销售的旺劲,对他说,尽管你不符合贷款的条件,我们还是根据你的订单,根据你市场的销售情况,考虑给你贷款。行长说,这是他们有史以来,第一个不要任何担保、任何抵押,仅凭信任的贷款。在三全同一条街上的邻居——郑州思念食品有限公司,除了经营主业,还搞多元化:搞资本运作、搞房地产,用跳跃式发展快速追赶三全,成了三全强有力的竞争对手。

"也许有人说我是保守,但是我说最关键的是持久。搞什么事都要专注,以小博大,什么大事都是从小做起,从基层做起,一点一点,不要贪大求洋,不要好高骛远。这样的话,稳中求快,在发展的同时,一定要稳字当头,一步一个脚印,扎扎实实的,不要冒进,要稳稳当当。"

1995 年起,三全的发展速度明显加快,并且越来越快。就在这一年,三全被国家工商局评为"全国 500 家最大私营企业"之一;1997 年,国家六部委将"三全食品"列入中国最具竞争力的民族品牌;2004 年,企业销售额为 14 亿元,列中国私营企业纳税百强第 61 位;近年来,企业销售额达到 20 亿元,稳居中国速冻食品企业龙头位置。

作为外科医生出身的陈泽民,年届五十辞职下海卖速冻食品,七十多岁还在二次创业开发地热能源。第二次创业是为梦想,他的"初创"动机很简单——"赚钱改善家里生活"。那时候身为医院副院长的他,每个月工资130元。而邻居是个体户,已经是"万元户"。"两个儿子上高中,长大了怎么体体面面结婚,解决房子问题?"他说,就是为了"完成当父亲的历史责任",他下海去当了"个体户"。第二次创业,就是为了梦想。原来,他从小就是"理工男",喜欢攒个半导体收音机,搞个小发明。上学学医,下海搞食品,都和梦想没关系。退休了,有充分的时间,不忘初心,出于个人兴趣,他对地热领域持续关注。"雾霾加重,我们更需要清洁能源。地热能源为什么没大规模开发呢?是技术上有难关没有突破。"就这样,退休后的陈泽民选择了这块"硬骨头",开始了"寻梦"之旅。

别人生产冰淇淋原料用食用明胶,他却用海藻酸钠代替。这个小创新,让他3个月就连本带利地还了1.5万元的欠账。到冬天,冰淇淋生意做不成,他又琢磨起卖速冻汤圆。花30万元"自主研发"的汤圆自动生产线,每天产量30吨。一个小小创新,造就了第一条土造的生产线,开辟了速冻食品这一新产业。正是一直有所创新,不在老路上停滞不前,"三全"才从几个人的小作坊,发展成中国最大的速冻食品上市企业。二次创业"转战"新能源领域,他又走上新的创新路。从2009年开始,他调研了国内外诸多地热项目,走访科研院所,经历了多少次失败,才有了地热能源利用的突破性进展,最终成立了地美特新能源公司。

- -

人生感悟: 一个人创业的目标可以很远大,但都要从小处一点一点做起。温州人为什么那么厉害,就因为不论是纽扣、拉链、打火机,还是皮鞋、马桶、厕纸,人家都能把它发展成一个大的产业。就连在街头擦皮鞋,温州人都能把它搞成一个个连锁店,创出一个大的事业。创业不仅需要产品创新,设备、管理、销售模式都要创新。最关键的,是观念要创新。创新是刻苦、长期、艰难的过程,很可能连成功的那一天都看不到。

现在的创新,需要具备多学科的交叉知识,要有所突破,有所创新,要有平常的积累。大学生创业,要丢下面子,从小处做起,放下身价,沉下去。只要靠双手劳动,没有什么高低贵贱之分。目标可以远大,但一定要一点一点去做。创业要有底气。年轻人如果有机遇、有资本、有环境,不妨去创业试试看。更多的人还是应该先去社会实践一下,打工中积累经验之后,再去创业,把握性大一些。

智慧启迪：陈泽民这个名字大家都不陌生，三全食品创始人，研发出中国第一颗速冻汤圆，由此开创了冷冻食品的先河。从三全创始人到地美特新能源掌门人，已经74岁的陈泽民跨界力度之大出乎很多人的意料。二十几年前，他玩小球汤圆，并赢得了中华汤圆王之称号。古稀之年，他又玩起了"大地球"，投入到地热新能源。我们生活在一个最美好的新时代，只要有本事，你就可以尽情发挥你的才能，在这个广阔的天地大有作为。不要好高骛远，一切从小事做起，甚至从你认为最微不足道的小事儿做起。只要你有梦想，只要你有顽强的意志，不管你的年龄有多大，只要你坚持，只要你努力，就能聚集你的人生财富。

有志老年

李津锋

人不怕跌倒，就怕精神垮
人不怕穷苦，就怕志气丢

有志老年

　　他，1956年出生于黑龙江省明水县团结公社东合大队，一个贫苦农民家庭。刚刚出生就赶上了三年自然灾害，父母为了让他活下来，忍饥挨饿，靠吃玉米瓤子度日。他，刚刚懂事，就励志好好读书，一定要报答父母的恩情。从小学到中学，他一直品学兼优；十几岁就在全乡的体育运动大会上，代表全乡中小学生发言，让很多村民竖起大拇指，都夸他一定是一个有出息的娃。

　　他，刚刚18岁，就光荣地加入了中国共产党，同时担任了小学副校长。不到20岁，就通过村、乡、县层层推荐选拔，进入了哈尔滨师范大学（绥化高师班）读书，并成为了一名优秀的工农兵学员。毕业后，他又成了一名人民教师。不久，他又被有关组织部门作为优秀人才，推荐到县一级党委的宣传部门工作，并从此成为了一名令人羡慕的机关公务员。三十几岁，就成了一名副科级领导干部，有着非常好的仕途和发展前景。可是，他毅然放弃了提拔重用的机会，主动砸掉了铁饭碗，辞去了公职，走上了自主创业的道路。在跌宕起伏的人生经历中，他时刻保持着积极向上的姿态，努力地去工作、去奋斗,在平凡的岁月中,他演绎着具有传奇色彩的人生!

　　1956年10月1日(九月初九),这是辉煌的一天,更是一个伟大的日子。因为这一天,既是中华人民共和国的诞辰日,也是中国的传统节日重阳节。而他的生日也是在这一天,与祖国共辉煌,与老年人共纳福。出生在这样一个吉祥的日子,任凭谁,都会感到格外自豪。但那个年代,新中国刚刚成立,仍然一穷二白,国家千疮百孔,百废待兴。真正赐予他生命的,不是上天,而是他的父母。生而为人,父母恩重。在饥寒交迫的岁月里,伟大的父母用他们最纯粹的爱,呵护着他,抚养着他。

　　当时家里兄妹六个,他是长子,身下两个弟弟和最小的妹妹,都因为家庭经济困窘,营养跟不上而夭折。所以,现在的老二、老三,就变成了老四、老五。那时候的母亲,年轻力壮,而且又活泼开朗,人称"小辣椒"。虽然长得又瘦又小,但干起活来,一个顶俩,很多男人都惧怕她。17岁的母亲,生他快要临产了,还在生产队的玉米地里扒苞米呢。

　　1958年,刚刚3岁的他,就赶上了新中国的"大跃进"和三年自然灾害,也是三年最困难的时期。那时候,家里穷得几乎连锅都揭不开了,爷爷和父亲冒险在自家的园子里,挖坑私藏了一点粮食,结果被人举报后全部没收不说,还被弄到大队进行了批斗。由于连年干旱,严重的自然灾害,农民基本是颗粒无收,吃了上顿没下顿。没办法,父母只能用"替代食品",而好多"替代食品",人是不能吃的,比如麦麸子、豆饼、豆腐渣等。这些本来都是喂牲口、喂猪的饲料,可在那个年月却被人们当作是上好的"替代食品"。其次还有各种野菜、野果、树皮以及酒糟、醋糟、甜菜渣子(榨糖剩下的废料)。这些其实是难以下咽的。由于长时间吃这些,肠道没有油水,膳食哪里能谈得上平衡啊,父亲连大便都便不出来,母亲含着眼泪帮着抠,父母在吃苦受罪中艰难度日。

　　饥饿像魔鬼一样笼罩着全国人民,几乎没有什么人可以幸免。有的饿得实在受不了了,就开始行抢。曾是夜不闭户、路不拾遗的良好社会治安,在饥饿来临的刹那,就瞬间不同了。看着街上有人在吃东西,饿急了的人上去就抢,抢过来之后,往往先不忙于向嘴里塞,而是不由分说地往吃的东西上吐上几口吐沫,或者干脆擤上鼻涕,然后没有歉意地送还给你,可以设想,沾了别人鼻涕的食物你还能要吗? 就这样你弃他取。

5岁的时候,他依稀知道,自己的家很穷,就连一个破草房都盖不起,更别提买了。无奈之下,爷爷只好拿出多年的积蓄,帮助他父母和大姑家,一起买了个非常简陋而破旧的草房,合起来住东西屋。说是房子,实际还不如现在的牛棚,既不遮风又不挡雨,既不防寒也不保暖,春天满屋子灰,夏天满屋子水,秋天满屋子风,冬天满屋子霜。睡觉的时候,全家5口人,只有两床破被子盖,连个褥子都没有,身上常常被炕席扎破。穷得大人小孩连个短裤都买不起,内衣更不用提了,冬天穿的棉袄和棉裤,四下钻风,天天冻得龇牙咧嘴,一年四季能换洗的衣服特别少。整个冬天大人小孩就一套衣服,晚上洗了,没等干透,第二天半湿不干地再穿上,小孩子稚嫩的皮肤慢慢地红肿皲裂,满身生虱子和跳蚤,母亲就天天晚上给孩子抓,弄得指甲盖儿全是血啊!

那些年,在他的记忆中是饥寒交迫的几年,也是有生以来最困难的几年。家里的生活每况愈下,最后母亲下决心,做饭时严格按照定量下米,吃饭时严格按照定量分配食物。那期间,家里常常是炖上一大锅白菜帮子,再撒上少许豆面或玉米面,谓之"菜粥",以至于母亲生下二弟和三弟时,天天靠菜粥来活命,更别提乳汁和营养了!母亲没有乳汁,营养自然跟不上,两个弟弟很小就不幸夭折了。作为一个正在长身体且年幼的他,每天饿得就知道吵嚷着向母亲要好吃的。父母没办法,只好把家里仅有的玉米棒子搓粒儿,炒成玉米花给他吃,这就是当时他童年的小食品,更是美食,天天衣服兜里揣得满满的,走在路上吃,上学的课间吃。父母为了让他吃好一点,每遇到爷爷奶奶去亲戚家串门,都让他跟着去,因为亲戚是会把家里最好吃的东西拿出来款待客人的。

1962年,7岁的他,逐步开始懂事了,明白了父母生活的不易,更知道刻苦读书,立志成才。当他看着年长他三岁的姑姑背着书包,蹦蹦跳跳地进入学校时,心里充满了羡慕和渴望,请求父母也让他去读书。可是,刚满7岁的他,还没达到9岁才能入学的要求。那时的农村没有幼儿园或者学前班。父母拗不过他,只好哄着他说,那你自己跟老师说吧。母亲准备了一个包布皮子,包上了两本姑姑的旧书让他拿着,一同去了离家不远的学校,母亲把他领到一位熟识的校长面前,对校长说:"这孩子啊,很想读书。"校长就笑着对他说:"好啊!可是,小家伙儿,你认识几个字?会不会写出自己的名字啊?"这下子他傻眼了,母亲也脸红了,感觉愧对孩子啊!父母一天学没上过,一个大字都不识,就连自己的名字也写不出来,何况他了。校长看出他和母亲都很为难,就告诉他,"你还小啊,等你明年长大了再来吧。"于是,他生命中的第一个梦想,就被这么尴尬而简短的对话打破了。

他从此更加用心,每当姑姑放学了,他就去求她教。趴在炕上,一个字一个字地跟着姑姑学。每次都把姑姑磨叨得不耐烦,不管她如何生气,不管她如何不高兴,他就是不停地学。慢慢地,他不但会把自己的名字东倒西歪地写出来,还会把爷爷奶奶、大爷大娘、爸爸妈妈的名字都写出来,字迹也愈发工整好看了。

时光流逝,1964年他终于9岁了,到了上小学的年龄。比他大三岁的老姑,带着他第一次走进校门。学校的环境特别差,是一个土平房。北方的初春,教室里特别冷,连一个取暖的工具都没有,有时候同学们冻得实在受不了了,老师就让同学们站起来原地跑跑。他每天坐着长条凳子,趴在破旧的书桌前读书,冻得小手都拿不出来,因为手指冻僵字也写不好。因为读书的人很少,几个年级的同学坐在一个教室里,由一个老师来教。当时家里的经济条件特别差,他上小学,父母也没能给他买起书包和笔,就让他跟老姑在一个班级,坐一个座位上,跟老姑用一个书包和文具,因此,常常因为使用问题,和姑姑吵。姑姑处处让着他,惯着他,所以,也因此常受他的欺负。作业是在作业本上抄题,不像现在直接印在练习册上。遇到喜欢的书借来抄,也从没想过买一本,铅笔用短了,握着不方便,就用纸卷一截套管加长继续用,直至再削不了的时候才扔掉。最困难时期,用的本就像现在的烧纸一般,衣服鞋都有补丁,人人一样,没谁笑话谁。

1966年,他刚刚读到小学三年级,一场史无前例的"文化大革命"开始了。在他年少的记忆里印象很深,小学生也跟着闹革命,破四旧立四新,全国山河一片红。

小学五年级的时候,别的孩子借此都不好好学习了,整天地跟着瞎胡闹,可是,他却没有因此而荒废学业。学校不上课,老师不教学,他就每天放学后去生产大队,到那里看报纸,听广播。所以,他关心国家大事,政治素质要比别人好很多,这也是他至今都还保持着的好习惯。这样,学校有什么政治活动,第一个想到的就是他,经常让他在各种会议上发言、喊口号。记得一次晚上,在生产队的一个批斗会上,他刚刚发完言、全场传来热烈的掌声。可是,在发完言后,还要喊一句口号,由于他激动的心情还没有平静,结果就把打倒当时的"黑五类分子周××",喊成了当时在场的郭××,这是一个贫农出身的社员,怎么可以打倒啊!全场立刻沸腾了,他顿时傻了眼,以为这次肯定是摊事了,半天没有回过神来,不知道该说什么了。社员们可能考虑他的年龄小,平时在村子里很受父老乡亲们的喜爱,又考虑他的政治素质很好,不会是有意的,也就没有一个人出来多说什么。可是,在场的父亲害怕了,立即走上台,扯着他的衣领儿,硬把他拽回了家,教训很久。

小学里,学校除了让学生参加政治活动外,也经常对学生进行爱国主义教育,书本里也经常会出现刘胡兰、董存瑞、黄继光、雷锋等英烈的故事。也正是从这里,让他庄重地走向了梦想之旅,让他有了一种从小立下革命志的雄心,让他有了一种刻苦学习努力成才的意志,让他有了一种坚定共产主义的信念,让他有了一种爱国主义的情怀。因为他知道了,在那个光明被颠覆的时代,在那个被帝国主义侵略并称为"东亚病夫"的时代,共产党向我们诠释了应当如何爱国。爱国,是江姐不论敌人如何严刑拷打,都丝毫不透露党的秘密;爱国,是刘胡兰昂首挺胸地死在敌人的铡刀之下;爱国,是中国人那"誓死不做亡国奴"的一声呐喊!作为"祖国未来的花朵","祖国未来的希望",一定要勤奋努力学习,担负起实现中华民族伟大复兴的重任。

他在学习上非常认真,成绩总是数一数二,特别是语文成绩,每次作文成绩都是第一。那时进入少先队是每个学生所祈盼的,也是他上学时最梦寐以求的。在小学三年级他就写了申请,要求加入少先队。一次、两次、三次、四次,都没有得到批准。他很困惑,以他的表现、他的优异成绩,绝对符合少先队员的要求。最终得知,未获批的原因是家庭成分是中农,那时只有贫农的子女,才有资格加入革命少先队。又一次,他被高高的门槛挡在了理想之外。家人、同学、老师安慰他,不能加入少先队没关系,只要你刻苦学习,勤奋努力,多做好事,就无愧于自己。所以,他不断努力地表现自己,最终如愿以偿地加入了少先队。

到了14岁那年,他已经进入初中了,学校的政治活动越来越多,上课的机会也越来越少。家里靠父亲每年在生产队挣的工分来维持,每个劳动日值也只有几角钱。尽管这样,家里也几乎年年领不到钱,还得欠生产队的口粮款。就这样,他家成了村子里有名的"胀肚户"。为了贴补家里,减轻父亲的负担,母亲一边到生产队找零活儿干,在生产队做伙食饭,一边还利用业余时间养猪和鸡鸭鹅。但却舍不得自己吃一个蛋,吃一口肉,都把这些卖了换钱。因为她知道这个家太需要钱了,而且在这个时候,家里又添了老四和老五。

母亲因为没有奶水,就把小米饭用嘴嚼成像粥糊一样来喂他们,两个弟弟就是这样靠母亲一口一口喂大的。平时的日子还好过,就怕过年,一到快过年了,家庭条件好一点的,开始大包小裹往家购置年货,大人小孩好热闹啊!可是他家既没钱,也没物,更买不起年货,眼巴巴地看着别人家吃好的,喝好的。

那时候,家里真是一贫如洗啊!年年不但领不到钱,还欠了很多外债,就连一个手电筒都买不起,挑水的水桶更没有,每次挑水都去爷爷家借。就连一个装碗的柜子都是用土坯搭成的,衣服和被没有地方放就堆在炕上。窗户连一块玻璃都没有,全是用窗户纸糊的,外面什么也看不见,怕雨浇坏窗户纸,就往上边涂点豆油。记得四弟照小学毕业照时,连一件像样的衣服也没有,就把哥哥的内衣穿上,袖子长,就挽起来。父母出门办事都是到左邻右舍借衣服穿。在那个年代,借东西似乎很平常,吃靠借,穿靠借,用靠借,住靠借,行靠借。

父亲春夏秋冬都跟四条腿的牲口打交道。春天,顶着风,冒着沙,赶着马,扶着犁种地;夏天,冒着雨,蹚着水,赶着马,扶着犁耕地;秋天,拿着鞭,带着霜,赶着马车送粮;冬天,顶着寒,拿着锹,赶着马车送粪。每天累得到家屁股挨着炕就想睡,饭都不想吃。家里的水缸也因此而断流,母亲做饭时常常因为没有水用,跟父亲吵架。小小的他知道,父亲不是懒啊,而是太累了、太乏了。于是,他为了减轻父亲的负担,避免他们吵架,天天放学时偷偷把水缸挑满。他个子不够高,就把扁担绳挽几扣,挑不动,每次就挑半桶。那个时候,整个生产队就有一口井,全队人都吃一口井水,而且都是用乌喽把摇。由于他人小个子矮,常常摇不动,有时摇把会打回去,特别危险。到了冬天,井边结了厚厚的冰,走上井台很困难,特别滑,不小心就会摔倒。在数九寒天,他常常因为路滑,再加上力气小,连水带人摔成冰人。他现在明白了,为啥自己的个子矮,也许就是因为那个时候身体还没有长成,硬是干重活把个子"压"住了。

到了春天,家里没有烧柴,他就跟着奶奶去地里捡,去大甸子上搂。扛不动就拖,一点点地往家挪。为了养家糊口,母亲承担了全部家务。每天三顿饭,冬天做棉衣服、棉鞋,到了晚上,母亲纳鞋底、打麻绳、打格布。到了腊月十几就开始包黏豆包、烀豆馅。母亲的针线活儿和做豆包的手艺都很好,是村里有名的手艺人,谁家的孩子结婚,都会请她去帮忙。母亲为了这个家积劳成疾,患上了严重的肺气肿,不分冬夏长年咳嗽,多年不愈。

那个时候,姥爷及舅舅、姨家的生活条件相对要比他家好很多,因为他们都在黑河市里生活。以前他们也都在明水农村,因大姨夫很早就把姥爷接到了那里,几个幼小的舅舅姨也都跟着他去了黑河。母亲因为早早就结婚了,只好把她一人留在了明水农村。母亲也因常常想念亲人而痛哭,并常常跟父亲赌气吵架要离婚。他看到姥爷及舅舅、姨家的生活特别羡慕,就常常写信求他们帮助渡过难关。也正是从那时起,他开始学会了写信,而且成了村里的小"文豪"。因为那个时候,通信非常落后,亲朋好友联系全靠书信,所以,左邻右舍有什么事,就求他帮助写信。

他看着父母一天天这样辛劳,家庭生活却得不到改善,从内心感到愧疚,他多么希望能早点帮助父母改善家庭条件,早点脱离开那贫穷落后的苦海,早点过上好日子,早点吃上那特别想吃的猪肉!他一边不忘初衷,刻苦学习,立志将来一定要活出个样来让人们好好看看,一边牢记嘱托,勤奋劳动。每当下午放学后他就马上撂下书包,不是帮助母亲捡柴,就是帮助母亲煮饭、扯猪草、喂猪,每天晚上点着小煤油灯继续学习。生活让他读懂了对家庭和社会的责任。渐渐地,他的理想更明确,抱负更大。

因为家里一直没有女孩,1970年3月,母亲又生了家人都企盼的唯一的小妹妹。可是,妹妹由于天生的营养不良而造成闭肛,从生下来就无法排便,最后从尿道憋出,父母整天为之忧愁,到处求亲靠友借钱,为妹妹治病。那个时候,在一个村子里,想借50元钱都是很难的事儿,好不容易东挪西借凑了点钱,跑遍了省城所有的大医院,却都回答无法医治。妹妹整天闹,母亲整天哭,父亲整天愁,真是揪心啊!这时,他看到无情的现实摆在眼前,又觉得学校一天也不正经上课,天天是政治课,天天是斗私批修,他不得不忍受心灵上的剧痛,放弃心爱的书本,不想再这样继续上学了。于是,他每天就偷偷地去生产队找半拉子活干(就是比较轻快的半个人的活,成人一天给10分,他就挣5分)。白天跟着社员下地干半拉子活儿,晚上借着小油灯读书自学,就这样,他一直坚持干了半年左右。校长觉得太可惜了,就去家访,做父母的工作。当时父母也是百般不让他下来,就是砸锅卖铁也要让他把书读完,可是,他自己一再坚持,一再要求,父母才勉强同意。

半年后,在他的班主任老师的强烈要求下,父母又让他回到了学校,继续完成中学学业,虽然耽误了半年多,但因为他一直坚持自学,在考试中,他仍然是前几名。而且,在初中期间,他还光荣地加入了中国共产主义青年团。在全乡的万人体育运动大会上,还曾代表全乡的中小学生在大会上发言。虽然他年纪很小,语言却特别流畅,声音也很洪亮,他的发言,博得全场人雷鸣般的掌声。在他走下主席台时,大家还在为他喝彩,甚至把他团团围住,问他是哪个学校?叫什么名字?简直就像一个明星似的。就连在场的伯父家的姐姐也跟着沾光,好多人问她,这是你弟弟呀?就看着姐姐美滋滋地连连点头。

1972年1月,他以优异的学习成绩初中毕业。可是,他又有一个期待,又有一个愿望——上高中。但当时高中还没有普及,上高中必须是政治条件优先,贫下中农的子女优先,而且,要看祖孙三代。他祖辈是给地主扛活的,家庭背景是中农,大姑父又是大队党支部书记,本人又是共青团员,他的政治条件还是很好的,学习成绩也是优秀的,在应届初中毕业生中是屈指可数的。

这样,他很顺利地通过了层层推荐和严格考核,荣幸地成为了全乡仅有的几个明水二中高八班的学生。学是可以继续上了,可是,摆在他面前的困难仍然很多,继续上学读书,家里的负担会越来越重,父亲一个劳动力要承担三个学生,还有一个生病的妹妹,而且县城距离他家有十几里的路,怎么去啊?吃饭学校没有食堂,怎么吃?城乡差距又很大,同学之间又怎么沟通?

不管怎么说,他终于又有了延续自己求学梦的机会,而且这次读书很可能是他人生中的命运转折,因为有机会学习更多的文化知识了。

进了高中,他学会了计划安排,因为每天上学来回要走十二公里的路。他每天早上4点左右就起来自己架火煮饭。冬天的屋子特别冷,他实在不好意思让母亲为自己一个人早起。家里连个干的烧柴都没有,湿漉漉的玉米秆怎么也引不着,就光引火,几乎都得用半个小时。有时一看不赶趟了,早饭就不吃了,那是经常的事儿。中午放学后,城里的学生都回家吃热乎乎的饭菜去了,唯独一两个农村学生,还得用不太热的炉子热饭,这个时候也是他最羞涩的时候。家里条件好的学生,可能带油饼或者干粮,还有一个配菜,而自己天天带的是苞米糙子水饭。有的时候都结冰了,热热后,就着咸菜吃一口完事。由于炉子也不热,有时候,还没等饭热好呢,城里的学生就来了,看到他吃的饭,还得把他好顿笑话。为了这个,他不但早上有时候吃不上饭,而且中午也宁可饿着肚子,不带饭了。

当时所处的年代,还处于"文化大革命"的中期,家里穷得连个自行车也没有,全村唯有包括爷爷家在内的几台自行车。爷爷家的是一台孔雀牌自行车,而且像一个宝贝一样,用白编带把自行车的架子包得严严实实,特别娇贵,别人想借骑都借不出来。父母也不敢去求爷爷,他只好每天用步量。后来,姑父看着他每天这么艰难,就劝说爷爷把自行车给孙子骑,爷爷好歹同意了,他每天可以不用走了。可是,由于当时的学校还处于混乱之中,学校的小流氓也很多,骑到学校后,这个要骑那个要用,不给骑,就可能得罪同学,今天给他放气儿,明天偷走车铃。更可气的是,有时干脆把他的车子扎了,连骑也骑不了。回到家里,跟爷爷说吧,就得挨骂,不说吧,又没办法交代,就这样,今天被人欺,明天被爷骂,最后爷爷甚至就不让他骑了。

母亲是非常心疼孩子的,看着他每天这样辛苦,担心他的身体受到影响,每天就尽可能地给他做点好吃的,改善一下他的生活条件,给他补充点营养。母亲每天再不愿早起,也得挺着起来,给他做点热乎饭吃。每天鸡下的几个蛋也舍不得让家人吃,更舍不得去卖,宁可全家困难着,也不让他苦熬甘休,给他炒鸡蛋或者煮鸡蛋带着。每天晚上,母亲怕他回来晚,担心他在路上受人欺负,不管天多黑,都要去离家几里远的官道上接他。每天晚上不管家人怎么饿,都必须等他回来一起吃。他在母亲的眼里,就像是心尖儿宝贝一样,好吃的要留给他,好穿的要让给他,不管家里怎么困难,都得让他吃好穿好。从小到大都是母亲照顾着他,让他在温暖的环境里茁壮成长。母亲就像太阳,大阳把所有的光和热都献给了大地,而她却把毕生心血都奉献给了儿女。

母爱感悟:母亲,我想对您说.我与您携手已几十个春秋,但我却从未好好"读"过您,记忆中,您忙碌的身影,总是围绕在我的身边;记忆中,您是那么慈祥可爱,总是听到左邻右舍对您的赞语;记忆中,您那双会说话的眼睛,总是闪烁在我的脑海里……似乎,在您的"人生辞海"里仅存的只有"母爱、辛苦、付出"这类的字眼儿。当我昏昏欲睡发烧时,朦胧中看到一个步履沉重的身影,不时还拂去我额头上的汗珠。哦,那熟悉的身影竟是您——我的母亲!感激您,感谢您,母亲! 在我痛苦与无助的时候,给予我了人世间最令人震撼的亲情。妈妈,您虽然已离开了我几十年,但您的儿子一直没有忘记您,您永远是我心中伟大的母亲!

妹妹的病魔,家里的困难,父母的压力,同学的欺负,社会的危机,他又再次感到不能继续读书了,他想出去找工作。但在那个时候,农村户口是不好找工作的,农民就得一辈子在垄沟里刨土坷垃。可是,当他每天看到妹妹痛苦呻吟的样子,每天看到父母苦不堪言的样子,就想什么时候能脱离开这苦海啊?什么时候让全家过上不愁吃、不愁喝、不缺钱的好日子啊?为了挣钱帮助妹妹解除痛苦,为了挣钱帮助家庭改变困苦局面,就是再苦再累也不怕,只要挣钱就行。这时,他就给当时在逊克县建设局当局长的姨夫写信,求他帮助找个工作干。结果,他去了逊克县。姨夫看他这么小的年龄就不读书了,感觉太可惜了,就动员他、劝说他,并让他在逊克县里继续读书,就这样,他被留在逊克二中。可是,由于他从小就没离开过父母,而且自尊心又强,感觉自己在姨夫家是寄人篱下,没面子。同时,他又特别惦记家中的父母和弟弟妹妹,有时会想得偷偷哭起来,所以,在那里读了不到一个月,便返回了母校继续读高中。

在那个年代,农村很落后,农民的生活更是非常艰苦,春天的时候,早上不到两点就得下地播种;夏天的时候,日不出就到田间锄禾;秋天的时候,天不亮就下地收割;冬天的时候,数九寒天还得在外面一镐一镐地刨大粪。一年四季风吹日晒造得没个人样,一天十几个小时在外面,每个劳动日值还达不到1元钱。遇到不好年头,只有几角钱的收入,百分之九十的社员领不到薪酬。白干一年不说,到头来还得欠生产队的钱,甚至有的社员连续几年都看不到1分钱,全家人只好穿着补丁摞补丁的大窟窿小眼的衣服,有的小孩快上学了,还穿着开裆的裤子呢!

记得在高中的时候,大舅和舅妈因对苏备战,带着孩子从黑河回到明水老家。住几天挤挤倒没问题,可是,吃什么啊?要米没米,要面没面,要菜没菜,要油更没有。妈妈就在整个屯子里东家借点面,西家借点油,勉强凑合了几天。他是眼睁睁地看着自己的母亲,咬着牙留下他们的。那几天,他看着母亲,把家里本来就所剩无几的粮袋子,扫了又扫,抖了又抖,倾其所有来招待她的亲人。由于"僧多粥少",母亲怕不够吃,每天都是把家里的几个孩子,在吃饭的时候,以上学为名撵走,不让他们上桌子,母亲和父亲也只是礼节性地上桌点点卯,找个借口就下桌到厨房去或者去干活了。

这些都是他高中时难忘的记忆,这些也更坚定了他继续为父母分担忧愁的决心。他一边坚持刻苦学习,不辜负父母对他的殷切期盼,珍惜时间,珍惜机会。学校不上课,他就去生产队里参加劳动,接受贫下中农再教育。老师不教书,他就自学,不管刮风下雨,不管天寒地冻,只要不上课,只要放假,他就去生产队干活,每年都能挣3000多个工分,帮助家里改善了生活,增加了收入,更磨炼了自己的意志。

1973年,他还在读高中的时候,妹妹因为当时的医疗技术水平落后,又因为无钱医治,只活到4岁就夭折了。她的走,以及家里的经济压力,给心思细腻的母亲一个沉重的打击,不久就患上了精神病,整天疯疯癫癫,东走西串。家里两个弟弟还在读小学,父亲还在生产队里赶大车,他还在县里读高中,哪里还有个家的样啊!连个做饭的人都没有了,每天吃不上,喝不上。父亲整天穿着露着棉花的破棉袄没人补,弟弟整天穿着露肉的衣服没人缝,他整天穿着脏兮兮的衣服没人洗。为了这个家,为了父母,为了弟弟,他每天贪黑起早一边坚持勤奋读书,一边努力帮助父亲料理家务,还要一边四处去寻找母亲,一边辛劳照顾弟弟的生活。他坚持着,努力着,奋斗着,苦苦地为着全家人熬着。

正是这些,让他有了励志人生,变得坚韧。也正由于这些磨炼,才使他在挫折和困难面前变得意志坚强。幸福美好生活是每个人的追求,人们向往顺境,但又常常面临挫折;人们渴望幸福,但苦难往往不期而至……在现实生活中,我们与其沉醉于生活中的美好,不如勇敢地直面人生中的磨难。

1974年7月,高中毕业了,"知识青年到农村去,接受贫下中农再教育,"城里的学生需要下乡接受教育,农村的孩子自然要回到乡村劳动。由于他从小生在农村,长在农村,又长时间经受过农村艰苦生活的磨炼,他很轻松地适应了接受贫下中农再教育。政治素质不断提高,文化修养不断提升,不到半年,他就被安排到了村母校小学任民办教师。他更加珍惜机会,更加努力学习。一方面虚心地向他的老师请教,认真备课,教好学生;一方面积极要求进步,靠近组织。经过半年的锻炼和学习,他的业务水平不断提高,组织能力也在不断增强,不久就被提拔为小学副校长。1975年7月1日,他光荣地加入了中国共产党。

1976年,是我们国家多灾多难的一年。毛泽东主席、周恩来总理、朱德委员长先后逝世,唐山又大地震,造成全市灭顶之灾,几十万人死去。

1976年10月,又是值得庆贺之年。中国人民又一次迎来了社会的大变革,拨乱反正,打到了"四人帮"。这一年,以华国锋、叶剑英、李先念等为核心的中共中央政治局,执行党和人民的意志,采取断然措施,果断地逮捕了江青、张春桥、姚为元、王洪文。粉碎"四人帮",实际是宣告了"文革"的结束,中国终于迎来了发展的春天。

1976 年 10 月,对他来说,更是一个喜庆的日子,在粉碎"四人帮"之后,即将恢复全国性高考,他通过村、乡、县层层选拔推荐考核,光荣地成为了我国"十年浩劫"后,最后一届工农兵大学生。全乡只有三个名额,他是全村有史以来的第一个大学生,更是他们李氏家族第一个走进大学校园的青年,既是全村老百姓的光荣,也是他们李氏家族的骄傲。

在那个时代,如果哪个乡镇,哪个村,出了一位大学生,那就是传说中的状元,那就是神!随即带给他的是无限的光荣和荣耀,周边的小孩,都会以他为榜样,他受到追捧与爱戴,其风头绝不亚于现如今的明星。

接到通知书那一天,不知道全村有多热闹,左邻右舍来了,包队领导来了,村干部来了,他的老师来了,亲朋好友也来了,都是来为他祝贺的。临去上学的头一天晚上,母亲特意准备了几个像样的拿手菜,来感谢各级领导、老师、亲朋好友,对他的关照。当天晚上大家的酒并没有喝多少,但一桌子人却像喝多了似的,红光满面,滔滔不绝,夸他给村里争了光,给全家争了气。父母的脸上也挂满了笑容,几十年的煎熬,几十年的艰辛,几十年的困苦,终于盼来了儿子的成才,如今又是全村第一个本科大学生,父母无比宽慰和喜悦。

第二天早上,他带着母亲给他做的新被褥和鹅毛口袋,怀揣着母亲东挪西借的几十块钱,由父亲赶着大马车,送到了县里的客运站,登了上去往学校的客车。此时,虽然是十冬腊月,天寒地冻,但他从内心感觉热乎。觉得自己摇身一变,从一个农村青年俨然成了一个书生。那一刻,他体会到了一种运交华盖的豁然解放,绝版的工农兵学员的生活就这样开始了。他被分配到中文系 76·1 班,班上共有近 60 名学员,来自五湖四海,大部分是本省农村的。学员年龄从 18 岁到 28 岁不等,来自部队转业军人和下放知青以及农村学员各占三分之一,文化基础参差不齐。荒废了多年学业后能重返课堂,他们都很珍惜每一堂文化课。由于对文化知识的渴望,同学互帮互助,班级学风很正,感觉精力特别充沛,有使不完的劲。

当年上大学是不需要交学费的,学员都有助学金,但都很清贫,又很少有人能享受救济。每月 19 元助学金,粮食定量 39 斤。饭票中含的粗粮,主要是高粱米、小米饭、大楂子粥、干窝头,菜顿顿是白菜汤、萝卜汤。同学们一周也吃不上一顿馒头,每当吃馒头时都会抢疯了,没等下课呢,同学们的心早已经飞到那馒头身上了。有的同学一次 10 个馒头都吃不饱,39 斤的粮票没等半个月就没了,好心的女同学看到他们饿得一天天无精打采,很可怜,就主动帮助他们。母亲也怕他饿着,担心他身体受不了,就天天口挪肚攒。家里的鸡好不容易下了几个蛋,也舍不得吃,就偷偷地拿到十几里外的县城卖了几块钱(那时鸡蛋每个才 8 分钱,母亲攒了 20 个,卖了 1 块 6 角钱),然后用信封给他邮到学校去。他为了减轻家里的负担,想给家攒个油盐酱醋钱,每天也是舍不得多吃,尽量买便宜的,每年到了寒暑假,他都能给家带回几十块钱,让全家人吃点好的,改善改善生活,每次回家都不忘给弟弟们买点糖果,让他们开心开心。

1979 年 7 月,他结束了几年的大学生活,回到了久别的家乡,并被分配到明水县第三中学,这是一个完全的初中学校,没有高中。从此他由一个贫穷的农村娃,变成了一名人民教师,有了铁饭碗。有了第一份正式工作,他高兴,他自豪。

刚刚二十几岁,就开始过上了城市人的生活。每个月有了 38 块多的固定工资,每月有了三十几斤的固定供应粮。这个时候,他已经到了晚婚的年龄,父母也为之着急,要钱没有,要房没有,要家具更没有。好歹他当时找了一个城里姑娘,岳父又是一位局长,帮他借了一个只有十几平方米的土平房。房盖是土的,墙是土的,地是土的,但不管怎么样,还是有了一个住的地方。就这样,在岳父家的帮助下,买了当时最时兴的四大件(120 元的上海表、150 元的白山牌自行车、亲戚用车内胎的橡皮给包的土沙发、亲戚在木器厂给做的立柜),父母求亲靠友借了不到 1000 元钱,就把婚结了。结婚是在农村举办的民俗婚礼,送亲车是一个当时比较"豪华"的吉尔敞篷汽车,从城里来了几十人,全村来参加婚礼的和看热闹的人很多,把送亲车和家里的大院围得水泄不通。

自己有了工作,有了幸福的家,可是,父母和弟弟仍然处于困苦之中,不能忘了父母的养育之恩!两个弟弟还小,一个读小学,一个刚刚上初中,家里的负担仍然很重。他时刻把父母的冷暖挂在心间,时刻惦记着如何改变家人的生活。处处寻找机会,时时想办法,让父母早日离开农村。不久,就在他所在的学校里,为父亲找了一个看校田地的临时工作,最起码每天可以不让父亲风吹日晒了,也不用整天跟着四条腿的牲口走了。不久,他就把父母接到了他的身边,与父母一起承担起这个家庭的责任。为了两个弟弟的前途,父亲把落户的指标让给了两个弟弟,最后只有母亲和两个弟弟的户口落到了县城。父亲农村的土地也没得着,一直到老人家去世,连个户口也没有,成了一个黑户,这也是他一生对父亲的愧疚。

那时,由于十年"文革"动乱,很多孩子荒废了学业,更埋没了好多优秀人才,所以,当时大学毕业生很少,人才更是缺乏,特别是中文系毕业的,各级政府机关和学校都很缺,于是,他所在的县委组织部便把他确定为优秀人才,作为重点进行培养。不久,他就被县委组织部调到县机关干部学校,后来又合并到了县委党校,做文史教研室负责人。

1982年,他又被调到县委宣传部。在这里,他工作勤奋努力,踏实肯干,文字功夫又很强。不久,就由一个普通的职员,提升为部门负责人。在工作中,他善于动脑,勇于创新,不断探索新经验。他所做的工作,也经常被省、市、县委宣传部作为典型,参观学习,并在全区乃至全省推广。工作能力得到了领导认可和赏识,多次被县委评为先进工作者,并获得记大功等奖励,仕途得到迅速发展。但经济收入却没有很快提高,生活水平更没有更大的改善。由于他所在的县一直是全省的10个贫困县之一,工资特别低,而且常常出现开不出工资的局面。随着改革开放,人才不断外流,老师改行,干部跳槽,一时间人心惶惶,都想离开这个穷地方。

1989年10月,黑河市被国务院批准为首批沿边开放城市,他觉得这里是自己所向往的地方,更是一个很有发展的地方。黑河属于边境地区,工资比内地高,环境比外县好,水往低处流,人往高处走。这时候的他,也想跳槽离开贫穷落后的明水。但他不是想走就能走的,因为他是县里的后备干部,必须通过县委常委会讨论,而且又必须通过主管书记同意。这时的主管书记,正是当时将他从学校调到机关来的老领导,很注重人才。他就做领导的工作,从办公室磨到家,从家磨到办公室,一天不行就两天,两天不行就三天,最后终于感动了老书记,同意放他走了。不久他就来到了黑河,在这里,他的职位也有了改变,由原来负责党员教育工作,变成了负责全市机关干部的理论教育工作,而且工资也由原来的90多元提高到220多元,还住上了政府的福利房。不到两年,他就被提拔为副科级领导干部。

1996年春,全国开始出现了经济滑坡,部分企业开不出工资,职工也开始大批下岗再就业;机关事业单位受大环境影响,也出现了压支,甚至长达半年之久。这时的市委和政府想尽一切办法，抓住黑河改革开放的有利时机，放宽政策，出台文件，动员社会力量减轻政府负担。企业职工可以创收了，下岗人员可以再就业了，而且政府还进一步放宽了政策，即：允许机关干部下海经商，保留公职；允许机关干部领办创办企业，停薪留职；允许机关干部买断工龄，停薪停职。根据此精神，工作在机关事业单位的人乱了，想工作的人少了，想挣钱的人多了，他此时也随之动摇了，乱了手脚。

1996 年 11 月，经过近一年的思考和斗争，他毅然放弃了公务员身份，也从此结束了几十年的干部生涯，开始了自己人生的再次奋斗。搏击商海，大浪淘沙岂是那么容易啊！下海后，他首先给当时的市委书记就如何开发地方特色产品写出了书面建议。他的建议迅速得到了市委领导的充分肯定，同时也做出了重要批示，并将他的建议以市政府简报的形式下发到了各市县，让各地学习借鉴。不久，便引起了市经贸委领导的高度重视，并给他拨付了 1 万元的启动资金。他用这些资金首先通过朋友的关系找了个办公场所，并组建了黑河市地方产品销售公司。但由于刚刚下海，既不懂企业管理和经营，又缺少做生意的经验和资本，更缺乏对市场的了解，只是凭着一腔热情，一种精神，一股干劲，是不可能走向成功的，结果干了不到一年，公司就无法维持干下去了，第一次创业就这样以失败告终。

之后，他又相继在有关部门和老同事的帮助下，办过特色养殖场，开过特色饭店，但均没有成功。刚刚下海，刚刚创业，就遭受了失败，遇到了挫折，让他很困惑、很迷茫。今后的路究竟如何走，往哪里走？他在不断地思考，不断地在总结。

人生感悟：我觉得创业失败，最根本的是没有选好项目，没有定准方向。本来自己是学文的，却要弄武的。方向不明，思路不清，项目不适，所以，必定要失败。但这也给自己更多的学习和完善的机会，不断地去总结经验，才能避免同样的问题。这个行业本来就不适合自己，你却偏偏要去做，那一定是不会成功的。办公司，搞养殖，开饭店，也是一种学问，不是人人都能干的。单纯靠吃苦耐劳精神是不行的，还要有技术和市场。文人却偏偏要干土人的事，那也是风马牛不相及的事。创业一定要根据自己的特长，根据自己专业，根据自己的知识，看自己适合做什么，再去选择什么。我这一段的创业失败经历告诉人们，创业绝不能凭自己的想象，更不能凭自己的激情、劲头和蛮干，否则，就会失败，甚至让你跌得头破血流，不堪回首。努力不一定成功，放弃注定失败!成功失败都是常事,无须弃垒,跌倒了再来。

1999 年 11 月,经过一段时间的苦思冥想,他觉得还是应该出去闯闯,出去看看,见见世面,开阔一下视野。不久,他只身带着一千伍佰元和随身用品,背着一个简易的背包,怀着痛苦的心情,离开了自己生活多年的边城,离开了与自己工作多年的同志,离开了自己的亲人,来到了哈尔滨这座陌生而又美丽的城市,从此开始了孤苦伶仃、惨淡人生的创业生涯。

他下了火车,戴着鸭舌帽,走进了这座陌生的城市。从此他便想在这个陌生的地方,做一个陌生的人,将一切烦恼从此忘掉,也不想再让任何人知道他这个落魄的人。他就在火车站附近的旅店临时住了下来,本来想住几天,熟悉熟悉地形,然后去人才市场找一份适合自己的工作。第二天,旅店老板娘了解到他想在哈尔滨准备长住的情况,就把挨着卫生间的一个小屋租给了他,房间只能放一张单人床,连转身的地方都没有,每月租金 120 元。他觉得还可以,每天才 4 元的费用,价格也不高,这样身上的生活费就够他坚持一段时间了。

由于他喜欢读书看报,就坚持每天到报摊上买报,既看每天的新闻,又看每天的广告。正是他这种好习惯,再次让他改变了人生,也将他的人生引入了新的行业。

记得一天早上,他跟每天一样,到报摊买了一份《信息与决策报》,这是一份由黑龙江省人民政府主办的报纸,具有很高的权威性、可靠性。报纸上刊登了一份本报招聘记者的广告,而且非常适合自己的条件,就引起了他的高度重视,于是,他迅速按照地址来到了报社。报社领导看了他的简历并经过面试,感觉他无论是年龄还是文化,特别又是中文系毕业,同时又有在基层工作的经验,非常适合做本报的记者工作,就以每月高薪 500 元将他留了下来(当时的工资价位只有 300 元)。此时,他高兴,他兴奋,高兴的是又终于找到了自己称心如意的工作,兴奋的是自己终于又有了稳定的收入。

1999 年 11 月 22 日,他正式受聘于黑龙江省人民政府《信息与决策报》(世纪人才版)记者,这项工作对他来说,很容易,很轻松,毕竟跟他原来的工作接近,所以,不久就进入了角色。而且此时,由于他做的是新闻媒体工作,这就让他的思维更加敏捷,思想更加开放,意识更加超前,性格更加开朗,经验更加丰富。经过短短几个月的锻炼,就很快适应了记者这份无冕之王的工作,而且又迅速地进入了独立工作状态。在这期间,他不但荣幸地与黑龙江省委原书记徐有芳等领导,登上亚洲第一高塔,参加黑龙江电视转播塔建成启动仪式,还先后采访了当时我省著名的一些企业家和领导。不到五个月的时间,他的工资加奖金和提成,就获得了近万元的第一桶金。手握着厚厚一沓近万元的钞票,当时心情格外激动,万元啊!万元,相当于他原来三年的工资总和啊!他的人生也再次从此开始进入了辉煌。

有了经济基础、有了丰富的经验,他工作就更加大胆了,半年后,他就开始独立承包了栏目,策划和主编了《黑龙江知名行业精英》一书。又经过近一年的日夜兼程、爬山越岭、废寝忘食的紧张工作,自费跑遍了黑龙江省所有地市县,采访了近六百余家知名企事业单位。

在采访过程中,他也遇到过各种困难和险阻。今天路费没了,明天宿费没了,后天餐费也没了。此时他心理的压力、经济的压力、生活的压力、社会的压力都来了。他要工作,他要奋斗,他要生存,更需要资金支持!真的好难啊!有时在最为难的时候,他会独自一人躲在僻静的地方伤心落泪,感到孤独无助,也感到了失去工作的痛苦。但是他一直咬牙坚持,没有放弃,在没有任何资金支持的情况下,为了增强采访对象对本人和报社的信任度,提高采访效率,他特意向采访对象提出保证,事先不收取任何费用,书不出不付款,价格不合理不付款,见不到书不付款。所以,加快了时间和速度,保证了书的质量和效益,实现了媒企双赢,也增强了个人的诚信度,他本人也在采访对象中得到好评。最后经过严格筛选录取了一百五十个黑龙江各业精英,并于2001年3月出版发行。

2001年5月,他又受聘于《黑龙江日报》财富专刊,先后大篇幅采访报道了五大连池天池矿泉水有限公司、哈尔滨市中医院等企事业单位。同时,为广大下岗再就业者策划、主编了谋生就业指南《创业者的足迹》《爱拼才会赢》《创业与财路》三本系列专辑,并由黑龙江人民出版社出版发行,《黑龙江日报》还将此书作为帮扶下岗就业的金钥匙,赠送给了近两千余名下岗职工。

2002年7月,他被哈尔滨市新闻出版局聘为《学子》杂志社副社长、执行主编。当时的《学子》杂志的前身为《中专天地》,他接手之际,既没有刊号又没有进入全国报刊统一发行,更没有读者和发行量,这样一个没有前景的刊物,运作起来是很艰难的。接任后,他解放思想,开拓进取,改变内容,争取读者。不到半年的时间,在其努力和工作下,书刊无论从封面到内页,从栏目到内容,从形式到实质,都有所改观,出现了新颖别致、喜闻乐见的景象。经过几个月的努力和工作,再经过几个月的试刊和发行,迅速地打开了市场,不但得到了广大读者的喜爱和认可,更得到了上级有关部门的好评,所以,不久就被国家新闻出版总署正式批准,将原来的《中专天地》改刊为《学子》。

2002年12月8日,在哈尔滨工业大学隆重举行了首发式,黑龙江省委宣传部有关部门领导到会讲话、哈尔滨工业大学党委书记、黑龙江大学校长亲笔题词,哈尔滨工业大学党委副书记到会讲话,近两千多名学子代表参加了会议,全国各地几百家同行发来贺电。黑龙江电视台著名主持人到会主持了本活动。

2004年4月,全国报刊治理整顿,根据中央文件精神,不允许机关和个人办刊,经国家新闻出版总署批准,《学子》和哈尔滨市委机关刊物《学理论》,一并划转到哈尔滨日报集团名下,这让他再次陷入了困境。刚刚起步,在短短的时间内,又经过他的一手策划和包装,将一个陌生刊物变成了全国学子心目中的良师益友,凝聚了他大量的心血和劳苦,而且,当初创刊时,有关部门并没有一分钱投资。他没有轻易放弃,而是通过法律手段,将有关单位上告到法院,要求他们承担经济责任。后经过有关领导反复调解,最终他接受调解,妥协撤诉。

2005年5月,他又临时应黑龙江省残疾人福利基金会之邀,临时任"黑龙江省残疾人自强奋进报告团"团长,带领黑龙江十大自强不息的残疾人,先后在哈尔滨工业大学、黑龙江大学、东北农业大学、哈尔滨工程大学等大专院校进行巡回演讲报告。同时,主编了《生命之光·自强之歌》一书,并为与航天英雄杨利伟同台获奖的全国励志人物张云成,编写了演讲稿《为活着书写证据》《假如我能行走三天》。

2007年5月,由于他出自于党政机关,又有做过新闻媒体的经验,思想意识特别强,思维观念特别新,多年来,他不管在做什么,都一直在与时俱进,并紧跟时代步伐。在党的十六届六中全会闭幕之际,会上提出了构建和谐社会的决定,胡锦涛总书记又在会上提出了社会主义的荣辱观。这些为他下一步再创业给予了启发,他想,带头弘扬社会的主旋律,带头构建和谐社会,是每个公民和新闻工作者的责任,所以,他首先根据党的十六届六中全会的精神,在黑龙江的主流媒体上,策划并运作了关于"共建共享和谐龙江"的倡议。此倡议一发出便得到了哈药集团董事长郝伟哲、哈尔滨华融集团总经理赵宏、哈一大院长周晋、黑龙江省医院院长李宝春、龙运集团董事长李明利、米琪食品有限公司总经理遇金满、裕昌食品有限公司董事长焦裕昌等省内知名企业家的大力支持,并在省内主要媒体上进行了宣传和报道,形成了万众一心共创和谐龙江社会的强大动力。

2006年9月,他又以重阳节为契机,大力弘扬孝道文化,并举办了首届冰城孝道文化节,组织社会上的各大艺术团体,在哈尔滨各社区广场进行巡回演出,广泛宣传孝道,宣传感恩。此活动在社会上引起了强烈共鸣,有的中老年人看了他们的演出痛哭流涕,思念亲人,有的青年人看了他们的演出感觉愧对父母,一定要知道感恩,一定要知道报答有恩的人。很多人看了演出,感觉这样的宣传太接地气了,太感人了,要求他们经常组织开展这样的活动,弘扬孝道文化,弘扬社会的主旋律,让更多的人知道孝道,让更多的人知道感恩。

2007年1月,春节来临之际,为了让哈尔滨市区的居民过一个祥和、快乐、幸福的节日,他又通过《生活报》在社会上广泛地发起爱心捐助活动,此活动刚刚开始,就立刻引起社会各界的广泛关注。一些企业家、爱心者积极投身进来,为困难居民送米、送面、送油、送钱,送福。活动历时一个月的时间,共为贫困居民送米、面、油达数万斤,送钱达五十多万元。同样,在社会上产生了极大的反响,收到了令人满意的效果。

2007年2月春节前夕,为了丰富节日文化生活,让广大市民融入和谐幸福之中,他又策划运作了首届冰城"福"文化节,发动社会各界为百姓送"福"字和对联达十万副,在老百姓中产生了共鸣和好评。《生活报》连续报道一个月,黑龙江电视台、哈尔滨电视台等省内各大媒体也做了报道。

2007年3月5日,经国家有关部门批准,他成立了哈尔滨北方舵手文化传播有限公司,并担任董事长、总经理。他在创业的过程中既很艰辛,又很艰苦,更很艰难,靠白手起家办公司,没有场地就靠租,没有资金就靠借,没有人才就靠聘,没有车辆就靠走。在企业里,他既是企业法人,又是企业员工,既是管理者,又是运作者。在各项活动中,他既是总策划,又是总指挥,既是撰稿人,又是主持人,既是业务员,又是管理员。他每天贪黑起早,废寝忘食,不断地策划新项目,不断地探讨新思路,不断地开发新市场,不断地挖掘新商机。总是在不断地与时俱进,不断地顺应时代发展。

2007年8月,在北京奥运会倒计时一周年之际,全国各族人民爱国热情特别高涨。北京奥运会,它既是全球体育竞技的大舞台,也是弘扬中华民族文化、推动社会进步的大平台。它唤起了全社会公民知荣辱、创和谐的意识。它也为展示龙江人风貌，提供了良好的机遇。因此，他立刻借此机会，开始策划运作了"黑龙江迎奥运、讲文明、树新风千米长卷百万人签名"大型活动。因为活动紧跟时代脉搏，又抓住了当时的主旋律，立刻得到黑龙江省体育局、黑龙江省民政厅、黑龙江省中华民族文化促进会的大力支持，并决定作为主办单位全程冠名。经过短短几个月的筹备，他组织了近百个团队、近万人，并在哈尔滨北秀广场冒着瓢泼大雨举行了启动仪式。就是在这样一个恶劣环境下，广大参与者自发打着伞，坚定地站在雨中。8月的冰城，欢乐广场，沐浴在和谐之中，广大群众用自己的表达方式抒发着热盼奥运的喜悦，用他们真诚的微笑，感染着更多的人参与到迎奥运、讲文明、树新风的活动中来。时任省委书记、省政府省长、副省长、省人大副主任、省政协副主席等四大班子领导，以及省委宣传部副部长、省政府副秘书长、省体育局局长、省民政厅副厅长、省中华民族文化促进会主席，分别在首卷签名并出席启动仪式。《黑龙江日报》在头版头条显要位置以图片新闻形式做了报道。

启动仪式后，在社会上产生了极大的反响，哈飞集团、龙运集团、玉泉酒业集团、黑龙江宝宇集团、中央红集团、红博集团、海富集团等数百家企业和企业家，数百万人带头为2008签名祝福、为奥运祝福、为北京祝福。

为了从小培养少儿的爱国热情，他还在冰城近百所幼儿园中，组织开展了"黑龙江迎奥运2008福娃风采展"活动，拍摄了2008个福娃，为奥运祝福，同时，还编辑成《百年奥运·中华圆梦》（黑龙江迎奥运2008福娃风采展纪念册）。

经过一年的紧张工作，2008米长卷和百万人签名活动，达到了空前的轰动效应，也达到了预期效果。2008年8月8日，即在北京奥运会召开之际，在哈尔滨防洪纪念塔前隆重举行了"中国银行杯"黑龙江迎奥运、讲文明、树新风千米长卷百万人签名活动的封卷仪式。仪式结束之后，他又组织几十辆彩车，游行在哈尔滨的繁华街道上，整个街道热闹非凡，向过节一样喜庆。整个活动结束后，此卷由黑龙江省体育局，代表黑龙江省380万人民转送到北京奥组委收藏。《黑龙江日报》《哈尔滨日报》《生活报》《黑龙江晨报》《新晚报》、黑龙江电视台、哈尔滨电视台等省内主流媒体均做了相应报道。同时，他还在此期间先后组织编写了《百年奥运·中华圆梦》系列纪念册。

2008米长卷，不单单是一个数字的记录，一个长度的记录，他记载的是黑龙江几千万人民期盼奥运、参与奥运、奉献奥运的热情。

2008年10月,在中华人民共和国诞辰60周年来临之际,他觉得此时,正是向广大人民群众弘扬爱国精神、激发爱国热情之际。在刚刚做完这样一个大型活动之后,已经很疲惫的他,没有来得及休息,马不停蹄,又开始策划下个活动项目了。他迅速向黑龙江省文化厅提出申请报告,组织开展"北方休闲娱乐文化节"活动。因他紧跟时代脉搏,又抓住了关键,看到了亮点,申请报告迅速得到了黑龙江省文化厅的批复,并决定冠名主办。有了这样一个大的主办单位,就一定会有好的开端,更会有一个好的结果。他不辜负组织的信任,迅速拿出了具体的活动方案。借此机会,他又开始组建了哈尔滨北方舵手文化传播有限公司红歌艺术团,进行经典红歌的传播,激发广大人民群众的爱国热情,入社区,到广场,上舞台,走企业,进市县。

在活动开展中,中共黑龙江省委宣传部,又向各个地市县下发了专题文件,要求各地协助办好演出活动。黑龙江省政协原副主席李敏,亲自带队登台演出,黑龙江省政协原副主席曲绍文等带头参与。还邀请了国内、省内知名演员加入阵容,星光大道年度冠军、家乡青年演员李海军,辽宁省铁岭民间艺术团团长李海,省内著名京东大鼓表演艺术家黄枫,省内著名二人转表演艺术家张野夫妇、著名歌唱家曲冬梅等助阵演出。并先后举办了"金晚霞杯"——红歌走进母亲、红歌走进父亲、红歌走进老年、红歌走进校园、红歌走进肇东、红歌走进社区、红歌走进企业等专题演出,同时,还进行了红歌PK大赛。

2009年8月,整个活动再次掀起高潮,他应黑龙江省政协原副主席李敏之邀,为其策划和导演了《东北抗联精神颂》大型歌舞演出,先后走进了哈尔滨工程大学、大庆石油学院等四十多所省内高等院校。同时,还走进了五大连池、明水、克东等东北抗联基地慰问和演出,得到社会各界的一致好评。2009年10月,他与《哈尔滨年鉴》合作,出版了纪念新中国成立六十周年特刊。

2010至2013年,他连续4年组织策划并主编了《中国新一代·哈尔滨优秀人物人才》,将每年哈尔滨涌现出来的感动人物、英雄人物、优秀人物、优秀人才等载入史册,让他们的伟大精神永远相传。

在这期间,他为了弘扬中华民俗文化,保留非物质文化遗产,他开始对东北的方言俗语,以及东北三省由来和传说、东北特色文化和民俗、东北方言特点和形成、东北俗语典故和释义、东北民间习惯和用语、东北特色旅游和景区、东北特色产品和产地、东北特色美食和菜谱等八个方面,通过在民间调查采访,然后再做详尽的归纳和编写,历时近三年的时间,完成了《东北那嘎达·方言俗语》(中国东北旅行指南)一书的编写,并由黑龙江人民出版社出版发行。《哈尔滨日报》、哈尔滨电视台对此也做了相应的宣传报道,哈尔滨电视台对他本人又做了专题采访,而且在社会也引起了很好的反响,由此东北方言俗语红遍大江南北。

几十年来,在他的人生经历中,在他的创业历程里,苦乐酸甜咸,可以说是五味俱全,让他得到了体验,更得到意志的磨炼。

下海后,他有过落魄,落魄得让他无地自容,无法面对亲朋好友和同事,破帽遮掩过闹市;他有过惨淡,惨淡得债务累累,一败涂地,无法振作;他有过坎坷,坎坷得让他愁云惨雾,苦闷彷徨。

下海后,他有过辉煌,辉煌得让他在黑暗中感到光彩四射。曾经分别做过《黑龙江日报》(财富专刊)、黑龙江省人民政府《信息与决策报》、黑龙江省人民政府《活力》杂志社的记者,也做过全国知名杂志《学子》的创始人、记者、主编、社长;黑龙江人民出版社《爱拼才会赢》(系列专刊)、《东北那嘎达方言俗语》(中国东北旅行指南)主编等。

下海后,他也有过荣耀,荣耀得让他在风浪中感觉挺起了胸膛。他不但在 2008 北京奥运来临之际,曾经组织策划了"黑龙江省'迎奥运、讲文明、树新风'千米长卷百万人签名"活动,在社会上引起了强烈的反响和震撼。他本人也曾经多次受到过《黑龙江日报》《黑龙江晨报》、黑龙江电视台、《哈尔滨日报》、哈尔滨电视台、《新晚报》《生活报》等新闻媒体的报道。

下海后,他有过骄傲,骄傲得让他昂首阔步,神气十足。曾经与省委书记一起登上亚洲最高的"龙塔",参加建成启动庆祝活动;也曾经为"联合国和平功勋章"获得者、中华人民共和国第一位女拖拉机手、世界速滑冠军、奥运游泳冠军、"中国最美女教师""全国三八红旗手""全国见义勇为司机""全国见义勇为模范""中国最美乡村教师""全国最美乡村带头人"等全国知名人物撰写文章,并一起多次参加活动。

如今,已经进入晚年的他,每天高兴而快乐地生活着,就像他的网名一样"青春永驻""魅力年华"。他深知,人的年龄大了,身体老了,是不可逆转的自然规律,但人的心态却不能老,人的意志更不能衰;人不怕穷苦,就怕志气丢，人不怕跌倒，就怕精神垮；创业可以失败，可以受挫折，但要爬起来，要重振雄风！他更坚信，苦尽甘来终有时！稳定健康而快乐地活着，这就是人生的财富，而且是一笔巨大的财富。

"老骥伏枥，志在千里。"虽然已经到了暮年，但他仍然壮心不已。他将在有生之年，继续用他已经笨拙了的手和笔，为那些正奋斗在创业路上的朋友，奉献精神食粮，继续弘扬和传承东北的民俗文化，为后人留下宝贵的非物质文化遗产，也让后人永远记住他。这就是他的名，这就是他的利，这就是他的追求，这就是他的梦想！

人生感悟：每个人都会有过辉煌，有过荣耀，有过坎坷，有过落魄。我曾经有过辉煌，辉煌得让自己在黑暗中感到光彩四射；我曾经也有过荣耀，荣耀得让自己在风浪中感觉挺起了胸膛；我更有过坎坷，坎坷得苦闷彷徨；我也有过落魄，落魄得愁云惨雾，暗淡无光，寄人篱下。但不管什么样的打击和失败降临，我都坚强而且从容地走过来了。

人生苦短，一辈子也只有那么几十年，快乐也是过，忧愁也是过。每个人都想靠自己的努力，让自己和家人过上比较优越的幸福生活，这是无可厚非的。但是，过度执迷于追逐金钱和名利，让自己成为金钱和名利的奴仆，这是一件可悲的事情。人来到这个世界是让你来经历和成长的，无论你多有钱，多有社会地位，当生命结束的时候，你会发现这一切都是浮云，所以，当你来到这个世上的时候，就要好好地活，并且要活成自己。好好地过自己的人生，过得愉快，过得开心，过得幸福，过得潇洒，过得有品位，那也就死而无憾了。

智慧启迪：人生不可能一帆风顺，成功更不可能唾手可得，苦难对每一个人来说都是一笔财富。但要得到这笔财富需要不断修炼，只有超越这些苦难所带来的局限和痛苦，不被苦难所压倒的人，才能最终获得这笔财富。因此，若把苦难当成一种修炼，它就能实现人生的成长，或是心灵的蜕变。人生应该是积极向上的，但不会一直在高处，肯定会有下坡路出现。平凡人如此，企业家也概莫能外。

有志老年

写在后面的话

今天，当我看到即将完成的《拼搏成就梦想》书稿时，感慨很多——

梦想，是对未来的一种期望，也是在今天思考明天或未来的事，更是可以达到，但又必须通过努力和拼搏才可以达到的事。大到国家，小到个人，都有梦想。

"中国梦"，是中国共产党第十八次全国代表大会召开以来，习近平总书记所提出的重要指导思想和重要执政理念。习总书记把中国梦定义为，"实现中华民族伟大复兴，就是中华民族近代以来最伟大梦想"，并且表示这个梦一定能实现。同时他也指出："中国梦，是国家梦、民族梦，也是每个中华儿女的梦。""只要海内外中华儿女紧密团结起来，有力出力，有智出智，团结一心奋斗，就一定能够汇聚起实现梦想的强大力量。"而且告诉人们，"只有努力拼搏，勤奋工作，才能实现中国梦，才能让中国更加繁荣富强"。

"中国梦"这为本书的编写奠定了思想基础，明确了采访目标，更有了今天"拼搏成就梦想"这样一个好的主题，以及"中国新时代有志者"这样一个具有正能量的题材。

作为思想文化战线上的一个老兵，作为从事媒体工作多年的一位老记者，今天有责任，更有义务，拿起手中已经笨拙了的笔，去紧随时代发展的洪流，敢于创新，把优秀人物勤学奋斗、努力实现家国梦想的典型事迹，借由文字去跃然纸上，呈现开来。实现中国梦，不仅是国家的梦，更是我们每个人自己的梦。为了实现它，必须去唤醒更多的青年人去立志并为之努力拼搏。新时代只有有志者的共同奋斗和参与，才能凝聚力量，去影响并引领更多的人积极向上、珍惜时间，为实现整个中国梦而不断进取。

正因如此，为民众提供人生之路智慧的启迪和对生存道理的领悟，成为编写本书的初衷与动力。

为了帮助那些正在人生路上徘徊迷茫的青年，让那些正在创业路上努力奋斗的朋友少走弯路，期待能通过书中"励志话语""励志传奇""励志故事""励志人生"的诠释，对如何实现自己的人生目标、如何成就自己的人生梦想、如何成为一个成功者带来有益的指导。同时，也想通过书中新时代不同年龄、不同身份、不同经历的创业者的创业感悟和拼搏精神，来弘扬这种坚持不懈、勤奋努力的人生态度，让当下的年轻人、创业者从中受到智慧启迪。这正是此书的重要意义所在。

根据十八大提出的"中国梦"，确定了本书的主题，然后又以"中国新一代青年创业传奇"为题，进行了励志人物采访及书稿编写。在即将出版发行之时，党的十九大胜利召开，中国特色社会主义进入了新时代。这样，就将"中国新一代青年创业传奇"，调整成为"中国新时代有志者"。我想，这样也许更能唱响时代主旋律，更能展示人物特点，并深化主题内容。

本书自 2016 年开始构思策划，2017 年正式采访编写，再到 2018 年的出版发行，历时 3 年之久。如今，全书完稿，不禁如释重负，心生愉悦。在策划和选题，以及在采访和编写过程中，我时常会惶惑不安，也会感到文笔的粗浅和语言的贫乏。人们常说的"活到老，学到老"此刻感受颇深啊！要感谢一路上给予我大力支持的所在工作单位有关部门和领导、同志和朋友，特别是吴碧宁主管，还有来自黑龙江明水家乡的刘晓凤老同学和朋友董艳华，以及共青团哈尔滨市委、哈尔滨青年企业家协会和来自全国各地入编受访者的支持。正是这些支持和鼓励，让我树立了信心，克服并战胜了前进中的困难，为了这份热爱而坚持。没有他们，本书的出版会难以想象。在此，表示衷心的感谢！

书中部分大咖人物，因无法联系到本人做专访，也联系不到相关资料的第一作者。但他们的励志精神、励志传奇、励志故事、励志人生，又非常激励和鼓舞我们，值得学习，值得推荐，更值得作为青年人的励志典范而推广。所以，通过第一作者素材和传记故事，如实加以整理和编辑。在此也特此表示感谢！

主编：李少昌

2018 年 5 月 28 日于哈尔滨金爵万象